图书在版编目(CIP)数据

油气管道在役焊接技术/王勇,韩涛,陈玉华著.
—东营:中国石油大学出版社,2016.5
ISBN 978-7-5636-5215-0

Ⅰ.①油… Ⅱ.①王… ②韩… ③陈… Ⅲ.①石油管
道—焊接 Ⅳ.①TE973

中国版本图书馆 CIP 数据核字(2016)第 100687 号

书　　名:油气管道在役焊接技术
作　　者:王　勇　韩　涛　陈玉华

责任编辑:曹秀丽(电话 0532—86981532)
封面设计:悟本设计

出 版 者:中国石油大学出版社(山东 东营　邮编 257061)
网　　址:http://www.uppbook.com.cn
电子信箱:shiyoujiaoyu@126.com
印 刷 者:山东临沂新华印刷物流集团有限责任公司
发 行 者:中国石油大学出版社(电话 0532—86981531,86983437)
开　　本:185 mm×260 mm　印张 12.75　字数:320 千字
版　　次:2016 年 5 月第 1 版第 1 次印刷
定　　价:80.00 元

中国石油大学（华东）"211工程"建设
重点资助系列学术专著

油气管道在役焊接技术

WELDING TECHNOLOGY OF OIL AND GAS PIPELINE IN SERVICE

王 勇 韩 涛 陈玉华 著

中国石油大学出版社
CHINA UNIVERSITY OF PETROLEUM PRESS

总　序

　　"211 工程"于 1995 年经国务院批准正式启动,是新中国成立以来由国家立项的高等教育领域规模最大、层次最高的工程,是国家面对世纪之交的国内国际形势而做出的高等教育发展的重大决策。"211 工程"抓住学科建设、师资队伍建设等决定高校水平提升的核心内容,通过重点突破带动高校整体发展,探索了一条高水平大学建设的成功之路。经过17 年的实施建设,"211 工程"取得了显著成效,带动了我国高等教育整体教育质量、科学研究、管理水平和办学效益的提高,初步奠定了我国建设若干所具有世界先进水平的一流大学的基础。

　　1997 年,中国石油大学跻身"211 工程"重点建设高校行列,学校建设高水平大学面临着重大历史机遇。在"九五""十五""十一五"三期"211 工程"建设过程中,学校始终围绕提升学校水平这个核心,以面向石油石化工业重大需求为使命,以实现国家油气资源创新平台重点突破为目标,以提升重点学科水平,打造学术领军人物和学术带头人,培养国际化、创新型人才为根本,坚持有所为、有所不为,以优势带整体,以特色促水平,学校核心竞争力显著增强,办学水平和综合实力明显提高,为建设石油学科国际一流的高水平研究型大学打下良好的基础。经过"211 工程"建设,学校石油石化特色更加鲜明,学科优势更加突出,"优势学科创新平台"建设顺利,5 个国家重点学科、2 个国家重点(培育)学科处于国内领先、国际先进水平。根据 ESI 2012 年 3 月更新的数据,我校工程学和化学 2 个学科领域首次进入 ESI 世界排名,体现了学校石油石化主干学科实力和水平的明显提升。高水平师资队伍建设取得实质性进展,培养汇聚了两院院士、长江学者特聘教授、国家杰出青年基金获得者、国家"千人计划"和"百千万人才工程"入选者等一批高层次人才队伍,为学校未来发展提供了人才保证。科技创新能力大幅提升,高层次项目、高水平成果不断涌现,年到位科研经费突破 4 亿元,初步建立起石油特色鲜明的科技创新体系,成为国家科技创新体系的重要组成部分。创新人才培养能力不断提高,开展"卓越工程师教育培养计划"和拔尖创新人才培育特区,积极探索国际化人才的培养,深化研究生培养机制改革,初步构建了与创新人才培养相适应的创新人才培养模式和研究生培养机制。公共服务支撑体系建设不断完善,建成了先进、高效、快捷的公共服务体系,学校办学的软硬件条件显著改善,有力保障了教学、科研以及管理水平的提升。

17年来的"211工程"建设轨迹成为学校发展的重要线索和标志。"211工程"建设所取得的经验成为学校办学的宝贵财富。一是必须要坚持有所为、有所不为,通过强化特色、突出优势,率先从某几个学科领域突破,努力实现石油学科国际一流的发展目标。二是必须坚持滚动发展、整体提高,通过以重点带动整体,进一步扩大优势,协同发展,不断提高整体竞争力。三是必须坚持健全机制、搭建平台,通过完善"联合、开放、共享、竞争、流动"的学科运行机制和以项目为平台的各项建设机制,加强统筹规划、集中资源力量、整合人才队伍,优化各项建设环节和工作制度,保证各项工作的高效有序开展。四是必须坚持凝聚人才、形成合力,通过推进"211工程"建设任务和学校各项事业发展,培养和凝聚大批优秀人才,锻炼形成一支甘于奉献、勇于创新的队伍,各学院、学科和各有关部门协调一致、团结合作,在全校形成强大合力,切实保证各项建设任务的顺利实施。这些经验是在学校"211工程"建设的长期实践中形成的,今后必须要更好地继承和发扬,进一步推动高水平研究型大学的建设和发展。

为更好地总结"211工程"建设的成功经验,充分展示"211工程"建设的丰富成果,学校自2008年开始设立专项资金,资助出版与"211工程"建设有关的系列学术专著,专款资助石大优秀学者以科研成果为基础的优秀学术专著的出版,分门别类地介绍和展示学科建设、科技创新和人才培养等方面的成果和经验。相信这套丛书能够从不同的侧面、从多个角度和方向,进一步传承先进的科学研究成果和学术思想,展示我校"211工程"建设的巨大成绩和发展思路,从而对扩大我校在社会上的影响,提高学校学术声誉,推进我校今后的"211工程"建设发挥重要而独特的贡献和作用。

最后,感谢广大学者为学校"211工程"建设付出的辛勤劳动和巨大努力,感谢专著作者孜孜不倦地整理总结各项研究成果,为学术事业、为学校和师生留下宝贵的创新成果和学术精神。

中国石油大学(华东)校长

2012 年 9 月

前　言

　　石油作为现代社会不可或缺的能源,已经渗透到人们生活的各个方面。但是原油的分布从总体上来看极度不平衡,全球分布特点是东多西少、北多南少。与铁路运输、油轮运输等运输方式相比,管道运输具有运量更大、安全性更高、成本更低等优势,是运输石油、天然气最经济、最方便、最主要的方式。目前,世界上 50% 的管网已经用了数十年,由于腐蚀、磨损、意外损伤等原因,管道泄漏发生的可能性越来越高。特别是随着我国西气东输管道的完工及中哈天然气输气管道的建设使管道修复成为一项很重要的工作。

　　传统的修复方法是先采取管道停输、降压、放散、吹扫等操作,而后进行修复。这样势必造成输送管道停产、环境污染,影响正常的生产及生活,造成较大的经济损失。为了降低生产成本,并将损失降到最低限度,在不停止管道内介质传输的情况下对管道进行焊接修复的在役焊接修复技术应运而生。

　　在役焊接可保持管道运行的连续性,修复时间短、速度快,对管道正常运行影响小,减小了对环境的污染,具有巨大的经济效益、社会效益和广阔的应用前景。在役焊接是先进的长输管道修复技术,具有其他修复方法无法比拟的优势,但由于焊接时管道内部有高压流动的油、气等介质,其焊接过程比常规焊接复杂得多,技术难度更大,是一项风险性很大的技术。目前主要有两个难点:一是在役焊接过程中的局部高温会使材料局部失强,从而在管道内压作用下发生烧穿或爆破;二是管道内流动介质会带走焊接区大量的热量,加速焊接接头区域的冷却,从而增加焊缝及热影响区产生裂纹的可能性,降低焊接接头的使用安全性。虽然采用在役焊接存在很大的风险,但是巨大的经济效益促使美国、加拿大、澳大利亚、俄罗斯、韩国等国家对在役焊接修复技术进行了深入的研究和广泛的应用。我国从 20 世纪 80 年代开始引进带压开孔安装支管技术、套管焊接修复技术等,经过多年的发展,积累了一些经验,但由于没有深入进行理论研究,所以限制了该项技术的应用和推广。

　　本书作者自 2003 年开始研究油气管道在役焊接技术至今,期间主要研究了 X70 钢在役焊接热影响区的组织和性能,并用 SYSWELD 软件对焊接热循环、焊接应力和变形及烧穿现象进行了系统研究,重点探讨了管道壁厚、管径、内部介质压力、熔池尺寸及焊接工艺参数(焊接热输入)等对在役焊接烧穿现象的影响,并在此基础上建立在役焊接烧穿的安全评判依据。

　　本书共分为 8 章。第 1 章综述了在役焊接技术的国内外研究现状；第 2、第 4 章采用试验手段研究了在役焊接接头的组织、性能及烧穿问题；第 3、第 5、第 6 章主要采用数值模拟的方法分别对在役焊接的温度场、应力场、变形场进行了系统阐述；第 7 章研究了焊接熔池尺寸对在役焊接烧穿的影响；第 8 章采用 DNV-RP-F101 标准评价在役焊接过程烧穿现象。本书第 1~3 章由王勇撰写；第 4 和第 5 章由陈玉华撰写；第 6~8 章由韩涛撰写。参加书中所涉及的试验和数值计算工作的还有黎超文、郭广飞、靳海成、宋立新、刘维、贾鹏宇、顾国林、王晓强、李浩、孙启平、卢玉秀等。

　　本书的出版将对我国油气管道在役焊接技术的发展与应用起到一定的促进作用。

　　本书在编写过程中得到了天津大学杜则裕教授和山东大学李亚江教授的热情帮助与悉心指导，在此表示真挚的感谢。

　　由于作者水平有限，书中难免有不当之处，敬请读者批评指正。

作　者

2015 年 10 月

目　录

第1章　在役焊接技术发展 ……………………………………………………… 1

　1.1　油气管道失效与修复 …………………………………………………… 1

　　1.1.1　油气管道的失效 ………………………………………………… 1

　　1.1.2　油气管道的修复 ………………………………………………… 4

　1.2　在役焊接修复技术及其研究进展 ……………………………………… 5

　　1.2.1　在役焊接修复技术 ……………………………………………… 6

　　1.2.2　在役焊接技术研究进展 ………………………………………… 7

　　1.2.3　在役焊接氢致开裂的研究进展 ………………………………… 9

　　1.2.4　在役焊接烧穿的研究进展 ……………………………………… 10

第2章　油气管道在役焊接试验 ……………………………………………… 16

　2.1　X70管线钢在役焊接试验 ……………………………………………… 16

　　2.1.1　试验管线的设计 ………………………………………………… 16

　　2.1.2　在役焊接试验材料及方法 ……………………………………… 20

　　2.1.3　在役焊接热循环测试 …………………………………………… 22

　2.2　在役焊接接头的组织与性能 …………………………………………… 23

　　2.2.1　X70管线钢在役焊接焊缝的组织 ……………………………… 23

　　2.2.2　X70管线钢在役焊接粗晶区组织 ……………………………… 26

　2.3　在役焊接烧穿失稳试验 ………………………………………………… 29

　　2.3.1　在役焊接烧穿失稳影响因素 …………………………………… 29

　　2.3.2　在役焊接烧穿失稳宏观形貌 …………………………………… 32

　　2.3.3　在役焊接烧穿失稳微观形貌 …………………………………… 36

第3章　在役焊接温度场数值模拟 …………………………………………… 40

　3.1　在役焊接接头换热机理及换热系数 …………………………………… 40

　　3.1.1　焊接接头外表面与空气的换热 ………………………………… 40

3.1.2　气体介质和在役焊接接头内表面间的换热 ·········· 41

3.1.3　液体介质与在役焊接接头内表面间的换热 ·········· 45

3.2　在役焊接温度场数值模型的建立 ············· 46

3.2.1　在役焊接热循环数值模拟 ············· 46

3.2.2　X70 管线钢的热物性 ············· 48

3.2.3　热循环数值模拟的热源模型 ············· 49

3.3　在役焊接热源模型的调整 ············· 50

3.3.1　物理模型的建立 ············· 50

3.3.2　计算结果及敏感性分析 ············· 52

3.3.3　双椭球热源参数的预测 ············· 54

3.4　气管线在役焊接热循环的数值模拟 ············· 55

3.4.1　气管线在役焊接与常规焊接温度场对比 ·········· 55

3.4.2　气体介质对热循环的影响 ············· 56

3.4.3　管道结构对热循环的影响 ············· 58

3.4.4　热输入对热循环的影响 ············· 59

3.5　液体管线在役焊接热循环的数值模拟 ············· 60

3.5.1　水的流速对热循环的影响 ············· 60

3.5.2　管道结构对水介质热循环的影响 ············· 61

3.5.3　在役焊接热循环数值模拟的实验验证 ·········· 63

第 4 章　X70 管线钢在役焊接性 ············· 65

4.1　焊接热模拟试验 ············· 65

4.1.1　试验材料及方法 ············· 65

4.1.2　在役焊接对热影响区晶粒度的影响 ·········· 67

4.2　热模拟热影响区的组织 ············· 71

4.2.1　一次热循环的显微组织 ············· 71

4.2.2　二次热循环的显微组织 ············· 73

4.2.3　热影响区组织的 TEM 形貌 ············· 75

4.3　在役焊接热影响区的 M-A 组元 ············· 81

4.3.1　M-A 组元的形态及分布 ············· 81

4.3.2　M-A 组元的精细组织结构 ············· 83

4.4　在役焊接热影响区性能 ············· 86

4.4.1　在役焊接热影响区的局部脆化 ············· 86

4.4.2　在役焊接热影响区的冲击断裂 ············· 88

4.4.3　在役焊接热影响区的硬度 ············· 97

第 5 章　在役焊接接头应力与变形 ············· 99

5.1　焊接应力计算模型及材料性能参数 ············· 99

5.2　在役焊接和常规焊接应力场比较 ············· 100

5.2.1　在役焊接管道内壁应力的分布 ············· 100

5.2.2　在役焊接管道内壁应力与常规焊接对比 ·········· 101

5.3 影响在役焊接接头应力的主要因素 ·· 104
    5.3.1 气体流速的影响 ·· 104
    5.3.2 气体压力的影响 ·· 106
    5.3.3 焊接热输入的影响 ·· 107
5.4 焊接变形的产生 ··· 109
5.5 在役焊接接头的变形及其与常规焊接的对比 ··· 110
    5.5.1 在役焊接变形的产生 ·· 110
    5.5.2 在役焊接和常规焊接变形比较 ··· 111
5.6 介质因素及热输入对在役焊接接头变形的影响 ····································· 112
    5.6.1 气体流速对在役焊接接头变形的影响 ······························ 112
    5.6.2 气体压力对在役焊接接头变形的影响 ······························ 113
    5.6.3 焊接热输入对在役焊接接头变形的影响 ···························· 114

第6章 在役焊接烧穿失稳压力研究 ·· 115
6.1 在役焊接失稳时的径向变形试验研究 ·· 115
6.2 在役焊接失稳的径向变形数值模拟研究 ·· 117
    6.2.1 内部压力的影响 ·· 118
    6.2.2 时间效应的影响 ·· 119
    6.2.3 壁厚的影响 ·· 120
    6.2.4 管径的影响 ·· 122
6.3 在役焊接失稳机制 ··· 123
6.4 在役焊接可焊压力公式 ·· 124
    6.4.1 管壁厚度的影响 ·· 125
    6.4.2 介质流速的影响 ·· 125
    6.4.3 熔池尺寸的影响 ·· 125
    6.4.4 焊接热输入的影响 ·· 125
6.5 在役焊接可焊压力公式的分析比较 ··· 130
    6.5.1 不同公式可焊压力随壁厚的变化规律 ······························ 131
    6.5.2 不同公式可焊压力随管径的变化规律 ······························ 132
6.6 在役焊接可焊压力的数值模拟分析 ··· 134
    6.6.1 8.7 mm 管道可焊压力的数值模拟 ···································· 134
    6.6.2 薄壁管可焊压力数值模拟 ·· 138
    6.6.3 不同壁厚管道可焊压力的数值模拟 ··································· 140
    6.6.4 不同管径管道可焊压力的数值模拟 ··································· 142

第7章 在役焊接熔池尺寸效应 ··· 145
7.1 在役焊接熔池尺寸效应的提出 ·· 145
7.2 熔池尺寸效应对径向变形的影响 ··· 146
    7.2.1 径向变形数值模型 ·· 147
    7.2.2 径向变形计算的边界条件 ·· 148
    7.2.3 不同尺寸熔池的变形场 ··· 148

7.2.4 径向变形的尺寸效应 ……………………………………… 149

7.3 **熔池尺寸对烧穿的影响** …………………………………… 151

7.3.1 模型尺寸 ………………………………………………… 151

7.3.2 压力对烧穿的影响 ……………………………………… 152

7.3.3 温度场对烧穿的影响 …………………………………… 153

7.3.4 熔池尺寸对失稳温度的影响 …………………………… 154

7.3.5 熔池尺寸对失稳压力的影响 …………………………… 155

7.3.6 剩余壁厚对烧穿的影响 ………………………………… 155

7.4 **参数的无量纲化** ………………………………………… 156

7.5 **在役焊接变形量的影响因素及验证** …………………… 159

7.5.1 在役焊接速度对焊接变形量的影响 …………………… 159

7.5.2 在役焊接熔池对焊接变形量的影响 …………………… 160

7.5.3 实际在役焊接的验证 …………………………………… 162

第 8 章 在役焊接剩余强度的评价 ……………………………… 164

8.1 **在役管道剩余强度研究方法** …………………………… 165

8.2 **焊接熔池的缺陷等效** …………………………………… 167

8.3 **等效缺陷尺寸的获得** …………………………………… 170

8.4 **X70 管线钢的高温拉伸试验** …………………………… 172

8.4.1 试验设备及方法 ………………………………………… 173

8.4.2 试验材料 ………………………………………………… 173

8.4.3 试验结果及分析 ………………………………………… 173

8.4.4 高温拉伸断口 …………………………………………… 174

8.5 **压力管道强度分析** ……………………………………… 176

8.6 **等效缺陷判定法与其他判定法的比较** ………………… 176

8.7 **在役焊接烧穿判定方法的验证** ………………………… 178

8.7.1 内壁最高温度法 ………………………………………… 178

8.7.2 内壁径向变形 …………………………………………… 179

8.7.3 瞬态"体积型缺陷"法 ………………………………… 180

8.7.4 分析比较 ………………………………………………… 180

8.8 **长输管线在役焊接烧穿失稳评定系统** ………………… 181

8.8.1 系统流程图 ……………………………………………… 181

8.8.2 系统界面设计 …………………………………………… 182

8.8.3 算例分析 ………………………………………………… 183

参考文献 ……………………………………………………………… 184

第1章 在役焊接技术发展

　　管道输送具有经济、高效的特点,在油气资源的开发及使用过程中起着重要作用,而且长距离、大管径、高压力正成为油气输送管道的发展方向。目前,我国长输油气干线管道总长已经达到 8×10^4 km,海上油气管道总长近 5×10^3 km,其中运行期超过 20 年的油气管道占 62%,服役 10 年以上的管道接近 85%。随着管道服役期的延长,油气管网的腐蚀、破坏等问题颇为严重;虽然西部管网服役期短,但其服役环境恶劣,也面临着严峻的考验[1]。对于管道出现的这些腐蚀或人为破坏如不及时进行维护修复,轻则影响油气产品的输送、供应,重则会造成输送系统的瘫痪,甚至引发起火、中毒、爆炸等灾难性事故,影响人们的生命和财产安全。

　　为保证管道的安全运行,可对发生局部腐蚀破坏的管道进行整体更换,但该种方式耗资巨大,显然是不符合经济要求的,而采用对旧管线发生局部破坏的区域进行修复后继续利用的方式则可节省大量资金。从管道安全、经济运行的角度来看,当管道出现因腐蚀造成的管壁减薄或腐蚀坑导致的局部承载强度下降时,就应当及时维护、修复,而不应等到管道失效之后再进行更换、修复。因此,油气管线的维护与修复应始终伴随着管线的建成和使用。

1.1　油气管道失效与修复

　　随着经济的发展,产油区和油气消费市场(一般为人口密集的大中城市)地理位置的分离使油气产品的输送成为油气资源开发和利用的最大障碍[2]。管道运输是突破这一障碍的最佳手段之一。例如与铁路运输相比,管道输送油气产品除具有输送量大、安全性高的优势外,其建设投资仅为铁路的一半,运输成本也只有铁路运输的 1/3,是石油、天然气最经济、最方便的运输方式[3]。因此,近几十年来世界各国都高度重视油气输送管道的建设。

1.1.1　油气管道的失效

　　随着油气管道的大量铺设,世界范围内运行管道发生失效甚至爆炸事故的情况也越来越频繁,严重影响了管道安全和人们的生命、财产安全。例如,1960 年美国 Trans-

Western公司一条直径为 762 mm 的 X56 钢输气管道发生脆性破裂事故,破裂长度达 13 km,是迄今为止裂缝最长的管道失效事故[4]。1989 年苏联乌拉尔山隧道附近的输气管道发生爆炸事故,烧毁两列列车,伤亡 1 024 人(其中约 800 人死亡)[5],是目前损失最惨重的管道事故。根据美国 OPSO 的统计结果[6,7],1985—1992 年间平均每年发生 238 起天然气管道失效事故。

1) 失效模式

油气输送管道服役的自然环境和服役条件往往是导致管道失效、破裂的直接原因。除正常的内压和外压载荷外,管道还可能受非正常的外部干扰。例如第三方的人为机械损伤,地面交通因素引起的交变载荷,地震、地质灾害引起的管道损伤,另外环境温度(服役温度)和腐蚀介质也是重要的影响因素[8]。

失效模式是失效的表现形式。根据已进行的失效分析,油气管道的失效模式主要包括断裂、变形、腐蚀、机械损伤四类[9],如图 1-1 所示。

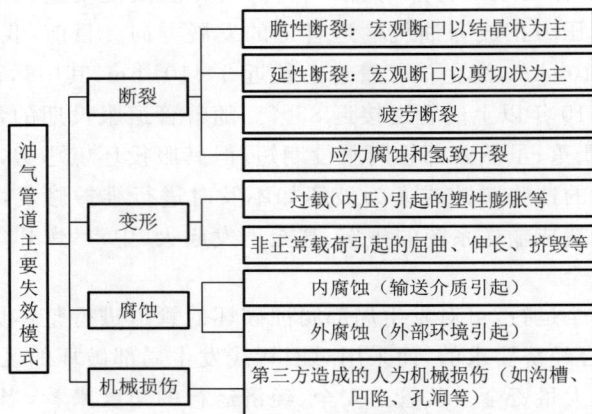

图 1-1　油气管道主要失效模式

2) 失效原因

高压天然气管线、大型输油管线等大部分采用埋地方式铺设,这些管线在运行过程中受到周围土壤环境和人为因素的影响会出现泄漏等危险。对失效管道的调查分析发现,导致服役中的油气管线发生失效的原因主要有以下几种:

(1) 腐蚀。

据统计,在输气管线的失效事故中腐蚀导致的失效事故约占 12%[10]。通过对高压埋地管网的数据统计,发现应力腐蚀开裂是埋地长输油气管线发生失效的主要方式[11,12]。引起管道失效的条件包括管道防腐涂层的种类、土壤、温度和阴极保护电流等。其中,防腐涂层的状况是决定破损涂层下最终溶液成分的重要因素,也是决定应力腐蚀过程的直接因素[13]。如果防腐涂层腐烂开裂,埋地管线和土壤介质接触时就会发生化学作用或因电化学作用而引起其表面锈蚀,钢质管线会锈蚀加剧而穿孔失效。在腐蚀过程中,受到的其他外力的影响也会加速腐蚀穿孔的速度[14]。

(2) 阴极保护失效。

虽然防腐涂层表面完好,但防腐层里面的管道表面已形成严重的局部腐蚀,这就是

"阴极保护死区腐蚀"[15]。"阴极保护死区"的存在使阴极极化电流变小,不能完全阻止管道上腐蚀原电池中的牺牲阳极反应,其原电池腐蚀会继续发生。

如果牺牲阳极已失效或断电,就不能给管线提供保护电流;管线防腐绝缘层破损导致的外加电流在破损点的流失和杂散电流的存在都会使阴极保护失效,最终导致管道发生腐蚀[16]。

(3) 管道焊缝开裂。

在役老管线受到当时冶金、制管、现场焊接施工和焊后检测等条件的限制,管线用钢中存在大量的焊接缺陷,如未熔合、未焊透、错边等[17]。这些缺陷在管内输送介质压力及/或其他外力所产生的综合应力作用下极有可能形成裂纹并扩展,当其扩展到临界值时,就会造成裂纹的失稳扩展,进而导致管道破坏开裂。

(4) 外力损伤。

外力损伤包括机械损伤和第三方影响。机械损伤主要指在管线修复过程中由于工人操作不当或者挖掘机、推土机等工程机械对管道的破坏。第三方影响包括不法分子对油气管线进行盗窃破坏,地面交通因素引起的穿越公路的管道发生疲劳失效,某些自然因素(如地震等引起地层的移动)造成的管道破坏。

除此之外,管道制作与装配错误、管线运行过程中的错误操作及设备故障等也是造成油气管线失效的原因,如图 1-2 所示。对美国、加拿大及欧洲一些国家的油气管道失效事故发生原因进行统计分析表明:1970—1984 年间,美国管道失效的原因主要为腐蚀、外力损伤和材料缺陷;加拿大管道失效的原因中应力腐蚀占的比例较大,其次是地层活动和施工原因;欧洲管道失效的主要原因是腐蚀、材料缺陷、施工原因和外部干扰;苏联陆地管线失效的主要原因是腐蚀、材质缺陷和外部干扰,海洋管线失效的原因以腐蚀、卷管制造缺陷及焊接缺陷为主。综上所述,国外管道失效事故主要是由腐蚀和外部干扰引发的,材质缺陷、焊缝缺陷是次要因素[18]。但在国内,焊缝缺陷引起管道失效事故所占比例比较大,这主要是管线材料设计不合理、制管和施工质量差、焊接水平相对落后,以及输送介质的腐蚀等造成的。

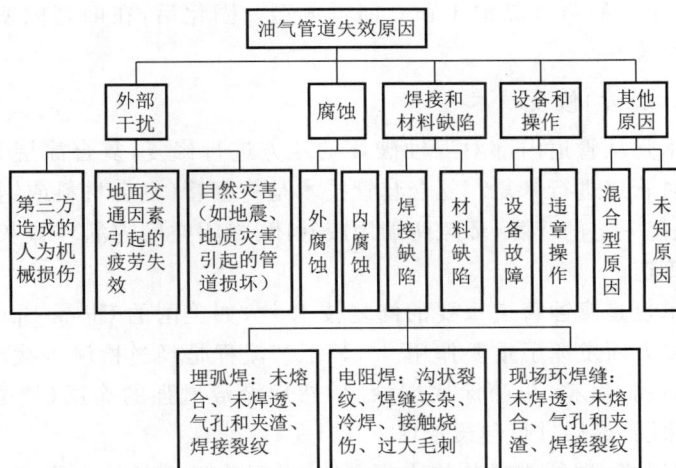

图 1-2　油气管道的失效原因

随着国际上对管道运行经济性和安全性兼顾的要求越来越强烈,一些发达国家提出了管道适用性评价和风险评价的概念,2001 年 API(美国石油学会)和 ASME(美国机械工程师学会)又提出了管道完整性管理的概念[19]。通过管道完整性管理可以大大降低管道事故发生率[20]。目前,油气管道完整性管理已成为管道工程领域的研究热点,主要研究内容是管道完整性管理、检测与评估、焊接与修复等。

管道的完整性与管道的设计、施工、运行、维护、检修和管理等各个过程密切相关[21]。由于腐蚀、设备故障、外力损伤等造成的管道失效、破坏是影响管道完整性的主要原因,因而对存在缺陷或受到腐蚀、损伤的管道进行维护和修复是保证管道在物理上和功能上的完整性、防止失效事故发生的重要措施。

1.1.2　油气管道的修复

目前,国内外常用的管道维护修复及补强技术主要有内衬修复、复合涂层(套管)修复、夹具修复、泄压停输焊接修复等。

1) 内衬修复技术

埋地旧管道内衬修复技术在国外已经应用了近半个世纪,自 20 世纪 80 年代以来已形成了系列技术,并步入专业化施工阶段,成功修复了数千千米直径为 50~1 000 mm 的旧管道。根据工艺特点,可将内衬修复技术分为内穿插法、内衬塑料管法、纤维增强涂料整体内衬法、软管翻转内衬法、塑料薄膜衬里法等主要类型。

传统的内衬修复技术是将一根直径稍小的新管直接插入或拉入旧管内,然后向新旧管之间的环形间隙灌浆,予以固结。如在中原油田应用的 HDPE 管内衬技术和 PCL 复合结构内衬管线修复技术[22-24]。改进的内衬修复技术是在施工前将新管(主要是聚乙烯管)通过机械加工使其断面产生变形后送入旧管内,随后通过加热、加压或自然作用使其恢复到原来的形状和尺寸,从而与旧管形成紧密的配合。

除此之外,英国广泛使用热管薄壁衬里修复技术[25]。热管薄壁衬里是由聚酯纤维织成的、由聚乙烯基体材料围绕的一种扁平柔性软管,由于其薄壁的结构和柔性的外形使其能方便地送入旧管中,一旦到位,便向衬里中输送 1 atm(1 atm=1.01×10⁵ Pa)的氮气进行胀管,再以相同压力的蒸汽养护 1 min 即可成型。固化后,在旧管内壁形成一层 2~3 mm 厚的半结构性薄壁。

2) 复合涂层(套管)修复技术

内衬修复技术是从管道内部对腐蚀破坏的地方进行修复,复合涂层和套管修复技术则是在管道外壁对管道进行修复。复合套管技术是将套管(复合材料或钢质)宽松地套在管道上,与管道保持一定的环隙,环隙两端用胶封闭,封闭空间内灌环氧灰浆,形成复合套管来补强含缺陷管道。

复合涂层技术也是腐蚀管道重要的修复技术[26],如美国的 Clock Spring 复合材料修补系统在管道修复方面发挥了重要作用[27],其工艺流程是经过检测查找定位腐蚀部位后进行表面清理和除锈、修整,再喷涂底层涂料,然后涂敷增强的涂层(增强材料和面层涂料),固化后检测涂层,最后进行包覆填埋。

进入 21 世纪以来,碳纤维的价格大幅下降,并且由于碳纤维在强度、弹性模量、延伸率、耐环境退化能力等各方面都有着玻璃纤维无法比拟的优势,所以开始逐步得到应用,已成为国外很多管道公司普遍要求的修复补强材料。目前,碳纤维复合材料补强技术已在我国陕京管道维修补强过程中得到大量应用[28]。

3）夹具修复

夹具类型的维修补强方法是采用机械夹具的方式来恢复管道的服役强度，一般分为夹具修复和夹具注环氧两种方式。夹具修复适合于油气管道的临时抢修，其缺点是施工设备和施工工艺相对复杂、成本较高，因而主要在管道发生泄漏时才使用。夹具注环氧是英国 TRANSCO 公司发明的专利，如图 1-3 所示，在夹具形成的套筒和管道间留出一定间隙用来填充环氧树脂[29]。

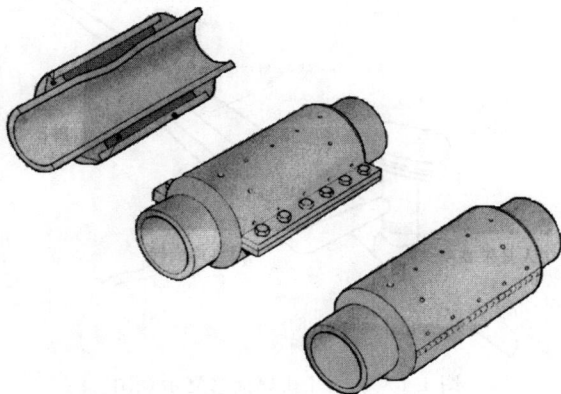

图 1-3　夹具注环氧示意图

4）泄压停输焊接修复技术

对于钢质管道而言，焊接是最常用的修复方法之一。焊接修复技术是指对油气输送管道中出现穿孔泄漏及其缺陷的部位采用堆焊、补疤、打套筒和区段割除重新焊管等方法，使管道恢复正常承压能力而得以安全运行的补强修复技术。其中，打套筒比较适合管体出现大面积腐蚀的情况。对于金属损失量不大的单点缺陷，可采用堆焊修复。对于小面积多个点腐蚀则可采用打补丁修复。

由于油气具有可燃可爆性，在修复前通常需要将整条管线泄压停输，然后在要修复或更换部位的两端钻孔封堵、泄油，并对修复部位的管线进行适当处理，确保待焊管道内的残留油气浓度在失火、爆炸的安全极限范围之内，再进行焊接修复施工。为确保安全，修复前需要对管道做一些处理[30]，如将管内的残油排放干净，同时用高压水反复冲洗管道48 h；打开油管上、下闸阀，让油管自然通风 48 h；关闭进、出油管的闸阀，从底部出油管口向油管内注入清水，并使水慢慢从进油管口溢出，以强制驱尽管内残余的油蒸气，整个管子注满水后保持 48 h；用沙土覆盖地面上的全部油迹。

1.2　在役焊接修复技术及其研究进展

目前常用的一些泄压停输焊接修复、内衬修复、复合涂层修复和夹具修复等管道维抢修技术日益显现出不足之处。如泄压停输焊接修复和内衬修复需要对管线进行停输后再施工，而停输油气会带来巨大的经济损失，排出的油气也会对环境造成污染。虽然复合套管修复可以不停输油气,但是其补强作用不明显,不适用于高压管线。因此,不停输的管线在役焊接修复技术应运而生。

1.2.1 在役焊接修复技术

1)带压开孔焊接修复技术

如图 1-4 所示[31],带压开孔焊接修复技术是通过在管道上连接一段旁通管道,封堵原管线,让管内介质从旁通管道流过,然后更换缺陷部位管道的技术。

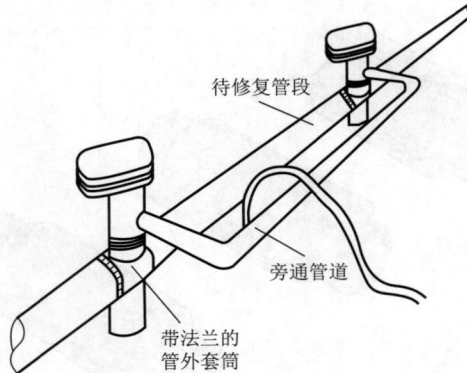

待修复管段

旁通管道

带法兰的
管外套筒

图 1-4 带压开孔焊接修复示意图

该技术是在管线不停止输送介质、不降低压力的正常运行情况下,对管线进行分输改线、更换管段、加接旁路、更换或加设阀门、维抢修等处理。该技术的优点是改变了传统的停输、降压、放散、动用明火的作业方式,减少了经济损失和对环境的不良影响,并可避开夜间作业,减少人力、物力的投入,提高工效、降低劳动强度和能源消耗,避免作业风险[32,33]。

该技术适用于管线上某一段发生比较严重的腐蚀或由于人为因素造成较大范围的破坏时需对被破坏的管段进行整体更换的情况。当管线腐蚀较轻或者只是局部出现腐蚀坑时,不需要更换整根管道,可以采用下面两种技术进行修复。

2)A 型套管修复技术

A 型套管修复技术应用比较容易,因为该技术不需要在运行管道上焊接。如图 1-5 所示,把管道损伤部位用两个半圆的柱状套管包裹起来,定位后将套管沿管线方向的两道接缝进行焊接固定,可以采用搭接接头,也可以采用对接接头。要求套管的管径和待修复管线相同,其弧长略大于原管线的半圆弧长,以防止两块半圆套管的接缝间隙过大。A 型套管修复技术的优势是可用于较短管道的缺陷维修,该技术安装简单,不需要进行严格的无损检测来保证其有效性。由于 A 型套管两端没有进行焊接密封,不能承压,故只能用到非泄漏性缺陷的维修中,且由于无法承受轴向应力,因此也不适用于修复圆周方向的缺陷。

目前,国内长输管道主要采用螺旋焊管,在使用 A 型套管进行管道加固时须谨慎选择套管尺寸,采取适当的措施确保套筒能与管体紧密结合;另外,管内的介质压力必须低于可能引发缺陷区域失效的压力值。

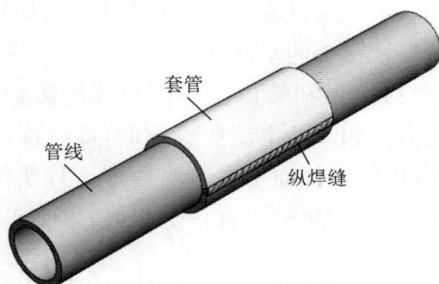

图 1-5　A 型套管修复示意图

3）B 型套管修复技术

B 型套管修复技术与 A 型套管修复技术一样，同样是采用两块半圆形套管对管线待修复区域进行补强，但由于 B 型套管需要承受内部工作压力，所以加强套管的端部必须焊接到管线上，如图 1-6 所示。在采用 B 型套管修复腐蚀缺陷时，加强套管两侧必须各超出缺陷部位 100 mm[34]。B 型套管既可以用于修复管线的泄漏缺陷，也可以对管线内壁腐蚀缺陷进行补强，尤其能对管道外壁较大面积的腐蚀区域进行修复。但是由于需要将加强套管直接焊接到管壁上，可能会导致严重腐蚀减薄的区域发生烧穿。

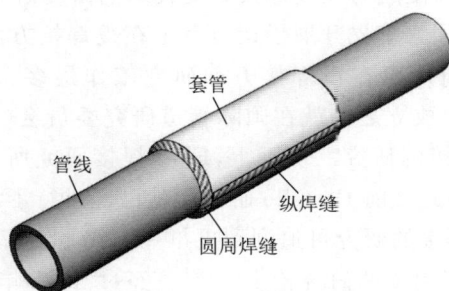

图 1-6　B 型套管修复示意图

1.2.2　在役焊接技术研究进展

B 型套管修复时半圆套管与管道的焊接和带压开孔安装支管时的管外套筒与管道的焊接的特点是相同的，即在管线内部有介质流动的情况下进行在役焊接操作。因此，从焊接的角度来看，二者的本质是相同的，主要技术难点也是相同的，即为在役条件下进行焊接施工。

由于管道内流动的介质不断带走焊接区的热量使得焊接接头冷却速度大于常规焊接的空冷冷却速度，而且常常是带压焊接，因而容易出现两方面的问题：烧穿和氢致裂纹。在役焊接发生烧穿的实质是焊接区部分管壁材料在高温状态下的承载能力减少甚至丧失，剩余的管壁没有能力分担它所受的应力作用。在带压管道上施焊时，如果焊接熔池下方未熔化金属的强度不能抵抗它所承受的应力，特别是管内介质压力作用时，管道内介质就会使管壁穿孔、烧穿，导致输送介质的泄漏。一旦发生烧穿，油气泄漏极有可能引起爆炸，威胁焊接工人的人身安全和管线安全。因此，防止烧穿是在役焊接修复需要考虑的重要问题。对运行管道进行在役焊接时由于管内介质的流动不断带走焊接区的热量，造成焊后快冷,促使焊接接头形成对氢致裂纹敏感的淬硬组织,导致焊接热影响区硬度值增大,容易产生氢致裂纹,降低焊接接头的承载能力。

烧穿主要受管道壁厚、焊接熔深和管内介质压力等的影响。壁厚越厚、熔深越小,越不易烧穿。熔深是由焊接热输入和焊接电流所决定的,即熔深随热输入的增加而增加;当热输入一定时,熔深随焊接电流的增加而增大。当管道运行条件(流速、压力)及管道本身结构因素(管径、材质、壁厚)一定时,热输入有一上限值,以小于上限的热输入进行焊接修复时就不易发生烧穿。

影响在役焊接接头承载能力的主要因素是焊接接头氢致裂纹。产生氢致开裂的必要条件有三个:焊接接头中氢的含量、对氢致裂纹敏感的显微组织、作用于焊接接头上的应力。采用低氢焊条和低氢焊接工艺可降低氢含量,但不能彻底消除氢。因此,为了避免氢致开裂应将研究重点放在防止氢致裂纹敏感性组织生成、降低 HAZ 硬度值和调整焊接接头的应力上。对于在役焊接,管道内部流动的介质不断带走热量,焊前预热、增加焊接热输入是降低 HAZ(热影响区)硬度值和防止敏感组织生成的有效方法。

增大焊接热输入虽然可以弥补管内介质快速冷却对焊接接头显微组织、硬度的影响,但会增加焊接熔深、提高管道内壁最高温度、增大烧穿的可能性。因此,两者是相互矛盾的,所以导致在役焊接热输入的可选范围非常狭小。焊接热输入对在役焊接的影响规律以及如何选取合适的热输入便成为在役焊接修复技术的重要研究内容。

美国[38]、加拿大[39]等国家率先开展了运行管道在役焊接方面的研究和应用工作。美国 EWI 焊接研究所是目前从事在役焊接方面研究工作最多、研究方向最全面的机构。EWI 焊接研究所自 1984 年成立之初就在国际管道研究委员会(PRCI)和一些管道公司的资助下致力于管道在役焊接的研究。实际上,EWI 焊接研究所是在 Battelle 研究所焊接组的基础上发展而来的,在此之前 Battelle 研究所就已经进行了许多与在役焊接相关的研究[40-43]。因此,关于在役焊接的研究可追溯到更早些。20 世纪 70 年代末期,Battelle 研究所的 Kiefner 教授就发表了相关的研究论文[44,45]。经过 30 多年的研究开发,美国已在运行管道在役焊接领域取得了许多成果,制定了专门的工艺标准[46]和工艺评定方法[47],并成功地用于一些管道(如 Trans-Alaska 原油管道[48])的在役焊接修复。1999 年修订的第19 版 API 1104 标准——《管线的焊接和相关的设备》,将"在役焊接"单独形成一个标准文件,作为其附录 B,用于取代先前的 API 1107 标准——《管道焊接修复实践》[49]。这足以体现出在役焊接的重要意义以及美国 API-AGA 联合委员会对在役焊接的重视。

近年来,在役焊接在澳大利亚得到了空前重视。澳大利亚管道工业协会(APIA)一直将在役焊接作为其 9 个重要研究领域之一。APIA 提交的《2003 年度澳大利亚管线研究计划》将"在役焊接接头的氢致开裂"列为年度 6 个研究计划之首。澳大利亚焊接技术研究所至今已主办了多次管道修复国际会议,并于 2000 年主办了"首届石油气、液管线在役焊接国际会议"。其他国家诸如英国、阿根廷、韩国、荷兰等根据各自的国情和长输管道的实际情况也相继开展了在役焊接技术的研究和应用。

我国针对在役焊接领域的研究起步相对较晚,直到 1994 年中国科学院金属研究所才首次进行在役焊接工艺方面的研究[50],并对运行管道在役焊接氢致开裂特征和防止路线进行了理论研究[51],取得了一些有价值的数据。但这项工作并没有继续下去,对于油气管线在役焊接的很多问题还没有涉及,和国外的研究水平相比也有较大差距,而且至今也没有其他单位或研究机构对此进行系统研究的报道。目前,国内油气管线的修复还是以泄压停输修复为主,已经不能适应我国油气管道的发展需要。对于在役焊接修复和不停输改造,一些管道公司和施工企业也时有采用,但大多凭经验操作或参考国外的施工工艺[52],目前还没有进行系统研究。

国内外在在役焊接领域的研究成果主要包括在役焊接烧穿、氢致开裂、数值模拟以及介质压力、在役焊接接头的检测、在役焊接的替代焊接方法等。

1.2.3　在役焊接氢致开裂的研究进展

为了避免烧穿的发生,保证在役焊接的安全进行,常常采用比常规焊接小一些的热输入以获得较浅的熔深。但热输入的减小会导致焊接接头冷却速度过快,增大 HAZ 的硬度值,产生更多的氢致裂纹敏感组织,从而降低焊接接头的承载能力,导致在管内压力的作用下焊接区的开裂。如加拿大某管道公司的一条管线曾在进行套管修复时由于 HAZ 硬度过大而导致管道开裂、泄漏并产生爆炸,造成了严重的后果[51]。因此,应该在确保不发生烧穿的基础上考虑热输入对焊接接头冷却速度以及组织性能的影响,确定获得可靠焊接接头的最小热输入。

目前,国外对在役焊接氢致裂纹敏感性研究的基本思路都是通过预测焊接接头的冷却速度,然后根据经验公式计算焊接区的最高硬度值来评定氢致裂纹敏感性。一般认为,热影响区的最高硬度低于 350 HV 时氢致裂纹敏感性较小,对于酸性环境则要求最高硬度不能超过 248 HV[53]。

由于在役焊接接头的冷却速度难以直接测试,EWI 发明了一种简单的测试方法,通过测试管道内流动介质带走管壁热量的能力来间接评价焊接接头的冷却速度。该方法采用氧-燃料火炬将管道外壁直径为 50 mm 的区域加热到 300～325 ℃,然后停止加热,测试该区域从 250 ℃冷却到 100 ℃所需的时间,共测 6 个点取其平均值用来衡量管道的散热能力。最后,采用根据大量野外试验和实验室实验数据得到的经验公式进行计算,就可以预测不同条件下焊接接头的冷却速度[54]。

氢致裂纹敏感性大小在很大程度上取决于焊接接头中扩散氢的含量。早期在役焊接的研究与应用大多采用纤维素焊条,如 Wade 采用纤维素焊条在一个圆柱形的压力容器上(采用氮气打压)进行试验[55],研究了管道直径和壁厚对在役焊接的影响。但越来越多的实践经验表明,由于在役焊接冷却速度快,采用纤维素焊条扩散氢含量高,容易产生氢致开裂,易发生事故。因此,采用低氢焊条进行在役焊接逐渐成为共识。

管道材质的含碳量是影响氢致开裂敏感组织形成的重要因素,无论是 Battelle 的计算模型还是 EWI 的管道散热能力评定方法,都需要知道管道材质的碳当量。但常常会遇到的情况是,一些运行管道由于年代久远,无法获取包含其管道材质化学成分的记录文件。EWI 的做法是采用高速旋转锉刀在管道外表面取样,然后在试验室里分析其化学成分。需要注意的是,在取样之后必须检测旋转锉刀的齿是否脱落,以避免齿的化学成分造成测试结果的偏差。

因为早期的管线用钢含碳量较高,所以对于很多老管道难以单纯通过控制焊接热输入使其最高硬度达到要求。欧洲一些国家通常采用回火焊道工艺来控制 HAZ 的硬度,如英国天然气公司采用专门开发的回火焊条对焊趾进行附加回火。对于一些薄壁管线,即使采用很高的热输入,焊缝的冷却速度也会比避免形成裂纹敏感性组织所要求的临界冷却速度大。而且高热输入的焊缝将导致焊接材料在转变温度以上停留更多的时间,从而造成晶粒长大。这种大尺寸晶粒的焊缝可能要比小热输入下形成的焊缝具有更高的硬度,此时不仅导致 HAZ 硬度更高,而且晶粒尺寸较大。对于这种情况,后续焊道的自然回火焊道工艺往往是一种比较适合的解决方法。但回火焊道工艺对焊工的技术要求较高,在野外环境下常常难以应用。

陈怀宁[51]在壁厚为 6 mm、直径为 377 mm 和 219 mm 普通低碳钢螺旋焊管上以水为介质研究了焊接区冷却速度、焊接工艺条件等因素对运行管道在役焊接时产生氢致开裂的影响。研究结果表明,对运行管道进行在役焊接时管道内的介质流动将促使内壁形成较大的残余压应力;在流速较高且管道上 HAZ 的硬度也较高的情况下,即使是在含碳量低的钢管上焊接,也可能出现氢致开裂;导致开裂的高硬度组织为针状铁素体、粒状贝氏体和少量的 M-A 组元。

1.2.4   在役焊接烧穿的研究进展

1) 在役焊接烧穿的影响因素

在长输管线上进行在役焊接时,当熔池下方未熔化的金属瞬态剩余强度不能承载管内介质压力时,管壁就会发生烧穿失稳,导致输送介质的泄漏。一方面油气泄漏会造成环境污染和巨大的经济损失;另一方面,如果引发管道爆炸,将威胁管线上的施工人员甚至管线周围村庄的安全。因而,防止烧穿是进行在役焊接修复首先要研究的重要问题。

影响在役焊接烧穿失稳的因素很多,这些因素之间的关系如图 1-7 所示。烧穿受管道本身的结构因素、焊接工艺因素、管道运行条件以及管道本身残余应力的影响。管道壁厚越大、焊接熔深越小,越不容易发生烧穿。其中焊接熔深主要取决于焊接参数,与焊接方法和焊条种类也有一定的关系。熔深随焊接热输入的增加而增加,而当焊接热输入一定时,随焊接电流的增大而增大[56]。

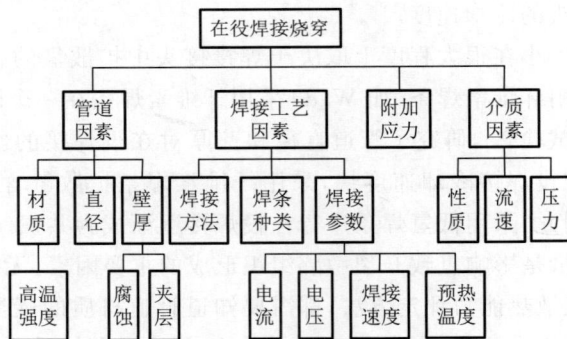

图 1-7   管线在役焊接烧穿的影响因素

进行焊接修复的高压气管线在焊接温度场的持续作用下,力学性能大幅下降,若仍受到管道内部压力的持续作用,将发生超过安全上限的径向变形量,甚至在此基础上直接烧穿失稳。有关文献研究结果表明,发生烧穿失稳的形式主要有膨胀失稳以及烧穿失稳两种[57],如图 1-8 所示。

在役焊接时,管道在内部压力以及焊接应力的共同作用下将发生径向变形,当发生的变形超过一定量时,会发生膨胀失稳,如图 1-8(a)所示。而焊接热输入使得被焊接管道的强度逐步降低[58],进而促进了径向变形量的增大,当变形量超过某一极限值时,易使管道发生烧穿失稳,如图 1-8(b)中所示。

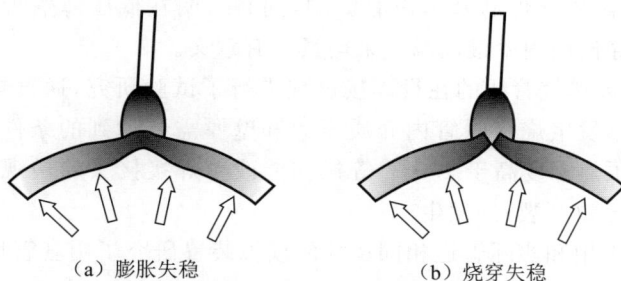

(a)膨胀失稳   (b)烧穿失稳

图 1-8 在役焊接管道失稳的形式

2)在役焊接烧穿的试验研究

API 1104 标准[46]规定,在役焊接过程中,当采用低氢焊条和正常的焊接工艺对管壁厚度不小于 6.4 mm 的管线进行修复时,不会发生烧穿失稳,但管壁小于 6.4 mm 时,就需要考虑烧穿失稳。参照美国石油学会标准 API RP 2201—1995,我国石油天然气行业标准 SY/T 6554—2003[59]提出当管道或设备的厚度大于 12.8 mm 时,烧穿失稳不是在役焊接的主要问题,此时介质流动对焊接的冷却及烧穿的影响可以不计。而当厚度小于 12.8 mm 时,则应注意控制热量输入以防止烧穿。中国科学院金属研究所[60]采用不同的焊接电流和冷却介质对不同的管线钢进行在役焊接试验研究,并测量了焊接接头的温度,其研究结果表明当热输入为 1.2 kJ/mm 时,避免烧穿的最小壁厚应不小于 7 mm。EWI[61]通过研究表明,当焊条直径为 3.2 mm,焊接电流为 110 A,焊接热输入为 0.9 kJ/mm 时,可进行在役焊接的最小管壁厚度为 4 mm。Cisilino 等[62]从避免烧穿所需要的最小壁厚这一角度考虑在役焊接烧穿问题,对天然气管线套管修复过程中管内介质压力、流速和最小可焊壁厚的关系进行了研究,结果表明避免烧穿最小壁厚随着介质压力降低而增大:当管道内天然气介质压力为 5.88 MPa 时,可焊的最小壁厚为 4.65 mm;当管内介质压力下降为该值的 80%(4.7 MPa)和 60%(3.53 MPa)时,可焊的最小壁厚分别为 4.8 mm 和 5.3 mm。该结果只考虑了管内介质压力变化对天然气与管道内壁换热的影响,但未考虑压力对焊接接头的应力作用。

美国 BMI 研究所和 EWI[49,63,64]研究所通过对 API X55 管线钢的研究得出不发生烧穿的管内壁最高安全温度为 982 ℃ 的结论。通过研究发现,这个温度准则主要考虑了焊接热输入对烧穿失稳的影响,而忽略了管道内部压力和材料高温性能的影响。随着高强度管线钢(如 X70 钢、X80 钢等)的出现,管道的壁厚越来越薄,在役焊接过程中内壁温度高于 982 ℃ 也不一定会发生烧穿失稳。Bruce 等[61]通过实验发现,当管内壁温度达到 1 260 ℃ 时,在役焊接仍然没有发生烧穿,这和 982 ℃ 的最高温度相比,仍有 278 ℃ 的安全裕度。加拿大的 Belanger 等[32]用水、乙烯、乙二醇、甲醇、水-乙二醇、水-甲醇作为介质在 API X52 管线钢上进行带压试验,研究发现当用水做介质时,内表面最高温度不会随着压力的增大而发生变化,而且内壁温度很难测量。Wahab 等[20]采用有限元方法研究了套管修复过程中压力对套管角焊缝失效问题的影响,发现随着压力增加,熔池处管壁发生膨胀塑性变形,当压力超过某一临界值时,径向变形将显著增加,烧穿的危险性增大。由以上分析可知,内壁的压力是影响烧穿的主要因素,且内壁的最高温度受压力影响较小。Boring 等[65]进一步研究了圆周应力对薄壁管烧穿的影响,结果表明圆周应力对纵向焊缝烧穿的影响较大,但是对圆周环焊缝基本没有影响,同时表明在低压薄壁管上进行在役焊接,用热输入来预测烧穿比用内壁最高温度来衡量更有意义。

Phelps 等[66]对天然气管线的在役焊接过程进行了试验研究,通过焊接熔深来研究在纵焊缝和圆周焊缝不发生烧穿时管内介质压力和壁厚需要达到的条件。研究表明,采用合理的回火焊道和预热温度高于 150 ℃等操作能改善焊接接头的微观组织结构,降低硬度,从而防止 HIC(氢致开裂)的发生。

Chapetti 等[67]采用和实际管道相同尺寸的模拟装置研究了用套管修复气管线过程中的应力分布状态。结果表明,在不减压的状态下进行焊接修复产生了较高的应力:在封闭焊后 1 min 最高应力为 270 MPa,并进一步提出了几种减小焊接应力的方法。

Otegui 等[36]从冶金和力学角度分析了套管修复失效的主要原因,并提出除了改善焊接工艺,还可以通过提高套管预制和野外安装的质量以及采用无损检测确定待修复区管道的最小可焊管壁厚度等工作来提高焊接修复的质量,避免修复失败的发生。

焊接接头的最高温度和冷却速率主要受焊接热输入的影响,还受焊接工艺、焊条类型和直径、焊件与周围环境散热能力的影响。在役焊接烧穿失稳的直接影响因素是焊接区的壁厚、熔池深度、介质压力和介质流速等。Goldak 等[68]通过对套管修复的圆周角焊缝的研究,发现给定的电弧尺寸和角焊缝的形状对估算烧穿有重要的影响。同时,Bruce 通过研究也发现烧穿与焊接热输入以及管壁吸收的热量有较大的关系,认为这两个因素比管道内的压力影响更大。

1994 年中国科学院金属研究所首次进行在役焊接理论方面的研究,总结了烧穿的影响因素[56]。南京工业大学薛小龙等[69-71]对输水管道带压开孔在役焊接的影响因素进行了研究,采用 ABAQUS 软件计算焊接温度场,然后根据标准计算管道的剩余强度因子、极限载荷和设计载荷,对管道的烧穿进行判定。通过该方法获得了不同壁厚的 304 不锈钢输水管道在特定条件下在役焊接的设计压力。

3) 在役焊接烧穿的数值模拟研究

随着有限元及计算机数值模拟技术的迅速发展,数值模拟的重要性和优越性不断凸显出来。尤其是在役焊接修复的研究过程中,由于高压油气管线在役焊接的危险性、复杂性和昂贵的实验成本,采用数值模拟技术具有明显的优越性。因此,很多国家在实验研究的基础上纷纷开展数值模拟研究工作,开发出了相应的软件来预测在役焊接的安全性和可靠性,评定在役焊接工艺,在在役焊接领域取得了一些新的进展。

美国 Battelle 焊接研究所最早建立以两维数值传热方程式为基础的热分析计算机模型(Battelle 模型)[42,72]。PRCI 资助 EWI 开发了和 Battelle 模型有相同功能的热分析模型(PRCI 模型)[73]。Battelle 模型和 PRCI 模型都是以热分析为基础,采用熔池下方内壁的温度作为烧穿的判据,来研究焊接参数是否可导致烧穿,这两个模型成为在役焊接烧穿研究的基础。随着计算机和有限元方法的发展,以及对在役焊接研究的深入,Painter 提出了 CRC/CSIRO 模型。该模型通过三个准则来判定在役焊接过程是否会发生烧穿:内壁温度准则、空洞准则、剩余有效壁厚准则。内壁温度准则基本与 Battelle 模型和 PRCI 模型所采用的准则一致。空洞准则假定熔池附近某等温线内部材料强度为 0，等温线外部的强度和常温一样，这样在电弧周围的金属强度降低量便可用局部管壁金属损失来测量，然后采用改进的 B31G 准则进行评测。剩余有效壁厚准则将空洞深度和用户设定的壁厚百分数进行比较，将剩余 5% 的壁厚作为应用案例编辑到 CRC/CSIRO 软件文档中，也可将剩余有效壁厚和 100% 管道壁厚进行比较来预测烧穿。该模型同时利用三种准则对焊接参数进行预测，推荐采用其中最保守的结果（如最小的焊接热输入）。

Smith 和 Wilson[74] 用弹性分析的方法对套管修复的应力进行了研究，结果发现当套管壁厚大于原始管壁时，随着套管厚度的增加，圆周角焊缝焊趾处的应力减小，填充焊道的尺寸减小，径向和圆周方向的应力增加，纵向的应力基本没变化。Gordon 等[75] 用有限元方法研究了管线直径与壁厚的比值、套管长度和厚度、套管与管线的间隙大小对圆周套管修复过程中应力分布的影响，得到了外部固定施加力和内部介质压力对套管修复管线封闭应力强度因子解，建议用该解来计算套管修复过程中圆周角焊缝焊趾处的外部裂纹缺陷的允许极限深度。

Matthew 等[65] 以商业有限元软件 ABAQUS 为基础，针对以上模型关于烧穿的预测存在的保守性进行了研究并自行提出了二维热应力有限元在役焊接烧穿分析模型——46345 模型。该模型较好地考虑了热和力对在役焊接烧穿的作用，而内壁散热边界条件主要考虑静态的氮气，不考虑介质流动和类型，没有考虑蠕变和相变产生的塑变，并且模型采用内壁温度作为引起烧穿的一个参考依据，而真正决定烧穿危险的参数是管道径向变形值。

Cisilino 等[62] 采用三维有限元数学模型计算了在役焊接套管修复时不同介质压力下避免烧穿所需的最小壁厚，计算结果可用于指导对由腐蚀导致管壁减薄的管道所进行的在役焊接修复。Otegui 等[76,77] 采用 Algor 软件对在一段管道上进行多处套管修复进行数值模拟，研究套管的数量、修复方式、套管之间的距离等参数对整个管线结构完整性的影响。

Sabapathy 等[78,79] 采用热弹塑性模型对在役焊接烧穿进行了预测，修正了热交换公式，增加了热量估测的准确性，指出了焊接有效热量与焊接过程热输入、电弧束尺寸、焊缝的几何形状及电弧的高度的经验关系。Bang 等[80] 采用商业有限元软件 ABAQUS 建立了直径为 762 mm、壁厚为 14.3 mm 的 API 5L X65 管道的套管修复有限元模型，为了减少计算时间，提高计算效率，对模型进行了简化，即采用二维轴对称模型减少模型的网格和节点。通过对在役焊接过程的数值模拟获得了该过程的温度场分布、焊接接头的最高硬度、残余应力场以及塑性应变场。结果表明，在所研究的参数下进行在役焊接，焊接接头不会发生烧穿，焊接接头的最高硬度值也符合标准规定，且焊接接头管道内外表面的环向残余应力均为拉应力，管道内壁轴向残余应力为拉应力而外表面为压应力。

Oddy 等[81] 通过研究温度变化率来预测烧穿，采用三维热应力有限元法分析在役焊接过程并与实验结果进行对比，结果表明虽然模型预测的破坏位置与实际位置相同，但该预测偏于保守，在某些预测的破坏位置并没有发现破坏，除此之外，研究还发现在获得准确的材料性能特别是高温材料性能后可使结果更加准确。

Wahab 等[20] 根据低氢焊条电弧焊的熔池形貌对双椭球热源函数进行改进，采用热弹塑性有限元方法对天然气管线的在役焊接烧穿失稳进行了数值模拟，通过研究管内介质压力大小和焊接区管壁瞬态剩余有效强度方面的关系来评估烧穿发生的可能性。通过对焊接接头的变形数值模拟研究,发现焊接熔池局部区域的变形呈放射状,而当内部介质压力超过某一临界压力值时,该放射状凸起区域的变形量迅速增加,从而将这一临界压力作为管壁开始发生烧穿失稳的判定值。通过管壁变形来判定烧穿的方法需要对模型的应力应变场进行求解,计算量太大,应用起来比较困难。该课题组经过研究,在此基础上又提出了一种新的预测在役焊接烧穿失稳的方法[79],该方法是通过将管壁上高温区域的强度降低等效为管壁金属损失,也就是采用有效空穴来代替焊接接头强度损失。此方法的优点是不需要对在役焊接接头的应力应变场进行求解,只需要计算温度场,等效后对烧穿进行判定,大大提高了计算效率,有利于工业应用。

中国科学院金属研究所陈怀宁等[82]采用有限差分法构建了套管修复角焊缝有限元二维分析模型,对内表面最高温度和焊接热输入的关系进行研究,并在不同的冷却条件下对组织硬度起决定作用的冷却时间 $t_{8/5}$ 等参数进行研究。南京工业大学薛小龙等[70,71,83]采用 ABAQUS 软件建立了 304 不锈钢安装支管的三维有限元模型,研究了在役焊接不同介质流速下的温度场和极限压力,提出了用管道剩余强度因子来判断管壁烧穿的依据。本书作者采用 SYSWELD 软件对在役焊接粗晶区的热循环进行了数值模拟,并对在役焊接接头变形及应力分布规律进行了研究。

4) 在役焊接烧穿研究的难点

在役焊接修复技术在管道维护工作中的作用和重要性不言而喻。但是国内的在役焊接技术与国外相比仍存在较大的差距。因为国内还没有制定专门针对在役焊接修复的标准,所以目前国内的在役焊接修复、不停输改造和带压打孔操作大多凭借经验或参考国外的施工工艺进行。除此之外,国内在役焊接烧穿失稳等安全性问题的研究还处于起步阶段,急需进行相关的基础理论研究。因为在役焊接烧穿研究具有较大的危险性,且试验费用昂贵,所以数值模拟技术起到了不可或缺的作用。获得准确的材料高温性能、建立合理的评价烧穿失稳的方法是提高有限元方法预测在役焊接烧穿准确性的关键条件。

(1)首先,一般不允许直接在实际管线上进行烧穿试验,所以搭建适合在役焊接的试验装置是进行烧穿研究的前提,但由于影响在役焊接烧穿的因素很多,使得如何建立合适的模拟装置成为难点问题。其次,在役焊接烧穿试验具有一定的危险性,如何在保证试验成功的前提下降低试验的危险性成为另一难点。最后,因为在役焊接烧穿是个瞬态行为,所以如何建立合适的试验方法使得采用较少的试验方案就能得到较多的试验规律也成为一个难点。

(2)对于长输气管线在役焊接的数值模拟,一般需要进行三维数值分析。研究表明,因为大型构件中远离焊缝的弹性体在焊接变形中所起的协调作用是不容忽视的,也是无法用简单的二维截面替代的[84,85],所以用二维分析替代三维分析将在传热以及构件约束上产生较大的误差。这就决定了长输管线在役焊接需要采用三维分析。但是,三维数值模拟中自由度数目庞大,计算时间冗长,而且在高温区控制计算精度和收敛性较二维分析的难度更大[86,87]。由于焊接热源具有集中性、瞬时性和移动性,工件的温度场分布极不均匀,为了达到所需的精度,必须将焊缝附近的网格进行细密划分。此外由于管道直径大,使得需要建的模型自由度数目巨大,因此求解规模大。

(3)到目前为止,国内外主要针对普通碳钢以及 X52,X65 等管线钢进行研究,对于国内普遍采用的 X70 钢在役焊接烧穿研究得较少,故其高温物性参数比较缺乏。焊接过程中材料力学性能随温度升高呈高度非线性变化,尤其在熔池以及熔池附近,材料的屈服强度、弹性模量等力学性能值变得非常小,这增加了数值求解的时间,降低了收敛精度,使求解效率降低[88]。

在役焊接数值模拟与常规焊接的最大不同点在于管内有高压工作介质,该介质一方面将对焊接接头起冷却作用,另一方面将载荷加载到焊接接头,导致构件的变形。所以如何正确地表征管道内壁与介质的换热条件,以提高在役焊接温度场和应力场计算的准确性也是亟待解决的难点之一。

第 2 章　油气管道在役焊接试验

在油气管道上进行在役焊接试验是研究材料在役焊接性的重要方法,但在服役的长输管道上进行在役焊接试验会对管线造成影响,而且存在很大的危险性,试验成本和付出的代价也是相当大的。为模拟管道运行的一些实际情况,在试验室内建设一条在役焊接试验管线来进行在役焊接试验是经济可行的方法。但是目前以高压气体作为运行介质来进行在役焊接试验还有很大困难。由于水的冷却能力大于油、气介质,使得以水作为试验介质获得的结果偏于安全,而且操作方便,因而国际上大多以水为流动介质来进行在役焊接的研究。美国管道修复与焊接工艺标准中也采用水为介质进行在役焊接工艺的评定[46]。

2.1　X70 管线钢在役焊接试验

2.1.1　试验管线的设计

1) 在役焊接试验管线

运行管线的介质因素(介质种类、流速、压力)、管道结构因素(管道直径、壁厚)、材质、焊接工艺等都有可能对运行管道的在役焊接产生影响。为了尽可能全面地研究这些因素的影响,从试验的安全性、可操作性和经济性出发,运行管道在役焊接试验管线在设计、安装上考虑了以下四个方面因素:

(1) 在试验管线上安装两个可独立运行的泵,并设置闸阀,以改变介质的流速,达到改变冷却能力的目的。

(2) 在试验管线上安装一段以法兰连接且可拆换的实验管段,通过更换实验管段来达到模拟不同管径、不同壁厚和不同管道材质的目的。实验管段有循环管道和平板腔室两种形式。采用平板腔室代替循环管道能够更灵活、方便地改变材质和壁厚。

(3) 基于安全性和经济性考虑,采用水作为运行介质。水比油、气安全,不会产生爆炸、起火等安全性事故,而且水的冷却能力大于油、气等其他介质,可用不同流速的水流来模拟不同冷却能力的介质。

(4) 在试验管线上安装压力表和流量计,以监测运行介质的压力和流速。

建立的运行管道在役焊接试验管线示意图如图 2-1 所示。整个管线长 30 m，管道规格为 $\phi76$ mm×4 mm，材质为 Q235。

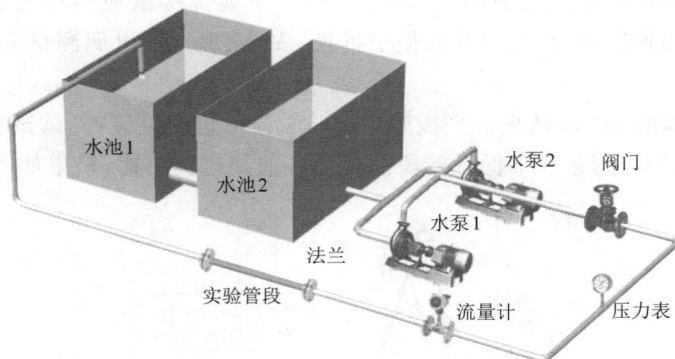

图 2-1　在役焊接试验管线示意图

2）平板腔室实验管段设计

采用循环管道实验管段进行试验时，若为了更换材质或改变壁厚而将整个管段更换，则费用昂贵，因而设计了平板腔室实验管段。平板腔室实验管段的实物如图 2-2 所示，热电偶从焊接试板背面的测试孔中经密封垫片接出，通过温度补偿导线连接到高速数据采集系统，采集的温度-时间数据将直接保存到微机中。

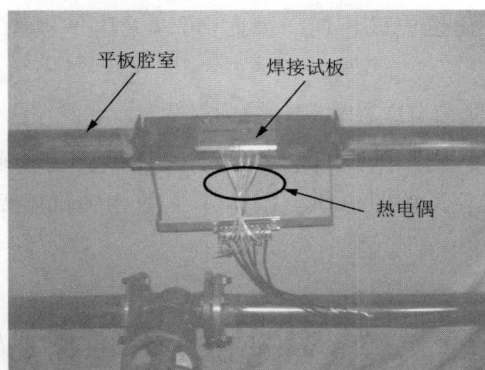

图 2-2　平板腔室实验管段实物照片

平板腔室实验管段就是在一段管道的中部开出一个长 150 mm、深 23 mm 的空腔，再用一块 400 mm×205 mm×8 mm 的平板将空腔焊接密封，在平板的中间开一个 120 mm×64 mm 的窗口，其纵向断面如图 2-3 所示。

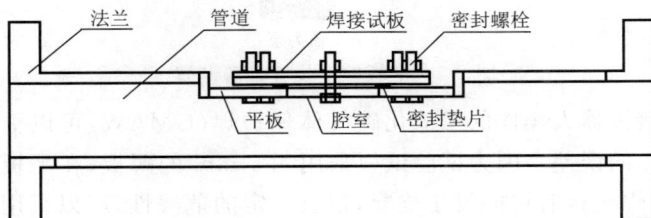

图 2-3　平板腔室实验管段设计图

试验时,用螺栓和垫片将规格为 150 mm×150 mm 的焊接试板密封在平板的腔室上方,试验管线通水时,焊接试板的背面便通过腔室与水接触,在焊接试板上方进行焊接即可模拟运行管道的在役焊接。采用平板腔室,只要更换焊接试板的材质和板厚即可模拟不同的管道材质和管道壁厚,而且具有便于拆换、安装、加工热电偶测试孔、焊接热电偶等优点。

采用 4 mm 厚的 Q235 试板在平板腔室实验管段上进行试验,测试试板背面的焊接热循环曲线,并将其与相同条件下循环管段的热循环曲线进行对比,结果如图 2-4 所示。

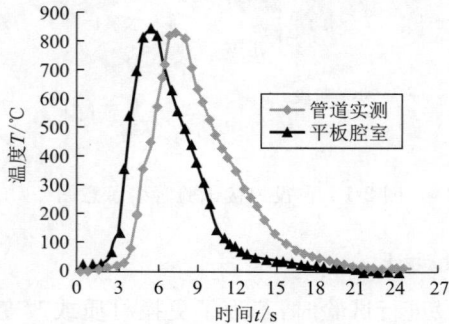

图 2-4   平板腔室热循环曲线与循环管道热循环曲线对比

从图 2-4 中可以看出,平板腔室的热循环曲线和循环管道的热循环曲线基本相同,即表明采用平板腔室进行试验,材料经受的焊接热过程和循环管道基本相同,由焊接热过程导致的材料组织性能的变化也应该相同。因此,可以采用平板腔室代替循环管道来研究材料的在役焊接性。

3) 在役焊接烧穿试验装置

鉴于在实际管线上进行烧穿试验的危险性,需设计试验装置来代替实际管线,在试验室条件下进行在役焊接试验。按照 API RP 1107[89] 的相关试验要求,设计了在役焊接烧穿试验装置,如图 2-5 所示。

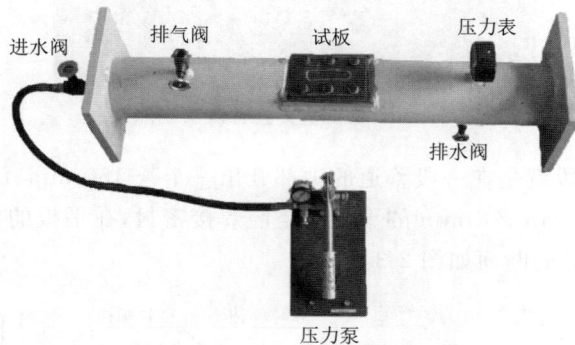

图 2-5   平板腔室烧穿试验装置

采用 ABB 焊接机器人操作的二氧化碳气体保护焊(GMAW)可以更好地控制焊接热输入,减少人为操作的误差。因为试验试板采用 4.5 mm 的薄板,在平板腔室内部压力为 6 MPa 的工况进行焊接极有可能发生烧穿,带有一定的危险性,所以采用机器人焊接可增大安全系数。焊接机器人的工作图如图 2-6 所示。GMAW 焊接工艺参数如表 2-1 所示。

图 2-6　焊接机器人工作图

表 2-1　GMAW 焊接工艺参数

焊接条件	编　号	电流 I/A	电压 U/V	焊速 v/(mm·s^{-1})
常压空冷	A	100	25	3
	B	110	25	3
	C	125	25	3
	D	150	25	3
常规水冷	A	100	25	3
	B	110	25	3
	C	125	25	3
	D	150	25	3
5 MPa 空冷	A	100	25	3
	B	110	25	3
	C	125	25	3
	D	150	25	3
5 MPa 水冷	A	100	25	3
	B	110	25	3
	C	125	25	3
	D	150	25	3

当平板腔室未注水时,试板与空气接触,该工况为常压空冷;采用空压机或高压气瓶向平板腔室注入高压气体到一定压力进行焊接,该工况为高压空冷;用压力泵向腔室注满水,至压力表显示为零,该工况为常规水冷;继续向腔室注水打压,至压力增加到一定值进行焊接,该工况是带压水冷。

4）在役焊接热循环数据采集

在役焊接具有冷却速度快的特点,焊接区温度从峰值很快降低到介质温度。为了较为精确地采集、记录热影响区的温度变化数据,要求数据采集系统应有较高的灵敏度。传统的 X-Y 函数记录仪因灵敏度低、误差大[87]、输出数据需要人工换算而不能满足要求,因而采用单片机开发了适用于采集运行管道在役焊接热循环参数的高速数据采集系统代替传统的 X-Y 函数记录仪。自行研制、开发的高速数据采集系统的硬件和相应的数据采集软件如图 2-7 所示。

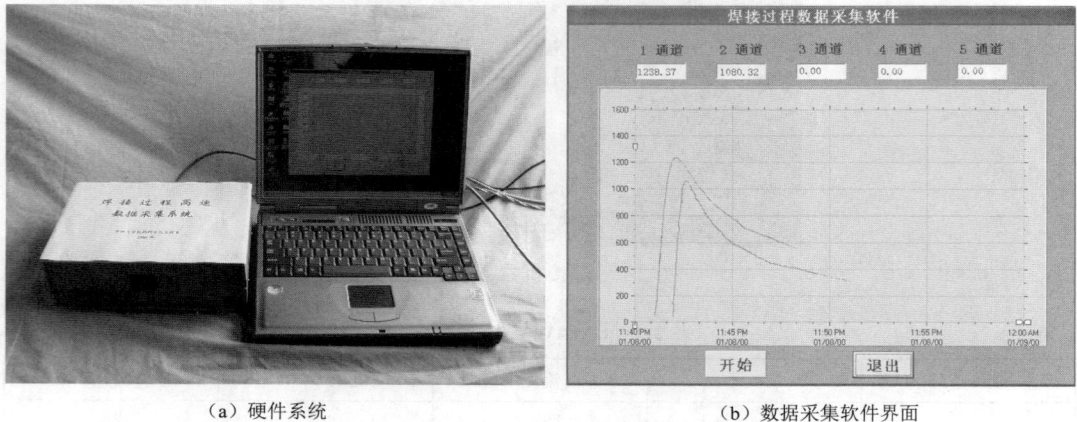

（a）硬件系统　　　　　　　　　（b）数据采集软件界面

图 2-7　焊接热循环高速数据采集系统

该数据采集系统的主要优点是：① 采集频率高，每秒可采集 10 个数据；② 可 8 通道同时采集数据；③ 精度高，误差不超过 $\pm0.1\%$；④ 可直接将热电偶采集到的信号转换为温度，并自动保存温度-时间数据，便于处理。

2.1.2　在役焊接试验材料及方法

1）在役焊接试验材料

试验所用材料为宝钢生产的 X70 管线钢。该管线钢是采用低碳微合金成分设计、高纯净化冶炼、钙处理碳化物形态控制、控轧控冷工艺（TMCP，Thermo-Mechanical Control Process）等方法，综合利用固溶强化、细晶强化、微合金元素的析出强化和亚结构强化而获得的高性能针状铁素体型管线钢，具有高强度、较低韧脆转变温度和强韧性相匹配的良好性能，其化学成分与力学性能如表 2-2 和表 2-3 所示。通过计算得到 X70 钢的碳当量仅为0.404，故焊接性较好。X70 钢裂纹敏感性指数为 0.164，故具有较低的焊接裂纹敏感性。

表 2-2　X70 管线钢化学成分及特点

元　素	C	Si	Mn	S	P	Ni	Cr	Mo	Cu	V
质量分数/%	0.05	0.26	1.48	0.003	0.012	0.15	0.027	0.17	0.22	0.052
元　素	As	Ti	Nb	B	Al	N	p_{cm}	C_{eq}	$Ac_1/℃$	$Ac_3/℃$
质量分数/%	0.003 9	0.016	0.05	<0.000 1	0.024	0.0034	0.164	0.404	732	887

注：为简便起见，以下用元素符号代表各元素的质量分数。

(1) $p_{cm}=C+(Mn+Cu+Cr)/20+Mo/15+V/10+Si/30+Ni/60$；

(2) $C_{eq}=C+(Mn+Si)/6+(Ni+Cu)/15+(Cr+Mo+V)/5$；

(3) $Ac_1(℃)=723-10.7Mn-3.9Ni+29Si+16.7Cr+290As+6.38W$；

(4) $Ac_3(℃)=910-230C^{0.5}-15.2Ni+44.7Si+104V+31.5Mo+13.1W$。

表 2-3　X70 管线钢力学性能

屈服强度 σ_s/ MPa	抗拉强度 σ_b/ MPa	屈强比 σ_s/σ_b	伸长率 δ/%	冲击功 $A_{kv}(-20\ ℃)$ /(J·cm⁻²)
570	650	0.876	31	252

在光学显微镜下观察到的金相组织如图 2-8 所示,主要由针状铁素体(AF,Acicular Ferrite)、多边形铁素体(PF,Polygonal Ferrite)和准多边形铁素体(QPF,Quasi Polygonal Ferrite)组成,晶粒的平均尺寸为 10 μm,最小晶粒尺寸为 3~5 μm。

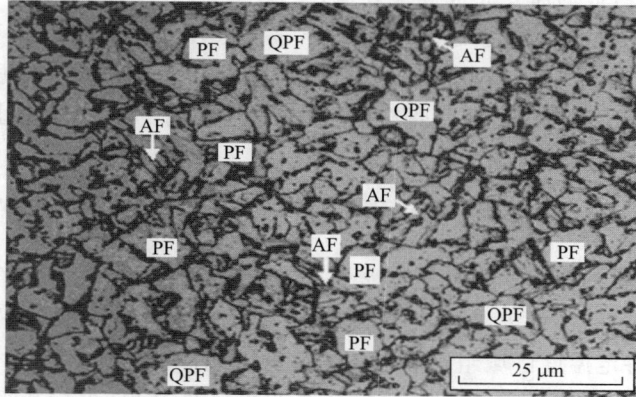

图 2-8　X70 管线钢母材原始金相组织

2)在役焊接试验方法

试验采用套管修复方式,采用焊条电弧焊以适应现场焊接修复的需要。焊接接头采用英国天然气公司推荐的形式,如图 2-9 所示。焊线第一、二道焊道为采用小电流直接在管壁上堆焊,三、四道为角焊。采用的焊接材料为 E5015 焊条,直径为 ϕ2.5 mm 和 ϕ3.2 mm,使用前在 350 ℃下烘干 1 h。焊接工艺参数如表 2-4 所示。

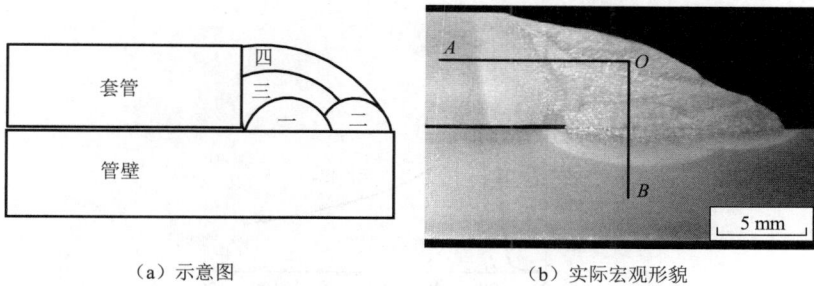

（a）示意图　　　　　　（b）实际宏观形貌

图 2-9　在役焊接接头形式

表 2-4　焊接工艺参数

工艺参数编号	焊接电流 I/A	焊接电压 U/V	焊接速度 v /(mm·s⁻¹)	焊接热输入 E /(kJ·cm⁻¹)
A	85	28	4	6.0
B	110	28	3.3	9.3
C	130	29	3.4	11.1
D	150	30	3.4	13.2

为了研究介质流速及管道壁厚对在役焊接热循环的影响,通过调整试验管线中泵的

数量和阀门分别获得不同流速:u_1(2.44 m/s),u_2(2.75 m/s)和u_0(0 m/s);通过改变平板腔室中试板的厚度以获得不同的壁厚(6 mm,8 mm,10 mm)。试验时,首先在不同的管道运行条件和板厚下以不同的工艺参数焊接,截取试样制成金相磨片进行金相分析,获得焊接熔深和热影响区的深度、宽度,以此确定热电偶的焊接位置和热电偶焊孔的深度;然后在焊接试板的背面铣出不同深度的 ϕ4.5 mm 热电偶焊孔,再将热电偶焊接在焊孔里;接着将焊接试板安装在平板腔室实验管段上,沿热电偶焊孔的中心线焊接第一道焊道,并测试焊接热循环;最后,根据需要完成其他焊道。

将测试完焊接热循环的试板制取金相试样,采用 NIKON EPIPHOT 300U 型卧式金相显微镜配合 TCI 图像自动分析仪分析焊接接头的显微组织,并根据国家标准 GB/T 4340—1999《金属维氏硬度试验第一部分:试验方法》,采用 HV-10A 型小负荷维氏硬度计测试焊接接头的硬度,加载载荷为 5 kg。

2.1.3   在役焊接热循环测试

热循环测试是分析焊接接头组织性能变化和焊接缺陷产生机理的有效途径。根据测试的热循环曲线还可以进行焊接热模拟实验,使焊接热影响区各狭小的特定温度区域得以放大,提高对各特定温度区域组织和性能研究的可能性。

在役焊接时由于冷却介质会影响被焊金属的焊接热过程,焊接热循环必然有其特殊性,而且管道结构、材质、介质的类别和流速等都有可能影响在役焊接热循环。通过在建立的试验管线上进行在役焊接试验,绘制出不同条件下的焊接热循环曲线,探讨在役焊接热循环与常规焊接(即管道内无流动介质)热循环的差异以及介质流速等因素对在役焊接热循环的影响规律。

1) 在役焊接热循环与常规焊接对比

图 2-10 是在役焊接和常规焊接粗晶区靠近熔合线部位的热循环曲线对比图。

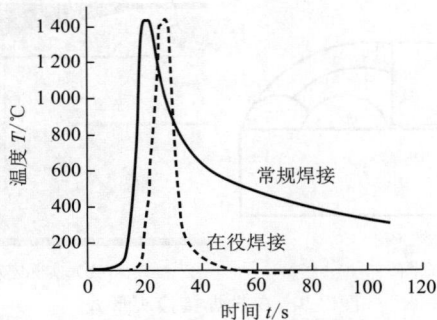

图 2-10   在役焊接和常规焊接实测热循环曲线对比

从图 2-10 中可以看出,在役焊接热循环曲线和常规焊接有较大的不同。两种热循环曲线的特征参数如表 2-5 所示,可以看出两者的峰值温度基本没有差别,但 t_H(1 100 ℃以上停留时间)、$t_{8/5}$(800 ℃冷却至 500 ℃的时间)和 t_{100}(从峰值温度冷却至 100 ℃的时间)都有较大差异。这是因为流动的水不断带走焊接区的热量,使得在役焊接的高温停留时间极短(1 100 ℃以上停留时间只有几秒),冷却速度极快($t_{8/5}$不及常规焊接的1/3),并很快冷却至室温。

表 2-5   在役焊接和常规焊接热循环参数比较

条　件	峰温 T_P/℃	t_H/s	$t_{8/5}$/s	t_{100}/s
常规焊接	1 402	13	13	700
在役焊接	1 394	6	4	36

2）介质流速对在役焊接热循环的影响

图 2-11 中所示各曲线为相同焊接工艺参数（表 2-4 中所示 B 组工艺参数）和相同壁厚（8 mm）时，不同冷却条件（静态水、流速为 u_1 和 u_2 的流动水）的焊接热循环曲线。

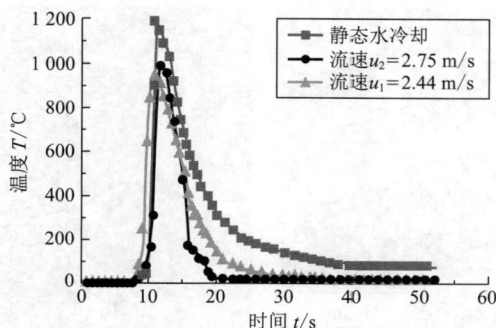

图 2-11　不同冷却条件下的热循环曲线

由图 2-11 可以看出，静态水的峰值温度明显高于流动水，但其冷却速度低于流动水。当水的流速分别为 2.75 m/s 和 2.44 m/s 时，热循环曲线在 500 ℃ 以上部分的曲线基本重合，说明冷却速度没有太大变化，$t_{8/5}$ 值基本相同。因此，在试验研究的流速范围内，当水的流速在 0～2.44 m/s 之间变化时，随着流速的增大，焊接区的冷却速度增加，$t_{8/5}$ 值相应有所减小；当流速大于 2.44 m/s 时，继续增大流速对焊接区的冷却速度没有太大影响。造成该现象的原因是当管道内部有水时，焊接过程中的热量通过热传导传递到钢板内壁被水带走，导致焊接接头冷却速度很快；当水的流速增大时，流动水带走热量的速度也随之增加，焊接区的冷却速度加快；当水的流速超过一定程度（例如 2.44 m/s）时，流动水带走热量的速度已经相当迅速，继续增大流速对冷却速度的影响已经不明显了。不同水流速的热循环曲线在 500 ℃ 以下部分的曲线有一定的差别，流速为 u_2 时冷却速度更快一些，说明在温度较低时水的流速对冷却速度的影响比高温时更加明显。

2.2　在役焊接接头的组织与性能

在役焊接条件下的焊接热循环与常规焊接有很大不同，焊接热过程的不同必然会造成焊接区物理化学冶金过程、固态相变过程的不同，对焊缝及热影响区在冷却过程中发生的组织转变和性能变化产生较大影响。

2.2.1　X70 管线钢在役焊接焊缝的组织

1）在役焊接焊缝组织与常规焊接焊缝组织对比

采用表 2-4 中所示 B 组焊接工艺参数时，常规焊接和在役焊接（水的流速为 0.1 m/s）焊缝的显微组织如图 2-12 所示。两者的主要组织都是由晶界先共析铁素体和晶内针状铁素体组成。不同的是,常规焊接焊缝(图 2-12a)的晶界先共析铁素体是块状的,而且数量多、体积特别大,这些铁素体块连接起来形成晶界铁素体网络,而在役焊接焊缝(图 2-12b)的先共析铁素体为条状和细小的块状。在役焊接焊缝的晶内针状铁素体的晶粒比常规焊接的要细小。从整体上看,常规焊接焊缝柱状晶的晶粒也显得比较粗大,但在役焊接的焊缝区在有些地方产生了不平衡组织——魏氏组织。魏氏组织产生的原因是在役焊接时管道内部的水流造成焊接接头的快速冷却,使得焊缝的柱状晶来不及长大。另外,在役焊接的快速冷却增加了过冷度,降低了先共析铁素体的转变温度,使得晶界处形核率提高,因而先共析铁素体块较小。

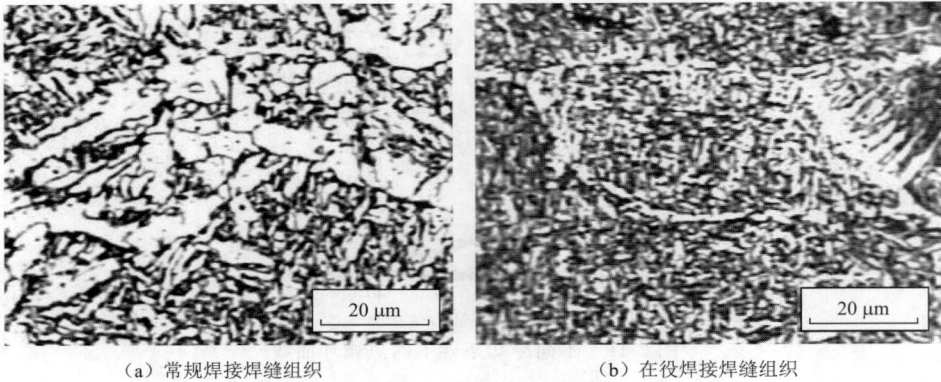

（a）常规焊接焊缝组织   （b）在役焊接焊缝组织

图 2-12   在役焊接与常规焊接焊缝的显微组织对比

2）介质流速对在役焊接焊缝组织的影响

由热循环测试结果可知,介质流速在一定范围内对在役焊接的热过程有较大影响,因而必然会对焊缝的组织产生影响。

图 2-13 为 B 组焊接工艺参数下,静态水冷却状态和流速为 2.75 m/s 的流动水冷却状态下的焊缝组织金相。与图 2-12 的组织对比,呈现出相同的规律:主要组织都是由晶界先共析铁素体和晶内针状铁素体组成,晶界的先共析铁素体块较小。静态水焊缝(图 2-13a)的先共析铁素体块的大小基本介于图 2-12(a)和(b)的铁素体块之间,而在水的流速较大时晶界先共析铁素体呈现长条状(图 2-13b),数量明显减少,且晶内针状铁素体的尺寸也有所减小。

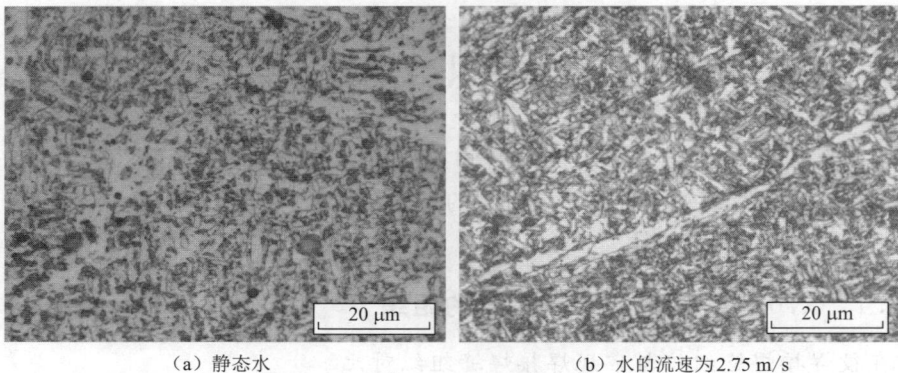

（a）静态水   （b）水的流速为2.75 m/s

图 2-13   不同冷却条件的焊缝组织

试验结果表明:在役焊接和常规焊接焊缝的基本组织都是晶界先共析铁素体和晶内

针状铁素体；晶内针状铁素体的晶粒大小随着冷却速度的增加而变得细小；焊缝中先共析铁素体随着冷却速度的增大而变为针状，数量也有所减少。常规焊接时晶界主要是块状的先共析铁素体，在静态水以及流动水冷却时，晶界铁素体逐渐转变为细长的条状，尤其在水的流速较大时，先共析铁素体极为细长。

3）焊接热输入对焊缝组织的影响

图 2-14 是在水的流速为 2.75 m/s、板厚为 8 mm 时分别采用 A,C,D 三组焊接热输入的焊缝组织，而相同条件下 B 组热输入的组织如图 2-13(b)所示。比较 4 种热输入的焊缝组织可以发现，焊缝的主要组织是晶界先共析铁素体和晶内针状铁素体，其主要区别在于晶界先共析铁素体的形态以及数量。

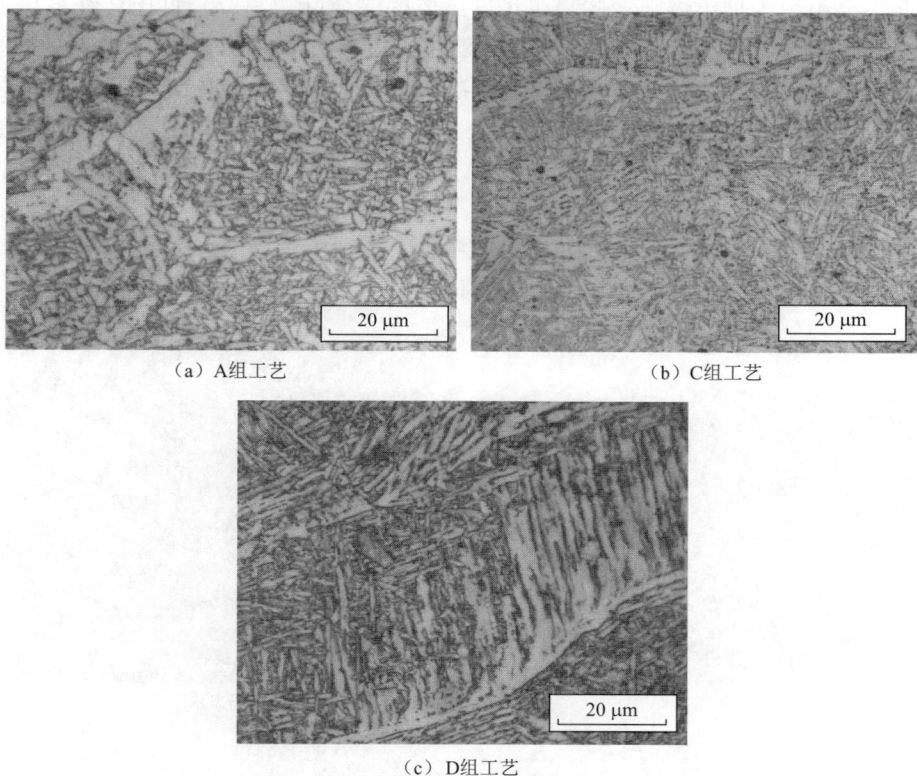

（a）A组工艺

（b）C组工艺

（c）D组工艺

图 2-14　不同焊接热输入的焊缝组织

A,B 两组焊接工艺由于热输入较小，铁素体晶界形状为细小的块状或条状。C 组工艺的焊缝组织中已出现了大块状的铁素体晶界，这是因为相对于 A,B 两组工艺来说，较大的热输入弥补了热量的损失，减缓了焊缝的冷却速度，使得先共析铁素体的转变时间较长，因而数量较多、形状粗大。D 组工艺的焊缝组织除了晶界铁素体呈条片状外，在部分晶界处产生了从晶界向晶内生长的魏氏组织，而且魏氏组织的铁素体片比较薄、片间距较小。这是由于魏氏组织是在一定的冷却条件下形成的，A,B,C 三组工艺由于热输入较小，冷却速度过快而不利于魏氏组织的形成；D 组工艺由于热输入相对较大，高温停留时间较长，焊缝处于过热状态的时间也稍长，再加上流动水的冷却满足了魏氏组织铁素体形成的过热条件和冷却速度条件，利于魏氏组织的形成。

2.2.2　X70 管线钢在役焊接粗晶区组织

由于金属处于过热状态,焊接粗晶区中的奥氏体晶粒会发生严重的长大现象,冷却之后形成粗大的非平衡组织,常常成为脆化和裂纹的发源地,因而焊接粗晶区是焊接接头最薄弱的部位之一。在役焊接条件下,虽然快速冷却有助于抑制奥氏体晶粒的长大,缓解由粗晶导致的脆化,但过快的冷却速度也会产生更多的非平衡组织,两者交互作用、互相影响,使得在役焊接粗晶区的组织更加复杂。

1) 介质流速对在役焊接粗晶区组织的影响

图 2-15 为 B 组焊接工艺条件时,不同冷却条件下 X70 管线钢粗晶区的显微组织。常规焊接时主要组织为贝氏体铁素体和粒状贝氏体的混合(图 2-15a),贝氏体铁素体的板条轮廓很清晰,板条束很长,有的板条甚至贯穿整个奥氏体晶粒,板条之间平行分布形成板条束,原奥氏体晶粒较大、晶界清晰。静态水冷时焊接粗晶区的主要组织也是贝氏体铁素体和粒状贝氏体的混合(图 2-15b),但原始奥氏体晶粒比常规焊接小,晶界在有的地方依然比较清晰,而有的地方已经变得模糊,晶内贝氏体铁素体的铁素体板条长度变短,排列得不如常规焊接整齐,铁素体基体上的岛状物显得比较粗大。当水流速度为 2.75 m/s 时,在役焊接粗晶区生成了大量的魏氏组织铁素体和马氏体(图 2-15c),原奥氏体晶界已经较难分辨,贝氏体铁素体的数量较少,铁素体板条更加短小。

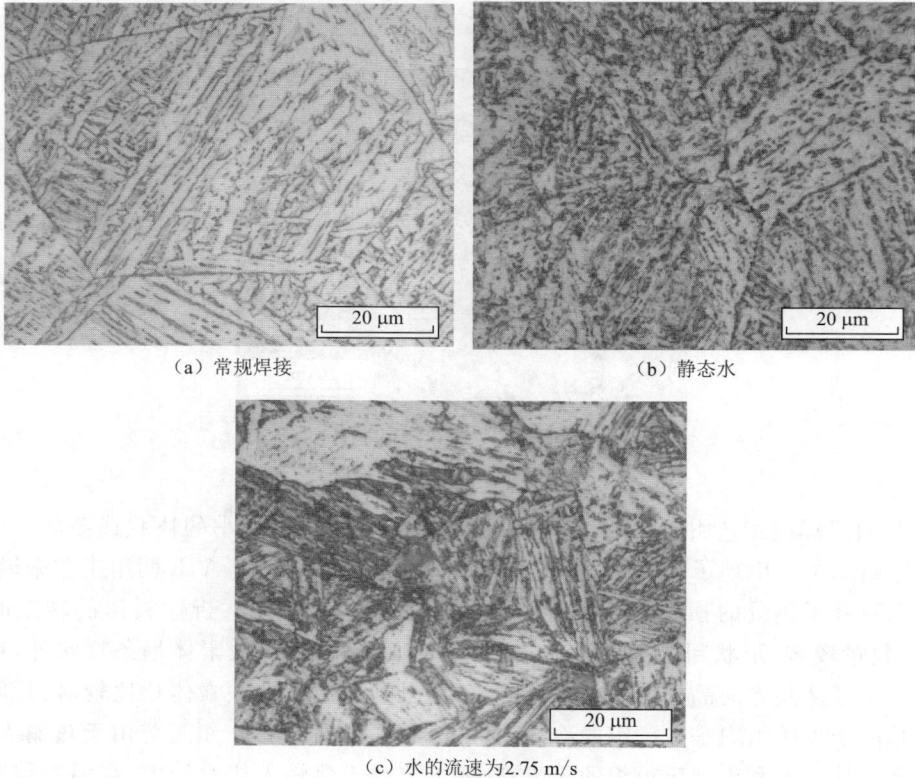

（a）常规焊接　　　　　　　　　　　　　　　　（b）静态水

（c）水的流速为2.75 m/s

图 2-15　不同冷却条件下的粗晶区组织

不同冷却条件导致焊接粗晶区组织发生以上变化的主要原因是:常规焊接时粗晶区的

冷却速度较慢,碳化物及合金元素易于析出,奥氏体转变相对比较彻底,处于贝氏体转变温度区间的时间较长;静态水冷时,粗晶区的冷却速度加快,高温停留时间变短,抑制了晶粒的长大,因而原奥氏体晶粒比较小,晶界不清晰,由于原奥氏体晶粒较小,形成的铁素体板条自然较短;当水流速度为 2.75 m/s 时,粗晶区的冷却速度非常快,高温停留时间更短,由于贝氏体铁素体是中温转变产物,在这样的快速冷却时中温转变无法彻底进行,因而贝氏体铁素体的生成量较少,而且由于冷却速度过快导致粗晶区的过冷度较大、转变温度低,使魏氏组织铁素体的成核率变高,因而产生了数量较多的魏氏组织。当温度下降、冷却继续进行时,大量的富碳奥氏体在快速冷却时发生了马氏体转变,导致粗晶区生成了马氏体组织。

2)焊接热输入对在役焊接粗晶区组织的影响

图 2-16 是水流速度为 2.75 m/s 时不同热输入条件下在役焊接粗晶区的组织,B 组焊接工艺的粗晶区组织同图 2-15(c)。从图中可以看出,随着热输入的增大,原奥氏体晶粒越粗大,晶界越清晰,A,B 两组工艺的原奥氏体晶界在有的地方清晰、有的地方模糊,而C,D 两组工艺的原奥氏体晶界比较清晰。四种热输入的粗晶区组织都是贝氏体铁素体、粒状贝氏体、从晶界向晶内生长的魏氏组织铁素体以及少量的马氏体。热输入较小的 A,B 两组工艺的粗晶区有数量较多的魏氏组织铁素体,而且魏氏组织的铁素体片粗大、片间距较小,从而连成一片。热输入较大的 C,D 两组工艺粗晶区的魏氏组织铁素体和马氏体

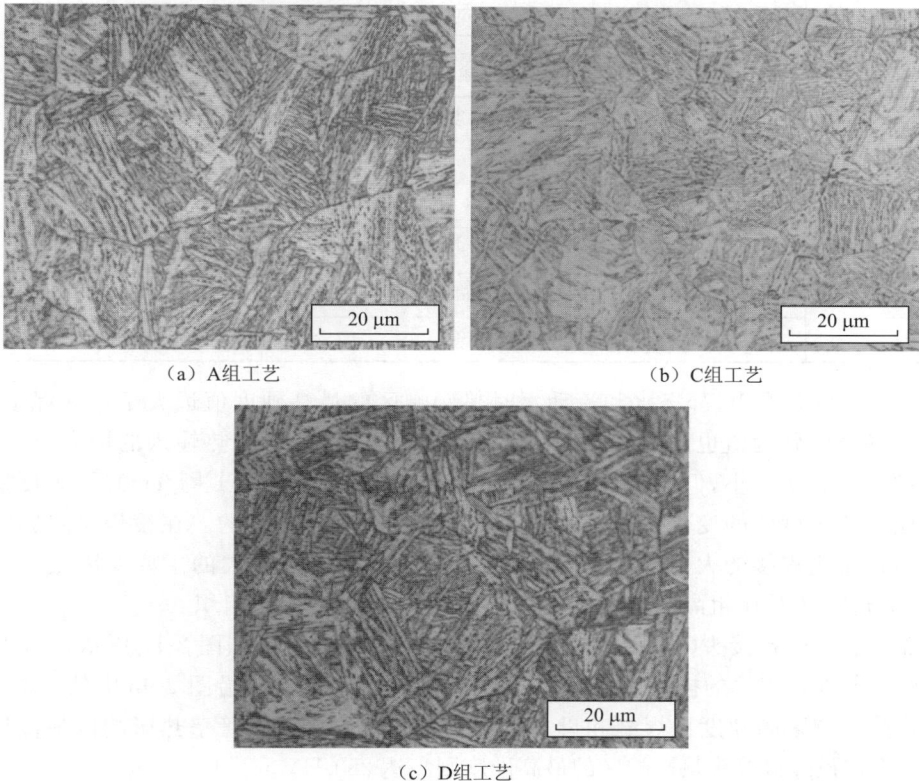

(a)A组工艺

(b)C组工艺

(c)D组工艺

图 2-16　不同焊接热输入的粗晶区组织

的数量较少,贝氏体铁素体和粒状贝氏体的数量较多。总之,随热输入的增大,在一定程

度上弥补了流动水快速冷却带走的热量,减缓了粗晶区的冷却速度,减小了过冷度,致使转变温度有所升高,因而粗晶区淬硬组织数量减少、贝氏体组织明显增多。

3)X70管线钢在役焊接接头的硬度

焊接接头的硬度与其力学性能密切相关,一般而言,随着硬度的增大,强度升高,塑性、韧性下降,冷裂纹敏感性增大。因此,根据粗晶区的最高硬度值可以初步判断粗晶区的强韧性和裂纹敏感性等性能。

第一道打底焊的试样在完成金相组织分析后,按 GB 4675.5—1984 进行小负荷维氏硬度测试。硬度测定线沿熔合线的切线方向,沿测定线在切点的左右两侧各打 2 个点(加上切点共计 5 个点),取其最大值作为该试样热影响区的最高硬度值。试验用 X70 管线钢母材的硬度为 187 HV。

不同冷却条件下和不同热输入时热影响区 HAZ 的硬度值分别如表 2-6 和表 2-7 所示。

表 2-6 单道焊时不同冷却条件下 HAZ 的硬度(载荷:5 kg)

冷却条件	各点的硬度值/HV					最高硬度/HV
	1	2	3	4	5	
常规焊接	204	203	192	209	199	209
静态水	251	245	260	240	237	260
流动水 u_2	262	268	280	254	244	280

表 2-7 单道焊时不同焊接热输入下 HAZ 的硬度(载荷:5 kg)

热输入	各点的硬度值/HV					最高硬度/HV
	1	2	3	4	5	
A	287	289	291	284	255	291
B	262	268	280	254	244	280
C	254	257	263	246	249	263
D	257	269	257	252	255	269

从表 2-6 可以看出,静态水和流动水时热影响区的最高硬度值远大于常规焊接,而且流动水时各点的硬度值也高于静态水。从表 2-7 可以看出,随着热输入的增大,热影响区的最高硬度值有所减小,但当热输入大于 C 组工艺的热输入(11.1 kJ/cm)后,硬度值的变化不太明显。硬度值的变化是和热影响区组织的变化密切相关的。在役焊接热影响区最高硬度值比常规焊接的大,且随着热输入的减小最高硬度值增大的主要原因是热输入较小、水的流速较快时在粗晶区形成了数量较多的高硬度、非平衡组织。

完整的在役焊接接头(采用 B 组焊接工艺参数)的硬度分布如图 2-17 所示。图 2-17(a)是常规焊接与在役焊接的接头沿管壁径向的硬度分布(硬度测试沿图 2-9b 中的 OB 方向),可以看出热影响区的硬度比焊缝和母材大很多。常规焊接接头管壁热影响区最高硬度为 208 HV,而在役焊接接头热影响区的最高硬度则高达 280 HV。

图 2-17(b)是常规焊接、在役焊接接头沿套管一侧的硬度分布(硬度测试沿图 2-9b 中的 OA 方向)。常规焊接接头套管热影响区最高硬度为 203 HV,而在役焊接接头热影响区的最高硬度为 239 HV。从上述硬度试验结果可以得出结论:采用套管修复时,在役焊

接接头管壁上的粗晶区是整个接头硬度值最大的地方,比套管一侧粗晶区的最高硬度值大。对比图 2-17 和表 2-6 中最高硬度值可以得出结论:多道焊时的后续焊道会使打底焊道的硬度值有所降低。

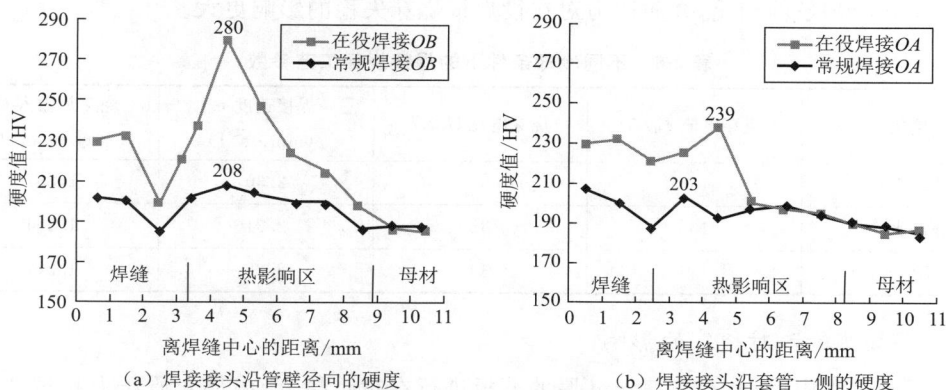

（a）焊接接头沿管壁径向的硬度　　　　（b）焊接接头沿套管一侧的硬度

图 2-17　在役焊接接头的硬度分布

2.3　在役焊接烧穿失稳试验

由于在役焊接过程中管内输送介质不停输,属于带压操作,而焊接电弧使焊接接头的承载能力降低,当管壁的剩余强度不能承载管内介质压力时,焊接接头就会出现烧穿失稳。如果发生烧穿,将会带来巨大的经济损失和环境破坏,甚至发生管道爆炸。

2.3.1　在役焊接烧穿失稳影响因素

1) 冷却条件对烧穿的影响

焊接烧穿失稳是一个瞬态行为,与该时刻的焊接工艺参数有很大的关系。选取烧穿失稳发生在焊接稳态过程的参数进行研究,以避免焊接起弧和收弧效应对试验的影响。将外置示波器连接到焊接电路中以测量烧穿发生瞬间的焊接参数。本书规定焊接烧穿发生时,通过示波器测量到该时刻的电流为烧穿电流 I_b,电压为烧穿电压 U_b,因焊接瞬态速度无法精确测量,故取其平均值 v。因此,可以定义烧穿瞬间的热输入为:

$$Q_b = \eta \frac{U_b \cdot I_b}{v} \tag{2-1}$$

式中　Q_b——烧穿热输入,kJ/mm;

　　　η——手工电弧焊热效率,%;

　　　U_b——烧穿电压,V;

　　　I_b——烧穿电流,A;

　　　v——焊接速度,mm/s。

表 2-8 为常规空冷、静态水和 3 MPa 水介质冷却条件下测量的焊接烧穿参数。由表 2-8 中常规空冷和静态水冷却时的烧穿参数对比可知,由于水介质的比热容比较大,其散热能力比空气强,水介质条件下焊接接头的冷却速度快,因而焊接烧穿所需的热输入比常规空冷条件时大。由静态水冷条件和 3 MPa 静态水冷条件下的烧穿参数对比可知,当其

他条件相同而提高介质压力时,烧穿电流显著降低,也就是烧穿热输入降低,故可知内部介质的压力作用对焊接烧穿失稳影响很大。综合以上分析可知,在役焊接过程中介质将提高焊接接头的散热能力,从而提高所需的烧穿热输入;提高介质压力将减小所需的烧穿热输入。和冷却条件相比,介质压力对在役焊接烧穿失稳的影响更大。

表 2-8　不同冷却条件下的焊接烧穿工艺参数

焊接条件	烧穿电流 I_b/A	烧穿电压 U_b/V	焊接速度 v /(mm·s⁻¹)	烧穿热输入 Q_b /(kJ·mm⁻¹)
常规空冷	153	30	2.30	1.357
静态水冷	165	32	2.31	1.554
3 MPa 水冷	136	30	2.28	1.217

2）焊接热输入对烧穿的影响

在试验过程中发现,对 3.5 mm 厚的薄板进行在役焊接,当内部介质压力超过 2 MPa 时,采用 ϕ3.2 mm 和 ϕ4.0 mm 的焊条不能进行正常的焊接,由此可见焊条直径对烧穿参数也有较大的影响。

采用 ϕ2.5 mm,ϕ3.2 mm 和 ϕ4.0 mm 的焊条对 4.5 mm 厚的薄板进行了在役焊接试验,获得避免烧穿的热输入参数的上限,如图 2-18 所示。

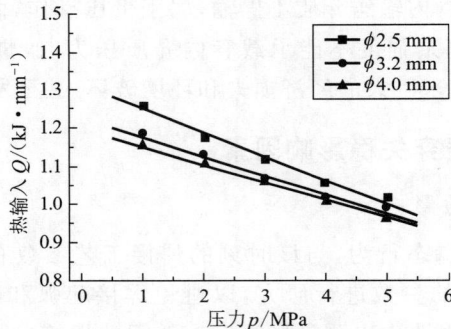

图 2-18　焊接热输入对烧穿的影响

当采用 ϕ2.5 mm 的焊条时,获得的热输入安全上限明显大于 ϕ3.2 mm 和 ϕ4.0 mm 的焊条,尤其是在压力较低的情况下。这主要是因为焊条直径影响焊接熔池的尺寸:焊条直径越大,所形成的熔池越宽,其焊接接头的承载能力降低得越多;当压力较高时,影响烧穿的因素不仅仅是焊接热输入,内部的压力也成为影响烧穿的关键因素,因此当压力升高时,焊条直径对烧穿的影响逐渐减小。

3）板厚对烧穿的影响

目前国内管线大量采用 X70 或 X80 管线钢,随着管线钢强度的提高,其所需壁厚逐渐减小,这就增加了在役焊接的难度。研究表明[46],管线钢壁厚不低于 6.4 mm 时,采用低氢焊条进行正常的焊接一般不会出现烧穿失稳,而对于薄壁管道进行在役焊接时,其发生烧穿的可能性增加。

在试验过程中发现,对 3.5 mm 厚的薄板进行在役焊接时,采用 ϕ3.2 mm 的焊条和该焊条推荐使用的最小焊接规范,其内部水介质压力不能超过 2.3 MPa,否则就会发生烧穿失稳;如果采用 $\phi 4.0$ mm 的焊条和该焊条推荐使用的最小焊接规范,其内部水介质压力必须小于 1.9 MPa。这些在役焊接试验结果表明,焊条直径对在役焊接烧穿有影响,主要是因为焊条直径越大,所推荐使用的焊接电流也越大,这样所形成的熔池较深且较宽,试板高温区域尺寸较大,所以承载强度降低,易导致烧穿。

为了对比研究三种不同板厚的烧穿参数,选择 $\phi 2.5$ mm 的焊条对壁厚为 3.5 mm, 4.5 mm 和 5.6 mm 的 X70 薄板进行了在役焊接烧穿失稳试验,其结果如图 2-19 所示。

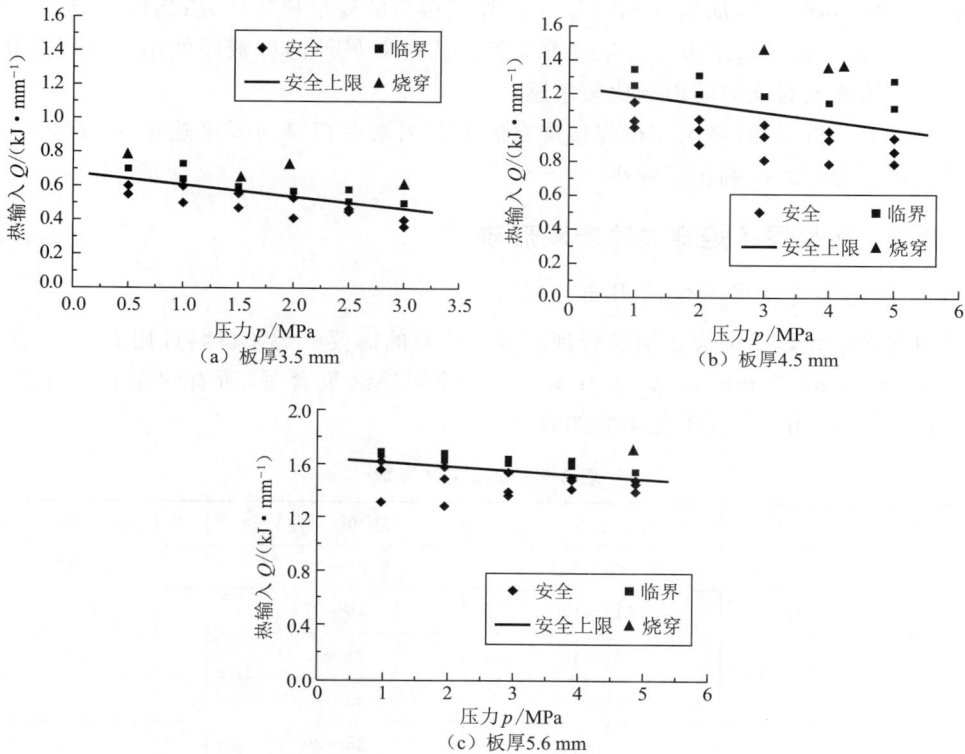

（a）板厚3.5 mm

（b）板厚4.5 mm

（c）板厚5.6 mm

图 2-19　板厚对烧穿的影响

将试验结果归纳为三个级别,分别是安全、临界变形和烧穿。在试验结果处理中规定这三个级别的定义分别为:安全表示焊缝成型美观,焊接接头无明显变形,其变形量与板厚的比值小于 0.1;临界变形表示的是内部介质无泄漏,但是焊接接头变形比较明显,其变形量与板厚的比值大于 0.1;烧穿表示焊接接头的剩余强度无法承载内部介质压力而发生泄漏。当变形量和板厚的比值等于 0.1 时,人为规定此条件下的焊接热输入为在役焊接的安全上限。

由图 2-19 可知,当板厚为 3.5~5.6 mm 时,在役焊接烧穿所需的热输入都随着内部介质压力的增加而降低。在 3.5 mm 厚的薄板上进行试验,烧穿发生的概率较大,而当板厚增加到 5.6 mm 时,烧穿发生的概率很小,其中在 25 次随机试验中,仅仅在压力为 5 MPa 时发生 1 次烧穿。由图还可以发现,随着板厚的增加,安全上限随着压力增加而下降的趋势变缓,可见内部介质的压力对烧穿的影响和板厚有一定的耦合作用,也就是板厚较小时内部介质压力对烧穿的影响较大,而随着板厚的增加这种影响作用将降低。综上所述,试板的厚度是影响烧穿的重要参数。

由图 2-19(a)可知,内部水介质压力不超过 3.0 MPa 时,可以采用 φ2.5 mm 的焊条和较小的焊接热输入(不超过 0.68 kJ/mm)对 3.5 mm 厚的 X70 钢板进行安全修复。由于板厚较小,对内部介质的压力比较敏感,在焊接时需要严格控制内部介质的压力,以防烧穿失稳发生。由图 2-19(b)和图 2-19(c)可知,能采用 φ2.5 mm 的焊条对板厚为 4.5 mm 和 5.6 mm,在水介质压力为 5 MPa 的情况下进行在役焊接安全修复,但是需要严格控制焊接热输入。

在相同压力和板厚条件下,焊接热输入对试验结果影响很大,如图 2-19(a)所示。当试板厚为 3.5 mm,内部介质压力为 1.5 MPa,焊接热输入为 0.47 kJ/mm 时,焊接接头是安全的;当焊接热输入增加到 0.60 kJ/mm,焊接接头的变形比较明显;当焊接热输入继续增加到 0.65 kJ/mm 时,试板即发生烧穿失稳。通过对另外两种板厚的结果进行分析,同样发现焊接热输入对烧穿的影响比较敏感。

综合以上分析可知,影响在役焊接烧穿的主要因素有板厚和焊接热输入,而介质压力和焊条直径对烧穿的影响相对较小。

2.3.2　在役焊接烧穿失稳宏观形貌

1)冷却条件对烧穿形貌的影响

采用焊条电弧焊以适应长输管线现场焊接修复的需要。焊条材料选用 E5015,直径分别为 φ2.5 mm、φ3.2 mm 和 φ4.0 mm。为了控制焊缝氢含量,所有焊条在焊接前都在 350 ℃下烘干 1.5 h。焊接工艺参数如表 2-9 所示。

表 2-9　焊接工艺参数

焊接条件	编　号	焊接电流 I/A	焊接电压 U/V	焊接速度 v/(mm·s^{-1})
常规空冷	A	100～108	25～30	2.37
	B	113～120	25～32	2.37
	C	124～131	25～32	2.29
	D	148～155	25～32	2.30
常规水冷	A	102～110	25～30	2.32
	B	118～133	25～30	2.25
	C	138～145	25～30	2.30
	D	144～155	25～32	2.19
	E	158～170	28～35	2.31
3 MPa 水冷	A	95～102	25～30	2.26
	B	105～116	25～32	2.20
	C	122～130	24～32	2.33
	D	131～138	25～32	2.28

采用表 2-9 中常规空冷 D 组、常规水冷 E 组和 3 MPa 水冷 D 组焊接工艺参数进行在役焊接烧穿试验,其烧穿失稳形貌分别如图 2-20 所示。常规空冷焊接时,试板的散热主要靠周围空气的对流和辐射换热,由于空气的比热容小,试板散热比较慢,其焊接烧穿失稳主要是由于电弧热直接将试板烧穿,整个熔池基本都被熔透,试板的正反面都比较平整,变形量很小

（图 2-20a）。当在薄板底部采用常规水对试板底部进行冷却时,其焊接性变差,飞溅增多,表面成型亦比较差（图 2-20b）。此时发生烧穿失稳的部位处于熔池前端高温区域,由于水介质的快速冷却作用,熔池尾部未熔透,从试板背面能看到"凸起",它是在烧穿失稳的瞬间熔池内部熔融金属在重力作用下向底部运动遇到水被迅速冷却而形成的。当将常规水换成 3 MPa 带压的静态水时,试板在内部水介质压力作用下产生了明显的由内向外的膨胀变形。当焊接电弧对薄板进行加热时,焊接接头剩余承载强度降低,在电弧热和内部介质压力共同作用下,焊接接头发生烧穿失稳,其烧穿形貌的典型特征为在熔池前端高温区域很小的地方开始失稳,形成的烧穿形貌为直径 2.5 mm 左右的孔洞（图 2-20c）。当烧穿发生时,内部水在压力作用下从烧穿处喷射出来,将熔融金属吹出熔池,露出熔池壁。

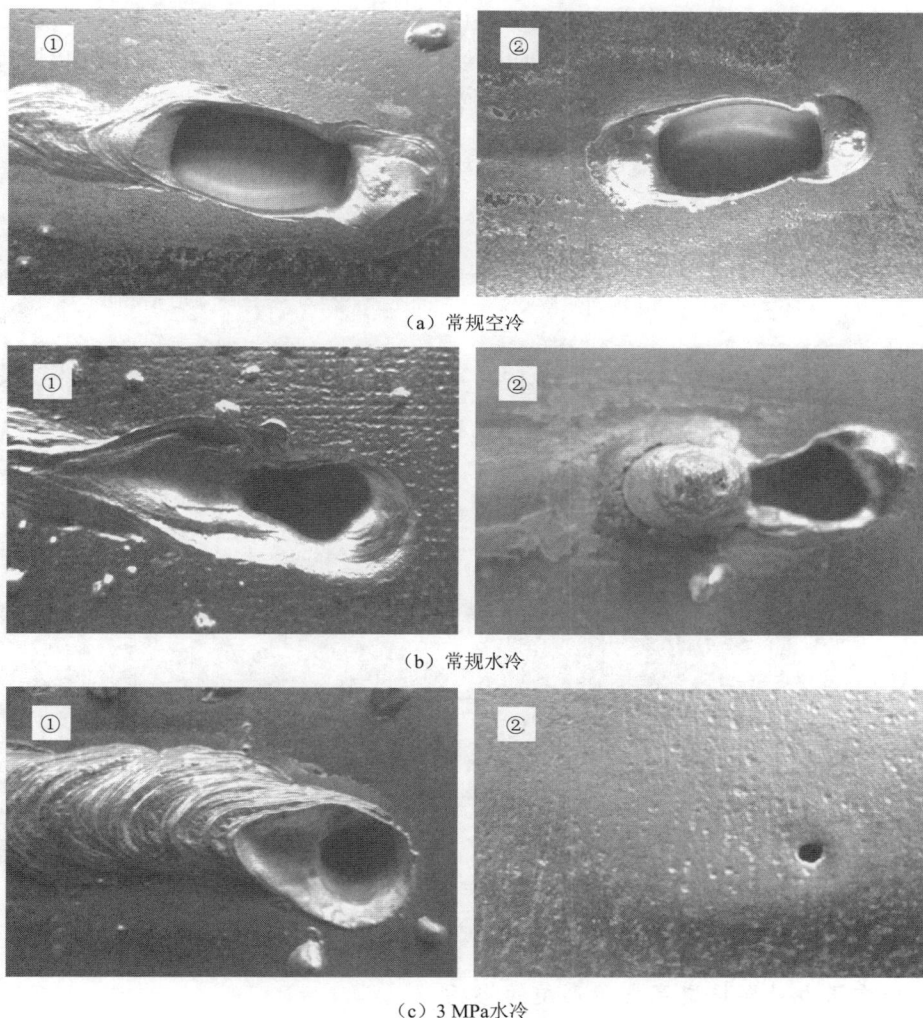

（a）常规空冷

（b）常规水冷

（c）3 MPa水冷

图 2-20　冷却条件对烧穿形貌的影响（①正面②背面）

由以上分析可知,在常规空冷和常规水冷却条件下,发生焊接失稳主要是由于焊接热输入过大而将试板烧穿,属于直接烧穿。而用带有压力的静态水介质冷却时,这种焊接烧穿失稳是由于焊接热输入和介质压力共同作用引起的,一般称这种烧穿为间接烧穿。

2）水介质流速对烧穿失稳形貌的影响

实际管道在役焊接修复过程中，内部介质是循环流动的，不同的压力下其流速也不同，故设计了专门的循环管道装置来改变水介质的流速，以研究流速对烧穿失稳形貌的影响。在试验过程中采用流量计测量水介质的流量，然后换算成水介质的流速。试验主要研究了 1.36，2.24，2.86，3.38 m/s 四种不同流速，其焊接烧穿失稳形貌如图 2-21 所示。从图中可以看出，不同流速的水介质冷却条件下的在役焊接烧穿形貌基本相同，都是在熔池前端的高温区域发生电弧熔透管壁的现象，但是随着水介质流速的增加，被熔透部位的尺寸变小。这主要是因为采用相同的介质而改变其流速时，其冷却能力也相应发生变化，即随着水介质流速的增加，其带走焊接接头的热量也增加，焊接接头的冷却速度变快，因而在焊接过程中高温区域的尺寸相对变小。由图 2-21(b) 和 (c) 还可以发现，在这些流速下进行在役焊接所形成的熔池底部有纵向裂纹，由此可见随着介质流速的增加，焊接接头冷却速度也增加，其氢致裂纹敏感性增大。

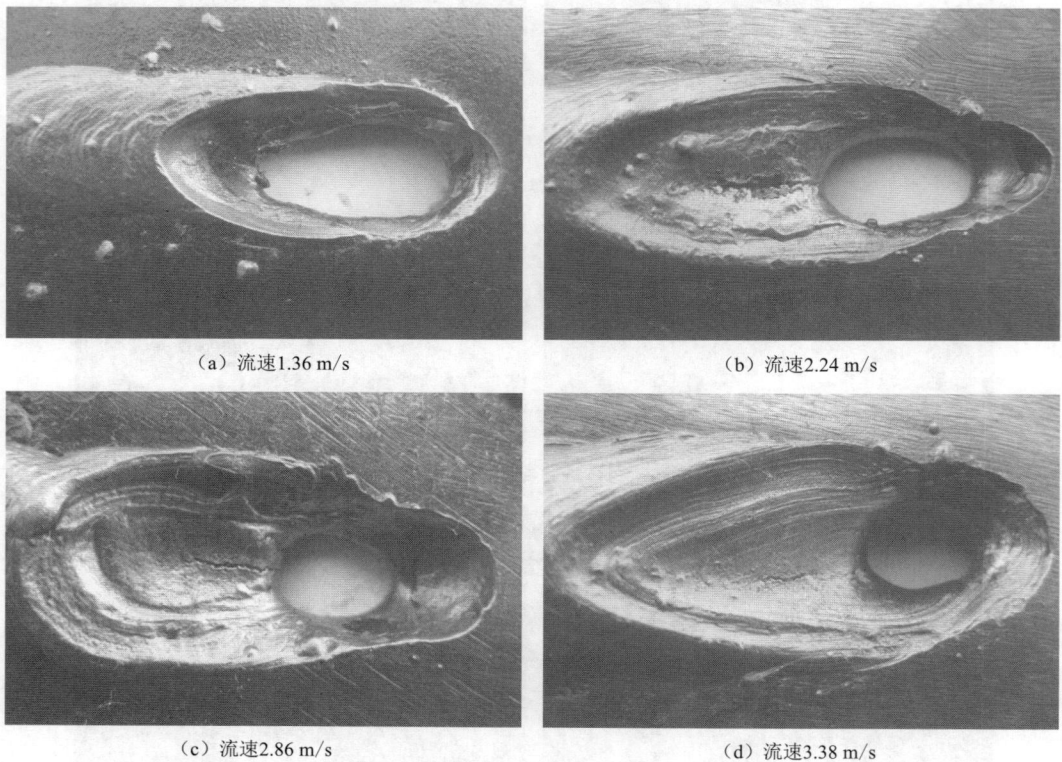

（a）流速1.36 m/s　　　　　　　　（b）流速2.24 m/s

（c）流速2.86 m/s　　　　　　　　（d）流速3.38 m/s

图 2-21　介质流速对烧穿形貌的影响

3）介质压力对焊接烧穿失稳形貌的影响

采用压力管道在役焊接烧穿试验装置，研究水介质压力对焊接烧穿失稳形貌的影响。通过大量的试验，获得了两种典型的烧穿失稳形貌，如图 2-22 所示。

在焊接过程中，水介质对试板既有冷却作用，也会产生压力。试板在内部介质压力的作用下，将产生明显的外凸变形，当同时受到电弧作用时，试板强度降低，将加剧膨胀变形，焊接接头将产生多个微孔失稳，如图 2-22(a) 所示。从膨胀失稳接头横截面形貌可知，焊接接头内壁径向的外凸变形非常明显,如图 2-22(b)所示,虽然焊接接头还比较完整,但是其承载能力下降,影响后续使用性和安全性。随着焊接热输入的增加,焊接接头的熔池和高温区域的尺寸也增加,管壁的瞬态剩余强度降低,当某一区域的剩余强度不足以抵抗内部介质的压力时,焊接接头将在内部介质压力作用下发生烧穿,如图 2-22(c)所示。当在役焊接发生烧穿时,内部介质发生泄漏,将熔池部位高温金属带走,只剩下部分管壁,如图 2-22(d)所示,烧穿孔附近的管壁也产生了径向的外凸变形。综上所述,介质压力是造成焊接接头发生外凸变形的主要原因。

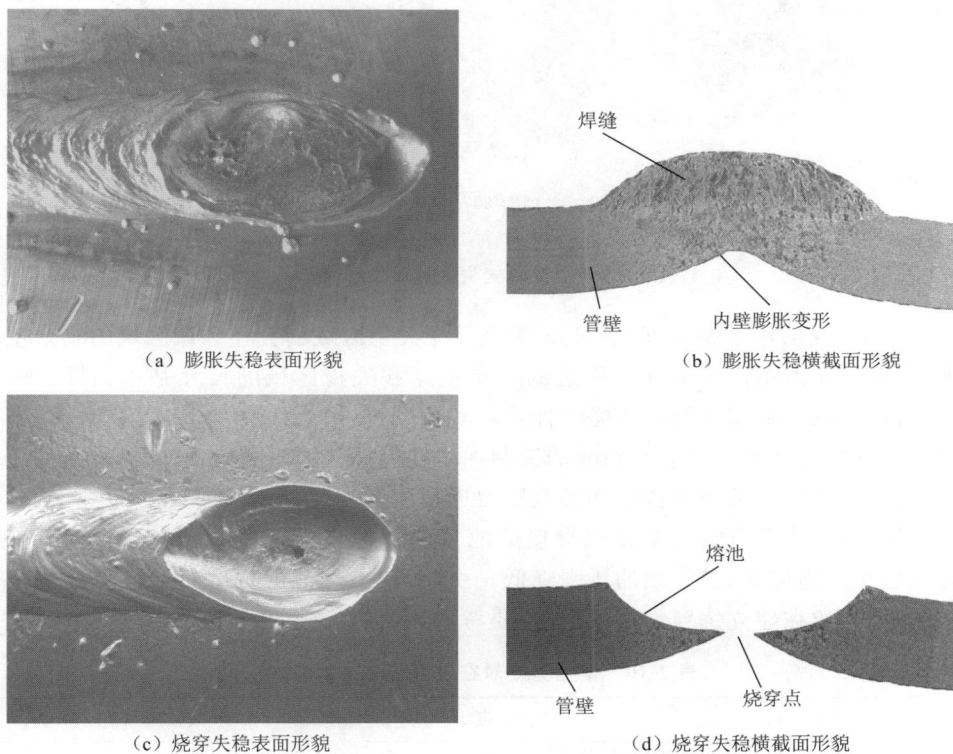

(a)膨胀失稳表面形貌　　　　　　　　　(b)膨胀失稳横截面形貌

(c)烧穿失稳表面形貌　　　　　　　　　(d)烧穿失稳横截面形貌

图 2-22　介质压力对烧穿形貌的影响

4)熔池尺寸

熔池尺寸是影响烧穿失稳的一个重要因素,熔深的大小直接关系到管壁的剩余强度,即熔深越大,管壁剩余金属厚度越小,当剩余金属的强度不足以承载管内介质压力时,就会发生烧穿失稳。焊接熔池尺寸主要取决于焊接工艺参数,随着焊接热输入的增加而增加。而当焊接热输入一定时,熔深随焊接电流的增加而增大,熔宽随着焊接电压和焊条直径的增加而增大。

通过研究在役焊接焊缝沿焊接方向剖面的三维体视照片发现,在役焊接烧穿失稳发生之前的熔深基本没有变化,而烧穿失稳发生的区域熔深变化比较显著,如图 2-23 所示。以烧穿区域为原点,沿焊接运动的反方向(图 2-23a 中 OA 方向)测量了失稳区域的剩余壁厚并绘制了变化曲线,如图 2-23(b)所示。由图 2-23(b)可知,在烧穿孔附近区域的剩余壁厚只有 0.2 mm 左右,在距离烧穿点 3 mm 的范围内剩余壁厚都比较小(其值小于 3.3 mm)。对在役焊接烧穿失稳熔池的观察以及测量表明,熔池失稳部位的有效承载壁厚较小。对比分析焊接失稳前后的熔深可知:在焊接失稳时,焊接电弧对熔池形成"挖掘"作用,使得熔池前端形成了$\phi 3$ mm左右的熔深较大的失稳区。由此可以推断,在失稳时,焊接热输入的增加导致焊接熔深增大。由此可见,焊接热输入对在役焊接烧穿失稳的影响较大。

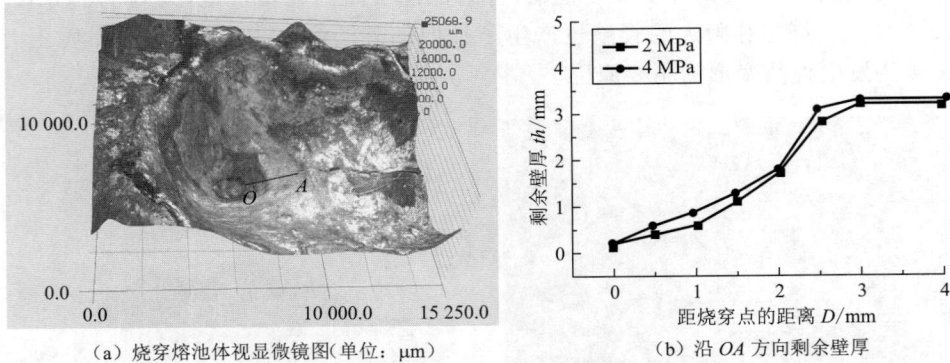

（a）烧穿熔池体视显微镜图(单位：μm)　　　　（b）沿OA方向剩余壁厚

图 2-23　在役焊接失效熔池剩余壁厚

对比图 2-23(b)中 2 MPa 和 4 MPa 熔池前端失稳区域的直径和该区域的剩余壁厚变化发现,这两种压力条件下烧穿孔附近的剩余壁厚和失稳区域的尺寸基本相同。由此可知,压力对熔池的影响基本可以忽略不计。

用直径分别为 2.5,3.2,4.0 mm 的三种焊条在焊接热输入为 1.1 kJ/mm 条件下进行焊接,对焊接烧穿失稳熔池的宽度和失效压力进行测量,其结果如表 2-10 所示。虽然焊接热输入相同,但是焊条直径的变化对焊接熔池宽度的影响比较大,随着焊条直径的增加,熔池宽度也相应地增加,其失效的压强降低。由此可见,熔池的宽度对在役焊接烧穿失稳有较大的影响,故在建立烧穿失稳判据时,要考虑熔池的尺寸效应。

表 2-10　熔池宽度对在役焊接烧穿的影响

焊条直径 ϕ/mm	熔池宽度 B/mm	失效压强 p_b/MPa
2.5	8.6	3.4
3.2	10.8	2.5
4.0	11.4	2.1

2.3.3　在役焊接烧穿失稳微观形貌

在役焊接的研究对象是由腐蚀或者其他因素引起减薄的管壁,对这些薄壁结构进行在役焊接时易发生失稳变形问题,既影响焊接过程的安全性,又容易造成应力集中,影响后续的使用性能[90]。下面通过对在役焊接失稳微观形貌进行观察分析,探讨其焊接失稳的机理。

图 2-24 为在役焊接膨胀失稳接头的扫描电镜照片。由图 2-24(a)可知,在役焊接膨胀失稳失效的主要原因是产生了数目较多且大小不一的孔洞,内部介质从这些孔洞泄漏出来,导致焊接接头失效。

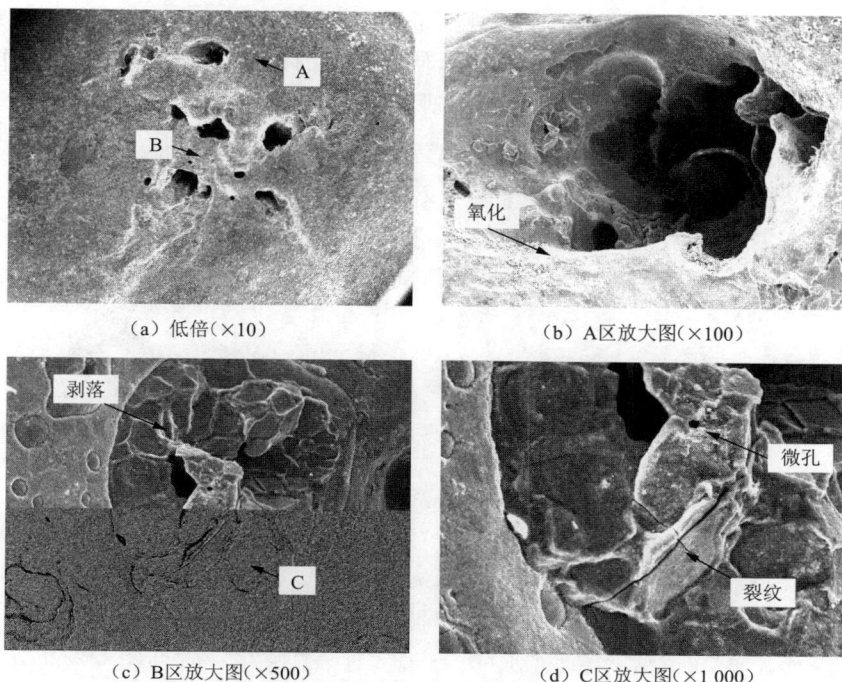

（a）低倍（×10）　　　　　　　（b）A区放大图（×100）

（c）B区放大图（×500）　　　　　（d）C区放大图（×1 000）

图 2-24　扫描电镜观察在役焊接膨胀失稳正面形貌

经分析可知,该孔失效主要是因为材料在高温下强度降低,在材料的等强温度以上,晶界强度比晶内强度下降的速度快,在内部介质压力下,晶界在剪切力的作用下被破坏,整个晶粒在压力作用下飞出,形成了如图 2-24(b)所示的孔壁残存结构。另外还可以推断出,孔外表面的晶粒比较粗大,内部的晶粒尺寸较小。将图 2-24(a)中所示的 B 区的小孔洞放在高倍扫描电镜下进行观察,发现孔表面主要失效为剥落,孔周围还存在裂纹,如图 2-24(c)所示。继续将 C 区放大,可以看到大孔的周围还有微孔,裂纹周围有明显的氧化痕迹,如图 2-24(d)所示。

采用扫描电镜对在役焊接膨胀失稳接头的背面进行观察,其微观结构如图 2-25 所示。

通过低倍扫描电镜观察发现,整个焊接接头由里向外凹陷,这个区域的材料有明显的形变痕迹,材质变疏松甚至开裂,如图 2-25(a)所示。A 区是主要失效部位,从其放大图(图 2-25b)可以看到,除了较粗的大裂纹,在这个主裂纹的周围区域还存在较多小裂纹,这些裂纹有的相互连接,有的独立存在。由图 2-25(c)可知,在主要失效区域附近的 B 区可以观察到材料变脆,大片的材料失去连接作用,易于产生剥落。图 2-25(d)为将 C 区放大 200 倍观察到的形貌,虽然该区受到的热作用是靠金属传导过来的,但由于所达到的温度较高,处于等强温度以上,晶粒间的连接受到破坏,在内部介质作用下发生开裂。

图 2-26 为在役焊接烧穿失稳形成的孔洞扫描电镜观察图。由图 2-26(a)可知,在役焊接烧穿失效孔洞尺寸非常小,呈不规则形状,最短轴长 1 065 μm,最长轴长 1 304 μm。且在孔壁前端能观察到部分金属在高温下被严重氧化,在扫描电镜照片中显示为白色,如图 2-26(a)中箭头所标示的区域。

将图 2-26(a)中所示的 A 区的孔壁在高倍扫描电镜下进行观察,如图 2-26(b)所示,也能观察到氧化痕迹,可以看到整个断口被氧化产物覆盖,部分区域还可以看到大块剥落现象,断口呈现凹凸不平状。将图 2-26(b)中的 B 区和 C 区放在高倍扫描电镜下观察,可以发现孔壁上有微裂纹，且数量较多，呈不规则走向；断口比较圆滑，可以推断该区域的金属在高温下不仅晶粒变粗大，而且晶间被氧化，使晶粒间的连接受到破坏，在压力作用下，材料沿着晶间失效，如图 2-26(c)和图 2-26(d)所示。

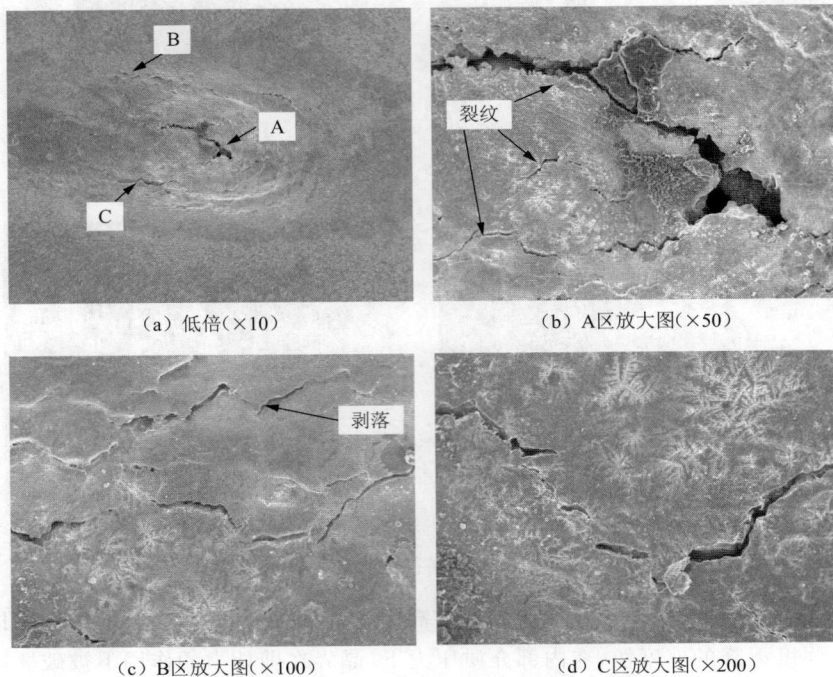

（a）低倍(×10)　　　　　　　　　　（b）A区放大图(×50)

（c）B区放大图(×100)　　　　　　　（d）C区放大图(×200)

图 2-25　扫描电镜观察在役焊接膨胀失稳背面形貌

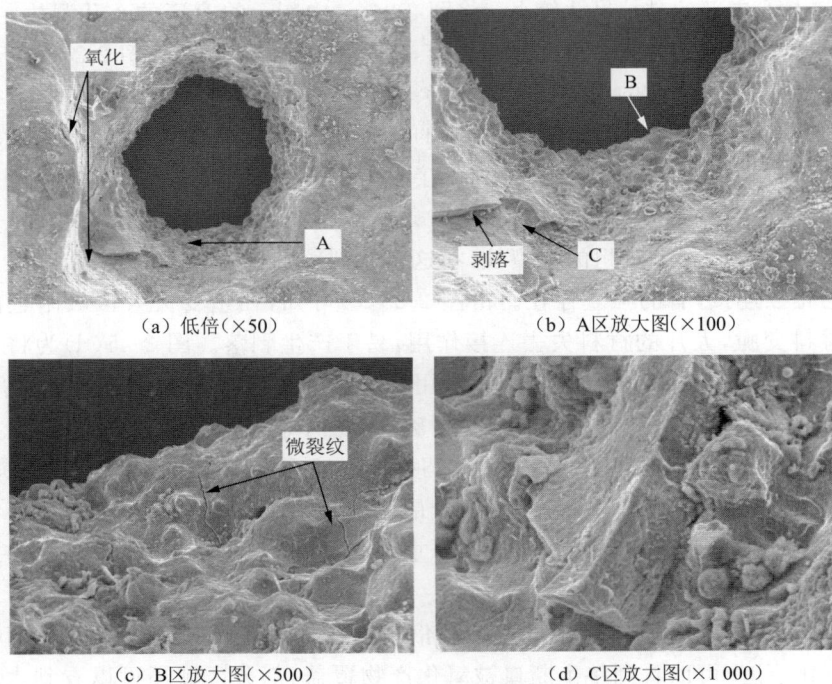

（a）低倍(×50)　　　　　　　　　　（b）A区放大图(×100)

（c）B区放大图(×500)　　　　　　　（d）C区放大图(×1 000)

图 2-26　扫描电镜观察在役焊接烧穿失稳的形貌

　　将在役焊接烧穿失稳的熔池沿着孔截开,采用扫描电镜对横截面上失效孔壁的结构进行观察,形貌如图 2-27 所示。在役焊接烧穿所形成的孔洞尺寸以及孔壁最小剩余厚度很小,如图 2-27(a)所示。将图 2-27(a)中所示的孔壁 A 区放在高倍扫描电镜下进行观察,如图 2-27(b)所示。从剩余孔壁的失效形貌可以推断,该处金属受内部介质的作用而沿晶界失效。将图 2-27(b)中的 B 区和 C 区放在高倍扫描电镜下观察,得到图 2-27(c)和(d)所示形貌。由图可知,沿着孔壁方向存在贯穿性的裂纹,同时在高温作用下失效孔壁被氧化,裸露出来的晶粒表面圆滑,体积粗大。综合以上分析可以推断此处金属失效的主要原因是:在役焊接热输入较大,金属在高温作用下晶粒粗化,而且晶间被氧化,晶粒间的连接受到破坏,在内部压力作用下发生失效。

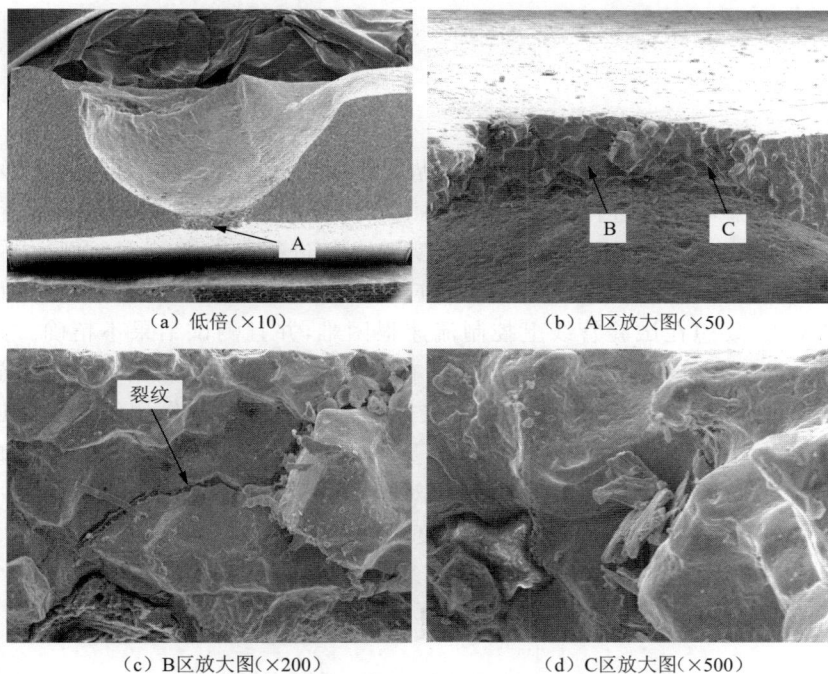

(a) 低倍(×10)　　(b) A区放大图(×50)

(c) B区放大图(×200)　　(d) C区放大图(×500)

图 2-27　扫描电镜观察在役焊接烧穿孔壁的形貌

第3章 在役焊接温度场数值模拟

试验研究表明[91,92]，在役焊接接头的热循环和常规焊接有很大不同，而且影响因素众多，要分别对这些影响因素进行实验测试来探索其规律，是一件费时费力的事情。对于其中的某些影响因素，往往不能够按照预定的实验参数进行准确的测定。例如要想深入分析介质流速对在役焊接热循环的影响，需要连续改变介质的流速，但是有时两种不同流速之间的差别不大，要想在试验管线上控制流速很困难，并且测试结果不精确。另一方面，由于在运行的高压气管线上进行焊接试验具有危险性，测试焊接热循环很难实施。因而，采用数值模拟技术研究运行管道的在役焊接热循环具有不可替代的优越性。近年来，国外一些从事在役焊接研究的工作者都很重视高压气管线在役焊接修复的数值模拟[80,93,94]，但目前还没有学者采用数值模拟对运行管道在役焊接热循环的各种影响因素进行系统研究，探讨这些因素对在役焊接温度场的影响规律。

3.1 在役焊接接头换热机理及换热系数

焊接接头与环境的换热是影响焊接热循环的重要因素，换热系数是进行数值模拟所需要的条件之一。运行管道在役焊接时，管道内部的流体介质参与了焊接接头的换热，其换热过程显然不同于常规焊接，而且换热机理随介质种类的不同而变化。

3.1.1 焊接接头外表面与空气的换热

在役焊接时，焊接接头外表面的换热和常规焊接是相同的。对于管道常规焊接，从传热学理论分析，焊接接头与管道内外的空气之间存在对流热和辐射两种主要换热方式。与空气的换热基本属于自然对流换热（无风时），对流换热系数一般取 $5\sim30$ W/($m^2 \cdot {}^\circ\!C$)[95]。辐射换热系数可按式(3-1)计算。

$$\alpha_2 = 0.8 \times 5.67 \times 10^{-8} \big[(273.15 + T_0) + (273.15 + T)\big] \cdot \big[(273.15 + T_0)^2 + (273.15 + T)^2\big] \tag{3-1}$$

式中　T_0——初始温度，$^\circ\!C$；

　　　T——环境温度，$^\circ\!C$。

由于辐射换热系数是和温度相关的,焊接接头的温度不同时换热系数 α_2 的值也随之发生变化,即在焊接过程中换热系数是随着焊接接头表面温度的变化而随时变化的,但在计算时焊接接头表面的温度是未知的,这就为数值模拟带来了困难。因此,目前国内外学者对辐射换热的处理不尽相同,大多都对辐射换热系数近似地取一个值,不考虑其随温度的变化[94]。如有人在室温到接头的熔化温度之间每隔 100 ℃ 分别设定一个恒定值的换热系数,也有人直接不考虑辐射换热的影响[93]。事实上,当温度为 500 ℃ 时,由式(3-1)可计算得到此时辐射换热系数为 33.3 W/(m² · ℃),已经超过空气自然对流换热系数;当温度为 800 ℃ 时,辐射换热系数则高达 77.12 W/(m² · ℃),因而辐射换热是不容忽视的。

本书采用焊接过程数值模拟软件 SYSWELD 进行热循环的数值模拟,该软件可以直接把换热系数公式作为换热边界条件,可以考虑换热系数随温度变化的情况。因此,本书中直接采用式(3-1)作为辐射换热边界条件。考虑到试验时环境温度较低,与实际环境相对应空气的自然对流换热系数应取得稍大一些,即取 25 W/(m² · ℃)。因而,焊接接头外表面与空气的总换热系数可表示成式(3-2):

$$\alpha_{\text{外}} = 0.8 \times 5.67 \times 10^{-8} \big[(273.15 + T_0) + (273.15 + T) \big] \cdot \big[(273.15 + T_0)^2 + (273.15 + T)^2 \big] + 25 \tag{3-2}$$

3.1.2　气体介质和在役焊接接头内表面间的换热

目前国外已有学者采用数值模拟技术对气体管线在役焊接进行了一些研究。如澳大利亚的 Sabapathy、韩国的 BANG、阿根廷的 Otegui 等,国内还没有人从事过这方面的工作。但不同的研究者采用的换热系数也不同,如 BANG[80] 采用的换热系数为式(3-3);Sabapathy[93] 采用式(3-4),并明确表示没有考虑辐射换热;Otegui[94] 则根据气体的 Nusselt 数确定一个常数作为换热系数。

$$\alpha_{\text{内}} = \frac{0.023\lambda}{d} \left(\frac{\rho v d}{\mu} \right)^{0.8} \left(\frac{c_p \mu}{\lambda} \right)^{0.4} \tag{3-3}$$

$$\alpha_{\text{内}} = 0.027 \rho \lambda Re^{0.8} Pr^{1/3} \left(\frac{\mu}{\mu_w} \right)^{0.14} \tag{3-4}$$

式中　$\alpha_{\text{内}}$——内壁换热系数,W/(m² · K);

　　　d——管径,mm;

　　　v——气体流速,mm/s;

　　　ρ——气体密度,kg/m³;

　　　c_p——比热容,J/(kg · K);

　　　λ——气体导热系数,W/(m · K);

　　　Re——雷诺数;

　　　Pr——布朗特数;

　　　μ——气体黏度,Pa · s;

　　　μ_w——管壁与气体平均温度下的气体黏度,Pa · s。

1) 已有换热处理方式的不足之处

以上这些研究者对焊接接头内表面与气体介质间换热的处理有如下不足之处:

(1) 把在役焊接接头内壁和介质的换热等同于普通管内流动换热,简单采用管内流动换热的经验公式,没有考虑这些经验公式的适用性和使用条件。如 BANG 采用的式(3-3)适用于温压(即壁面和气体间的温度差)不超过 50 ℃ 的情况,这对于在役焊接显然是不合适的。

(2) 对于天然气的热物性,没有考虑随温度的变化,而是采用常数进行计算。

(3) 没有考虑辐射换热的影响,只是单纯考虑气体的强制对流换热。如前所述,在高温阶段辐射换热的影响很大。

2) 接头与管内介质换热的特点

对于管壁和介质间的换热,传热学上现有的计算公式都是针对普通管内流动换热(如换热器等),而在役焊接是一种特殊的管内换热,与通常的管内流动换热相比,运行管线在役焊接接头与管内介质的换热有如下特点:

(1) 对于普通管内流动换热,管壁的温度可认为是恒定的,而在役焊接接头内壁的温度是变化的,而且具有焊接所特有的快速加热、快速冷却的特点。

(2) 对于普通管内流动换热,管壁温度较低,与流体间的温压小。而对于在役焊接,管壁的瞬时最高温度可达几百甚至上千摄氏度,最低温度可与介质温度相同,因此管壁与介质的温压也可从零摄氏度变化到上千摄氏度。

(3) 对于普通管内流动换热,管壁的温度分布是均匀的,管壁各点与介质的换热可认为是相同的而且是同时进行的。而在役焊接是局部加热,管道内壁的温度在各点是不同的,有的地方高达上千摄氏度,有的地方则和介质的温度相同。而且,由于焊接热源的移动性,管壁自身的温度场不断发生变化,高温区域也是不断移动的。文献[88]指出,随地点而异的对流换热系数称为局部换热系数。显然,对于在役焊接的对流换热采用局部换热系数更为合适。

3) 新的换热系数计算公式

这些特点决定了不能盲目采用普通管内流动换热的经验公式,而必须加以修正。因此,应从分析在役焊接时热量发生交换的方式出发,明确换热机制,并考虑天然气热物性随温度的变化,提出新的换热系数计算公式。

天然气管道在役焊接时,焊接电弧的热量通过管壁传递到焊接接头的内表面(即管道内壁)后必然会被与内壁接触的管内流动气体带走。因此,内壁虽然也是与气体发生换热,但不同于外壁的是,内壁气体是流动的,属于管内强制对流换热。此外,管道内壁在高温下也同样会辐射出热量。因而,气体管线在役焊接时焊接接头内表面的换热机制为管内强制对流和辐射相结合的复合换热。

对于辐射换热,仍然考虑换热系数随温度的变化,采用式(3-1)。对于管内强制对流换热,由于温压较大,可在管内流动换热实验准则的基础上进行修正:

$$\alpha_1 = 0.027 \rho \lambda \, Re^{0.8} \, Pr^{1/3} \left(\frac{\mu}{\mu_w} \right)^{0.14} \tag{3-5}$$

采用公式(3-5)的关键是要考虑气体热物性参数随温度的变化,不能采用常数值。Sabapathy 虽然也采用了这个经验公式,但没有考虑 μ_w 随壁面温度的变化。μ_w 采用下式[96]进行计算:

$$\mu_w = \mu \left(\frac{273.15 + T}{273.15} \right)^{0.76} \tag{3-6}$$

对于在役焊接加热的局部性和热源的移动性问题,采用 SYSWELD 进行计算时,可把换热系数作为边界条件加到单元上。一方面每个单元本身就是局部,因而换热系数相对于单元来说可不考虑其局部性；另一方面，焊接热源采用移动坐标系，可看作相对静止，可以解决换热系数移动性的问题。

至此，气管线在役焊接接头内壁的总换热系数可表示为：

$$\alpha_{内} = 0.8 \times 5.67 \times 10^{-8} [(273.15 + T_0) + (273.15 + T)] \cdot [(273.15 + T_0)^2 + $$

$$(273.15 + T)^2] + 0.027 \rho_f \lambda_f Re_f^{0.8} Pr_f^{1/3} \frac{1.816\,5\mu_f^{0.14}}{\mu^{0.14}(273.15 + T)^{0.106\,4}} \tag{3-7}$$

式中，下标为 f 的参量取气体在定性温度时的值，此处气体定性温度选为环境温度（25 ℃）。

从式(3-7)可知，要获得气管线在役焊接接头内表面的总换热系数必须知道 ρ_f, λ, Re_f, Pr_f, μ_f, μ_0 等值。对于气体介质，最大的特点是这些参数除了和温度有关之外，还和气体的压力有很大关系。要准确模拟气体管线在役焊接的热循环，关键之处在于必须考虑热物性参数随压力和温度的变化。气田产出的天然气是一种多组分的混合气体，主要成分为烷烃，其中甲烷占绝大多数（一般在 90% 以上，甚至可高达 98% 以上[97]），还有少量的乙烷、丙烷和丁烷。因此可用甲烷作为气体来研究在役焊接问题，采用甲烷的热理性参数近似作为天然气的热物性参数。对于输气管线，目前国内最高输送压力为 10 MPa（大多数管线压力均在 10 MPa 以下），此处选取 0.1 MPa，2 MPa，4 MPa，6 MPa 和 8 MPa 五种代表性的压力来研究不同压力时焊接热循环的变化。计算中用到的不同压力下主要热物性参数的取值分述如下：

(1) 导热系数 λ_f。在低压和中压情况下，气体压力对导热系数的影响较小，书中选取的压力范围为 0.1～8 MPa。为了简化计算过程，可忽略压力的影响，取 25 ℃时标准大气压下的导热系数值 $3.534\,5 \times 10^{-2}$ W/(m·K) 为 λ_f 值[98]。

(2) 动力黏度 μ_0 和 μ_f。气体的动力黏度随压力的变化而变化较大，μ_0 参照文献[97]确定，μ_f 值由式(3-6)计算得到，结果如表 3-1 所示。

表 3-1　压力不同时甲烷的动力黏度值

压力/MPa	0.1	2	4	6	8
μ_0/(Pa·s)	1.027	1.068	1.11	1.22	1.32
μ_f/(Pa·s)	1.108	1.135	1.186	1.26	1.411

(3) 普朗特数 Pr_f。Pr_f 可由式(3-8)计算得到：

$$Pr_f = \frac{\mu_f c_p}{\lambda_f} \tag{3-8}$$

由上式可知，要求得 Pr_f 还必须获得不同压力时的 c_p 值：

$$c_p = c_p^0 + \Delta c_p \tag{3-9}$$

$$c_p^0 = b + 2cT + 3dT^2 + 4eT^3 + 5fT^4 \tag{3-10}$$

式中各系数取值为：$b = 2.395\,39, c = -2.218\,007 \times 10^{-3}, d = 5.740\,22 \times 10^{-6}, e = -3.727\,9 \times 10^{-9}, f = 8.55 \times 10^{-13}$。

令 $T = 298.15$ K（即 25 ℃），可求得 $c_p^0 = 2.240\,36$ J/(kg·K)。Δc_p 可由甲烷 Δc_p 与 Pr, Tr 关系图（图 3-1）得到。因而，可求得不同压力下的 c_p 值和 Pr_f 值，如表 3-2 所示。

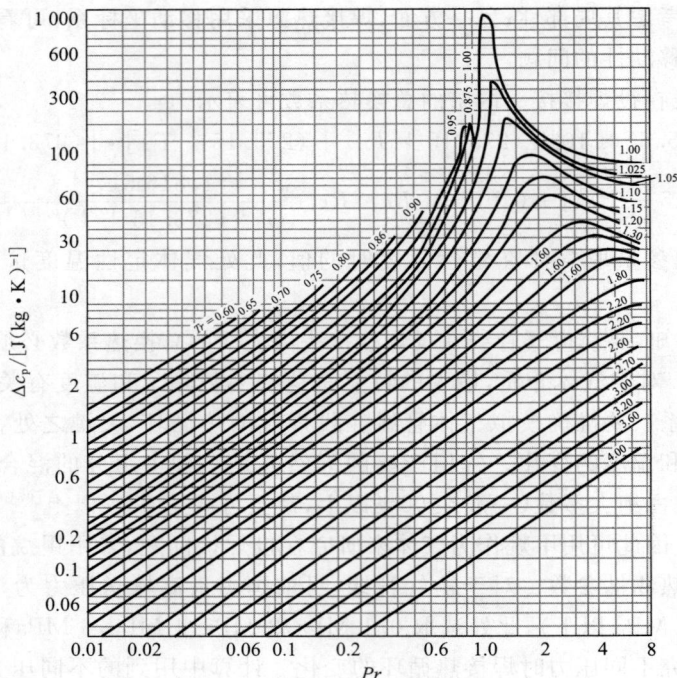

图 3-1   甲烷 Δc_p 与 Pr, Tr 关系图

表 3-2   不同压力下甲烷的 c_p 值和 Pr_f 值

压力/MPa	0.1	2	4	6	8
$\Delta c_p / [\mathrm{J(kg \cdot K)^{-1}}]$	0.008 125	0.093 75	0.25	0.375	0.625
$c_p / [\mathrm{J(kg \cdot K)^{-1}}]$	2.248 5	2.333 86	2.489 7	2.614 355	2.863 68
Pr_f	0.724	0.754 2	0.835 2	0.885 1	1.01

（4）雷诺数 Re_f。Re_f 值由式（3-11）确定，它不但和压力有关，还和流速 u_f 有关。

$$Re_f = \frac{u_f \rho_f l}{\mu_f} \tag{3-11}$$

式中 μ_f——气体流速，mm/s；

l——特征长度，mm。

（5）气体密度 ρ_f。在恒定温度下（如 25 ℃），气体密度是和压力相关的，且关系相当复杂。根据甲烷的 BWRS 方程[90]，采用 C 语言编制程序，经过迭代计算得到不同压力时甲烷气体的密度，如表 3-3 所示。

表 3-3   不同压力下甲烷的密度(25 ℃)

压力/MPa	0.1	2	4	6	8
$\rho_f / (\mathrm{kg \cdot m^{-3}})$	0.656 975	13.311	26.796 8	39.616	51.262 2

求得 ρ_f, λ, Re_f, Pr_f, μ_f, μ_0 等值后，就可由式（3-7）得到不同压力、不同气体流速时的换热系数。

3.1.3　液体介质与在役焊接接头内表面间的换热

当管道内的介质为油、水等液体时，由于介质的快速流动导致焊接区局部的热量迅速散失，基本可以忽略沸腾现象的产生。因此，对于液体管道的在役焊接，接头内壁和液体之间的换热也是由管内强迫对流和高温辐射构成的复合换热形式，其总换热系数仍可由式(3-1)和式(3-5)得到，如式(3-12)所示。

$$\alpha_{内} = 0.8 \times 5.67 \times 10^{-8} [(273.15 + T_0) + (273.15 + T)] \cdot [(273.15 + T_0)^2 +$$

$$(273.15 + T)^2] + 0.027 \rho_f \lambda_f Re_f^{0.8} Pr_f^{1/3} \left(\frac{\mu}{\mu_w}\right)^{0.14} \tag{3-12}$$

由于液态介质的热物性影响因素和气体不同，因而其换热也有一定的差异。液体的管内强迫流动换热不同于气体，一些参数不随压力变化，它们除了与温度有关外，就只和流速相关。

如前所述，水的冷却能力要大于油，以水为介质研究在役焊接有诸多优越性，本节以水为介质分析了焊接接头内壁和液态介质之间的换热系数。从式(3-7)可知，ρ_f，λ_f，Re_f，Pr_f，μ_w 等值是决定总换热系数的主要因素，其中 μ_w 值受温度的影响较大，随着温度的升高，μ_w 值急剧降低。目前各种传热学的相关书籍均只提供了一些典型温度下水的动力黏度值 μ_w，为了能够将式(3-12)用于数值计算，需要知道 μ_w 和内壁表面温度 T_n 之间的关系式。利用 Origin 软件的拟合功能对文献[88]提供的不同温度下水的动力黏度值进行拟合，拟合曲线如图 3-2 所示。

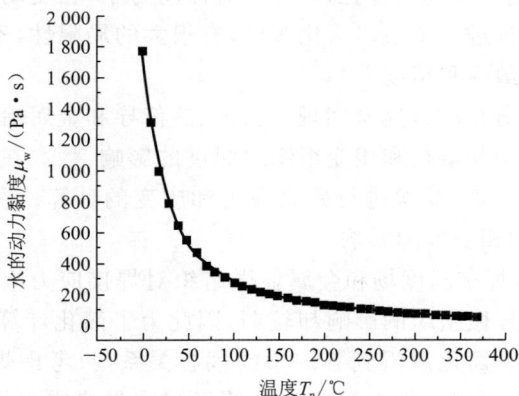

图 3-2　水的动力黏度拟合曲线

由图 3-2 可知，拟合曲线和数据点之间吻合得很好。拟合得到的动力黏度表达式为：

$$\mu_w = 432 \times e^{\frac{-T_n}{1\,831}} + 1\,337 \times e^{\frac{-T_n}{27}} \tag{3-13}$$

随机选择一些温度值，根据(3-13)式计算不同温度下动力黏度值并和原始值进行对比，结果见表 3-4，表中 T_n 为内壁的温，μ_w 为水在内壁温度时的动力黏度，μ_w' 为动力黏度的预测值，$\Delta\mu_w$ 为预测值和实际值之间的相对误差。从表 3-4 中可以看出，公式的计算值和原始值之间符合得很好，最大相对误差仅为 8.03%，因而可以采用式(3-13)表示水的动力黏度值。

表 3-4   水的动力黏度预测值及相对误差

温度 T_n/℃	0	10	30	50	100	130	150	200	250	300	370
μ_w/(Pa·s)	1788	1306	801.5	549.4	282.6	217.8	186.4	136.4	109.9	91.2	56.9
μ'_w/(Pa·s)	1769	1332	806.8	538.6	283.1	223.2	195.5	145.6	110.3	83.9	57.2
$\Delta\mu_w$/%	1.06	2.01	−0.66	1.97	−0.16	−2.46	−4.88	−6.77	−0.39	8.03	−0.53

ρ_f, λ_f, Re_f, Pr_f 等值均为水在初始温度时的值,可直接查表[99]得到,比气体介质求值简单。因而,介质为水时在役焊接接头内表面的总换热系数为:

$$\alpha_{内} = 0.8 \times 5.67 \times 10^{-8} [(273.15 + T_0) + (273.15 + T)] \cdot [(273.15 + T_0)^2 +$$

$$(273.15 + T)^2] + 0.027 \rho_f \lambda_f Re_f^{0.8} Pr_f^{1/3} \left(\frac{\mu}{432 \times e^{\frac{-T_n}{1\,831}} + 1\,337 \times e^{\frac{-T_n}{27}}} \right)^{0.14} \tag{3-14}$$

3.2   在役焊接温度场数值模型的建立

3.2.1   在役焊接热循环数值模拟

1)数值模拟软件的选用

目前一些通用的有限元分析软件(如 ANSYS,MARC,ABAQUS,ADIAN 等)都可以模拟焊接温度场、残余应力场,但它们都对存在流体动力学、相变动力学、蠕变以及黏弹塑性相结合的复杂焊接过程进行了很多简化假设,有很大的局限性,不能保证高度非线性和大变形焊接问题解的收敛性和精度[100]。

SYSWELD 有限元分析软件完全实现了机械、热传导和金属冶金的耦合计算,允许考虑相转变以及某一时刻相变潜热和相变组织对温度的影响[101]。在进行具体计算中,首先对温度和相变组织进行计算,其次进行残余应力和应变的计算。在进行应力应变场计算中,可充分考虑温度场和相变等的影响。

从图 3-3 可以看出,焊接温度场和金属显微组织对焊接应力应变的影响较大,而焊接应力应变场对温度场和显微组织的影响却较弱,因此为了简化计算,可以将图 3-3 中影响较小的耦合作用忽略掉。简化后得到各因素的耦合关系,只考虑焊接温度场和金属显微组织对焊接应力应变场的影响,而在温度场计算过程中忽略应力场对其的影响。采用这种单向耦合作用所得到的计算结果对精度影响较小[87,102]。SYSWELD具有强大的功能

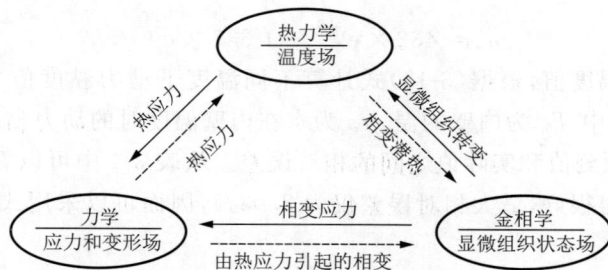

图 3-3   焊接温度场、焊接应力与变形及显微组织之间的耦合效应

和较好的精度,包含大量焊接有限元模拟问题的解决方案,且灵活性强、有独立的二次开发平台,使得在役焊接的数值模拟成为可能。

2) 热循环数值模拟的几何模型

数值模拟仍然采用套管修复工艺,整体模型如图 3-4 所示。研究焊接接头第一道焊缝的热循环时,由于管道的轴对称性,可采用 1/4 模型,整体模型如图 3-5(a)所示,管道长度为 200 mm、壁厚 8 mm、管道外径 508 mm。在焊缝区网格划分要细密一些,如图 3-5(b)所示。在模型的内外表面分别划分二维面单元,用于换热系数的加载。

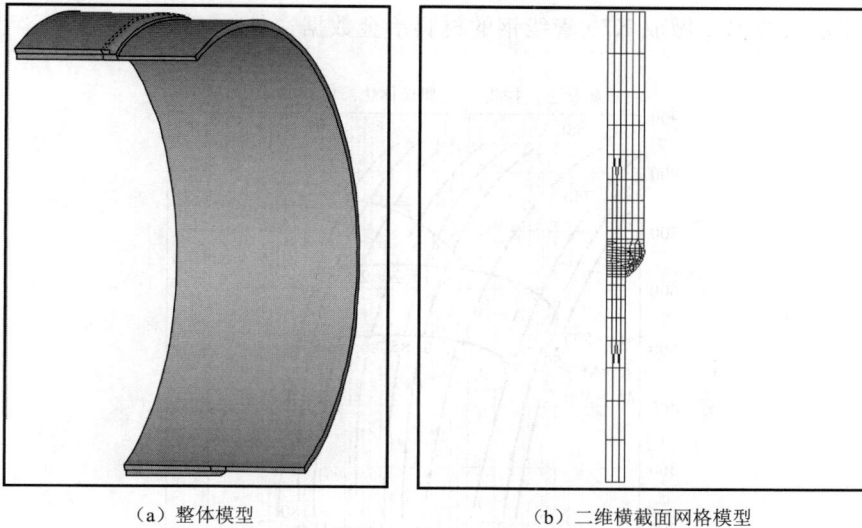

(a) 整体模型　　　　　　　　(b) 二维横截面网格模型

图 3-4　套管修复整体有限元模型

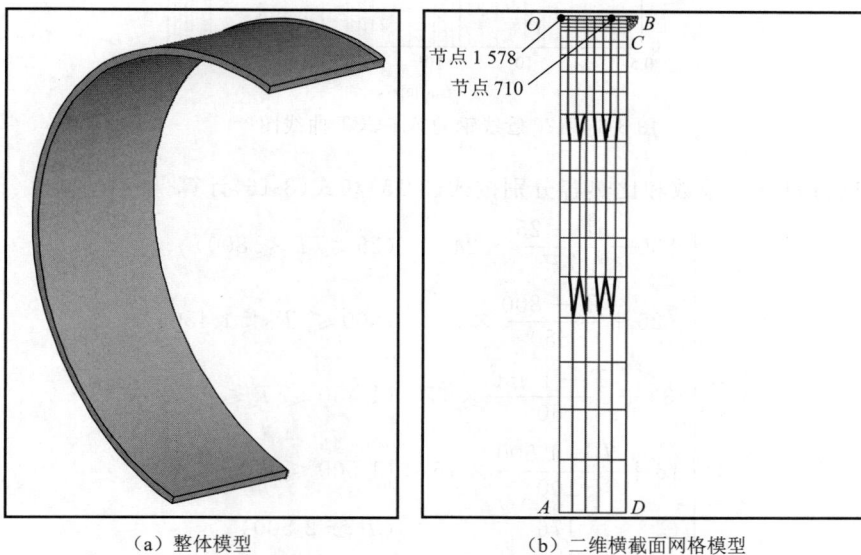

(a) 整体模型　　　　　　　　(b) 二维横截面网格模型

图 3-5　单道焊有限元模型

3）热循环数值模拟的边界条件

管道外壁和空气的换热主要考虑辐射换热和空气的自然对流换热，总换热系数由式（3-2）确定。内壁和气体介质之间的换热系数按式（3-7）计算，内壁和水介质之间的换热系数按式（3-14）确定。换热边界条件分别加载到模型内外壁的面单元上。模型两端的力学约束为刚性约束。

3.2.2　X70 管线钢的热物性

X70 管线钢的 SH-CCT 曲线如图 3-6 所示，利用 SYSWELD 的材料数据库功能可将图中的参数输入数据库做成 X70 管线钢的材料冶金数据文件。

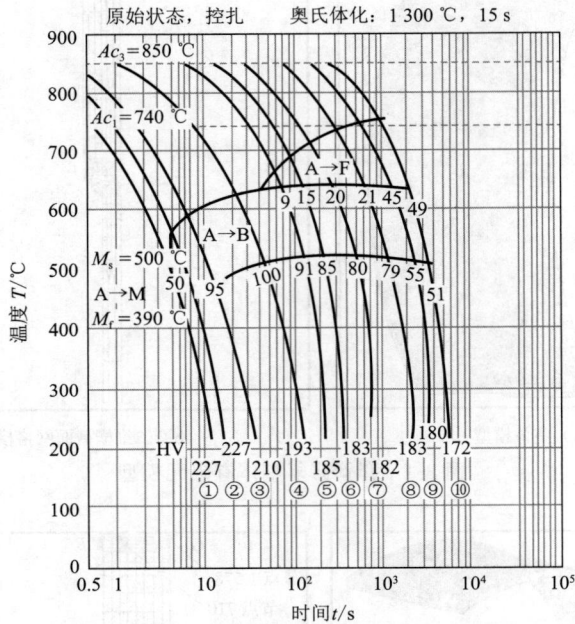

图 3-6　X70 管线钢的 SH-CCT 曲线图[103]

X70 钢材料导热系数和比热容分别按式（3-15）和式（3-16）计算[104]：

$$\lambda = \begin{cases} 50 - \dfrac{T-25}{775} \times 24 & (25 \leqslant T \leqslant 800) \\[2mm] 26 + \dfrac{T-800}{650} \times 7 & (800 \leqslant T \leqslant 1\,450) \\[2mm] 233 + \dfrac{T-1\,450}{50} \times 17 & (1\,450 \leqslant T \leqslant 1\,500) \\[2mm] 16 + \dfrac{T-1\,500}{100} \times 16 & (1\,500 \leqslant T \leqslant 2\,500) \\[2mm] 176 & (T \geqslant 2\,500) \end{cases} \qquad (3\text{-}15)$$

$$c_P = \begin{cases} 490 + \dfrac{T - 25}{625} \times 280 & (25 \leqslant T \leqslant 650) \\[2mm] 770 - \dfrac{T - 650}{150} \times 160 & (650 \leqslant T \leqslant 800) \\[2mm] 610 + \dfrac{T - 800}{650} \times 80 & (800 \leqslant T \leqslant 1\ 450) \\[2mm] 690 + \dfrac{T - 14\ 500}{50} \times 100 & (1\ 450 \leqslant T \leqslant 1\ 500) \\[2mm] 790 & (T \geqslant 1\ 500) \end{cases} \tag{3-16}$$

3.2.3　热循环数值模拟的热源模型

热源模型的选取对于焊接数值模拟很关键,选取是否适当对瞬态温度场的计算精度特别是靠近热源地方的精度,有很大的影响。随着焊接数值模拟技术的发展,热源模型也不断得到发展。常用的热源模型有以下几种[105-108]:

(1) Rosonthal 的解析模式。热源按焊件几何形状的不同而被简化为点状、线状或面状热源。由于此模型计算方法简单,仍广泛应用于工程中。

(2) 高斯函数的热流分布。高斯函数的热流分布将热源按高斯函数在一定的范围内分布,是比点热源更切合实际的一种热源分布函数。

(3) 分段移动热源模型和串热源模型。将一条焊缝分为若干段,在第一段内的节点上同时使用高斯热源,按焊接的顺序依次加热各段,将段热源用一组点热源模型取代即形成串热源。

(4) 半球状热源分布模型和椭球形热源模型。因为高斯分布热源没有考虑电弧的穿透作用,于是便提出了半球状热源模型。但是,在多数情况下,熔池并不是球状对称的,椭球形热源便作为半球状热源的改进模型被提出来。

(5) 双椭球形热源模型。在实际情况下,椭球前半部分温度梯度分布较陡,而后半部分温度梯度分布较缓,利用椭球形热源模型计算则与此不符,于是将前半部分作为一个 1/4 椭球,后半部分作为一个 1/4 椭球,形成了双椭球形热源模型,如图 3-7(a)所示。设前半部分椭球能量分数为 f_1,后半部分椭球能量分数为 f_2,且 $f_1 + f_2 = 2$,则前半部分椭球热源分布 Q_f 为:

$$Q_f = \frac{6\sqrt{3}\, f_1 Q}{\pi^{3/2} a_f b c} \exp\left\{ -3 \left[\left(\frac{x}{a_f}\right)^2 + \left(\frac{y}{b}\right)^2 + \left(\frac{z}{c}\right)^2 \right] \right\} \tag{3-17}$$

后半部分椭球热源分布 Q_r 为:

$$Q_r = \frac{6\sqrt{3}\, f_2 Q}{\pi^{3/2} a_r b c} \exp\left\{ -3 \left[\left(\frac{x}{a_r}\right)^2 + \left(\frac{y}{b}\right)^2 + \left(\frac{z}{c}\right)^2 \right] \right\} \tag{3-18}$$

式中　f_1——前半部分椭球能量分数;

　　　f_2——后半部分椭球能量分数;

　　　Q——热输入功率,W;

　　　a_r, a_f, b, c——双椭球模型参数,mm。

式(3-17)及式(3-18)中各参数的含义见图 3-7(b)。

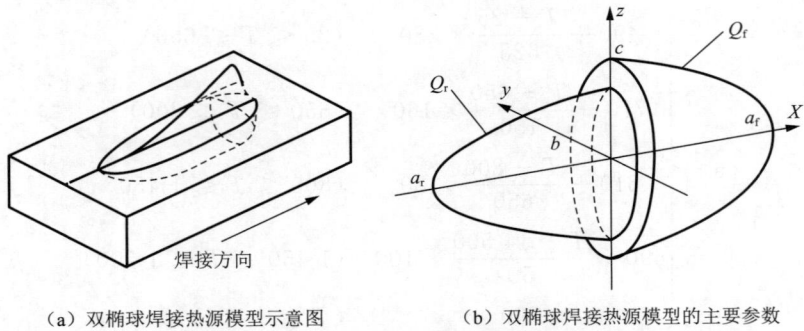

（a）双椭球焊接热源模型示意图　　（b）双椭球焊接热源模型的主要参数

图 3-7　双椭球焊接热源模型示意图及其参数

Rosonthal 的解析模式比较简单,但由于其假设太多,难以提供焊接热影响区的精确计算结果,而且无法考虑电弧力对熔池的冲击作用。应用高斯分布的表面热源分布函数计算,可以引入材料性能的非线性,可进一步提高高温区模拟的准确性,但未考虑电弧挺度对熔池的影响。从球状、椭球到双椭球热源模型,每一种方案都比前一种更准确,但也伴随着计算量的增加。文献[109]指出,应用双椭球热源分布函数的有限元计算结果与实际更接近。

为了得到比较准确的结果,本书采用双椭球热源模型。在数值模拟中,和实际焊接实验相对应也选用了四种焊接电流以对应四种不同的焊接热输入,四种焊接工艺参数见表 2-4。根据不同电流下焊接接头的熔深和熔宽初步确定双椭球热源模型的各参数,然后采用 SYSWELD 的热源拟合工具进行校核,直至模拟出的熔池形状和实际接头相符为止。

3.3　在役焊接热源模型的调整

双椭球热源模型中的形状参数对其内部热流分布有很大影响,而在实际使用过程中,并没有针对相关情况做出严格的规定,这为精确描述焊接过程带来了不便,有必要针对此进行探讨和研究。

根据在役焊接数值计算的自身特点,通过热源参数的选取对在役焊接熔池形状进行相关研究。建立在役焊接双椭球热源参数变化与熔深熔宽之间关系的方程,力求找到一个合适的方法以提高在役焊接热源参数的调整效率,为预测在役焊接修复过程中的熔池尺寸参数提供热源校正条件的选取依据,并为后续的"熔池尺寸效应"的研究工作提供相关熔池尺寸计算依据。

3.3.1　物理模型的建立

1）热源模型参数的确定

对于熔化极气体保护焊来说,焊接热源的热流分布在焊件表面以及焊件厚度上表现出体积分布的特点[110]。通常对这种热源模型使用半椭球分布热源、双椭球热源分布以及其他体积热源模型来进行描述,其中最常用的双椭球热源模型是指使用两个前后不同的椭球对电弧前后的热流分布进行描述,如图 3-8 所示。

双椭球热源模型的参数包括 a_r，a_f，b_h，c，它们对热源的尺寸参数进行表征。其中，a_r 表示后半椭球部分的长度参数；a_f 表示前半椭球部分长度参数；b_h 表示椭球的半宽，可使用焊接熔池宽度的一半进行代替；c 表示熔深。

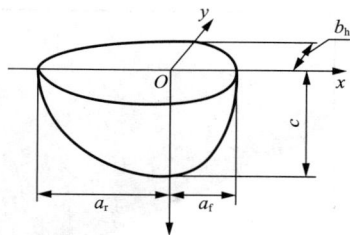

图 3-8　双椭球热源模型形状参数

热源中心设定为坐标原点，建立热源分布的坐标系。选用 q 表示热流的体积分布，表示为 $q(x，y，z)$，使用 q_r 及 q_f 表示前后半椭球的热流体积分布。

对于前后半椭球的热流关于时间 t 的分布分别进行表示：

$$q_f(x，y，z，t) = \frac{f_f \eta UI 6\sqrt{3}}{\pi\sqrt{\pi}\, a_f bc} \cdot \exp\left[-3\left(\frac{x-vt}{a_f}\right)^2 - 3\left(\frac{y}{b}\right)^2 - 3\left(\frac{z}{c}\right)^2\right] \quad (3\text{-}19)$$

$$q_r(x，y，z，t) = \frac{f_r \eta UI 6\sqrt{3}}{\pi\sqrt{\pi}\, a_r bc} \cdot \exp\left[-3\left(\frac{x-vt}{a_r}\right)^2 - 3\left(\frac{y}{b}\right)^2 - 3\left(\frac{z}{c}\right)^2\right] \quad (3\text{-}20)$$

$$f_f + f_r = 2$$

式中　η——热源效率；

U——焊接电压，V；

I——焊接电流，A；

v——焊接速度，mm/s；

t——焊接时间，s。

2）几何模型和网格划分

采用薄板堆焊有限元模型作为数值计算的模型，并采用在役焊接平板腔室试验装置来进行相关模拟计算结果的试验验证，物理模型及其尺寸如图 3-9 所示。

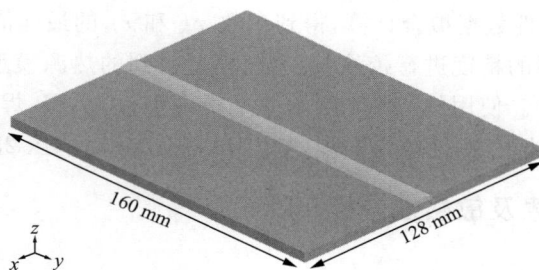

图 3-9　薄板模型

在役焊接修复时，热源随着焊枪不断向前移动，形成了不断变化的温度场，管道材料的物理性能等也随着温度场的变化而不断变化，属于非线性的瞬态热传导问题。对此温度场进行精确求解，需要对物理模型进行较为合理的网格划分以及解决各相相变潜热等问题[111]，模型及网格划分的结果如图 3-10 所示。

堆焊的平板形状对称，将模型简化，取其物理模型的一半进行网格划分。焊道及高温区温度梯度变化大，而远离焊接工作区域的温度梯度变化范围小。所以将焊道附近及高温区的网格细化，而远离焊接工作区域的部分选取稀疏网格，可以提高计算精度和计算效率。

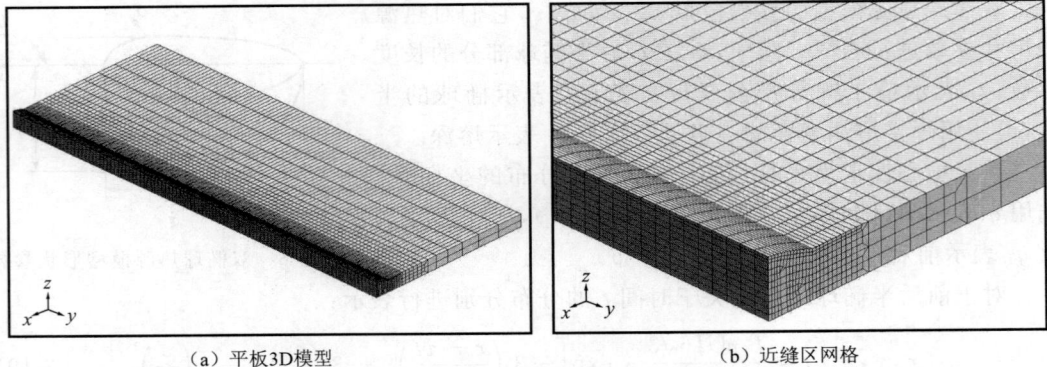

(a) 平板3D模型　　　　　　　　　　　(b) 近缝区网格

图 3-10　平板 3D 模型及近缝区网格

3）敏感性分析模型

焊接参数的敏感性分析指的是改变某一或者某些参数,考察这些参数的改变对最终焊接行为的影响规律。

使用相关的数学模型方程对焊接参数的敏感性进行分析[112],输入双椭球参数 a_f,a_r,b,c 以及焊接速度 v,最终输出参数为熔宽 w 和熔深 p,求得焊接参数的回归方程:

$$\begin{cases} w(a_f,a_r,b,c,v)=x_{1w}a_f^{x_{2w}}a_r^{x_{3w}}b^{x_{4w}}c^{x_{5w}}v^{x_{6w}} \\ p(a_f,a_r,b,c,v)=x_{1p}a_f^{x_{2p}}a_r^{x_{3p}}b^{x_{4p}}c^{x_{5p}}v^{x_{6p}} \end{cases} \tag{3-21}$$

式中　x_{iw},x_{ip}($i=1,2,\cdots,6$)——待定系数。

对式(3-21)求自然对数:

$$\begin{cases} \ln w=\ln x_{1w}+x_{2w}\ln a_f+x_{3w}\ln a_r+x_{4w}\ln b+x_{5w}\ln c+x_{6w}\ln v \\ \ln p=\ln x_{1p}+x_{2p}\ln a_f+x_{3p}\ln a_r+x_{4p}\ln b+x_{5p}\ln c+x_{6p}\ln v \end{cases} \tag{3-22}$$

对式(3-22)进行线性数据拟合计算,得到参数 x_{iw} 和 x_{ip} 的最佳值。

对双椭球热源模型的精度进行校核,运用此模型得到的热源模型进行计算,工况与在役焊接的实际工况一致。使用如图 3-9 所示的平板模型;用 ABB 焊接机器人试验装置进行焊接操作,焊接方法为 CO_2 气体保护焊,电流 110～130 A,电压 25～30 V,水冷。

3.3.2　计算结果及敏感性分析

1）标准工况试算

先计算得到某种特定焊接工艺在一定条件下的热源参数,为双椭球热源参数的敏感性计算提供先决条件。

试验采用电流 $I=110$ A,电压 $U=25$ V 作为标准工况进行比对。模拟计算后,得到热源参数、熔池深度及宽度等数据,如表 3-5 和表 3-6。

表 3-5　热源参数

前轴 a_f/mm	后轴 a_r/mm	熔池宽度 b/mm	熔池深度 c/mm
3	4	10	1.6

表 3-6　熔宽、熔深的模拟与试验值对比

试验熔宽 w_e/mm	计算熔宽 w_c/mm	熔宽误差 e_w/%	试验熔深 p_e/mm	计算熔深 p_c/mm	熔深误差 e_p/%
10	10.04	0.4	1.6	1.581 4	0.372

从表 3-6 可知,计算值与试验值吻合度良好,选用的热源参数可作为敏感性测试的标准参考值。

而图 3-11(a)为焊接试验接头的横截面,图 3-11(b)为模拟计算得到的接头形貌。模拟接头得到的熔池指温度大于或等于 1 500 ℃的区域,HAZ 指处于 850~1 500 ℃之间的连续区域。

从图 3-11 中可见,计算得到的接头形貌与试验得到的接头形貌基本一致,表明热源模型基本正确。

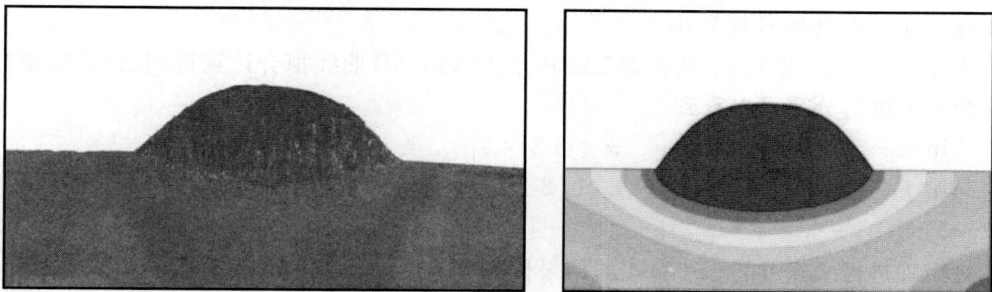

（a）实际焊接接头横截面　　　　（b）模拟焊接接头横截面

图 3-11　实际焊接接头和焊接模拟接头图

2）双椭球参数的敏感性

对在役焊接的热源参数 a_f, a_r, b, c 以及焊速 v 分别进行 0.8~1.3 倍的变化,并进行模拟计算,获得对应的熔深熔宽模拟计算结果,然后将相关计算结果代入式(3-22),使用 MATLAB 进行回归分析得到敏感性参数,回代至式(3-21),得到:

$$\left. \begin{array}{l} w = \dfrac{2.35 v^{1.823\,1}}{a_f^{0.949\,9} b^{0.451\,3} c^{0.423\,1}} \\[3mm] p = \dfrac{1.53 v^{14.014}}{a_f^{4.83} b^{4.327} c^{4.862}} \end{array} \right\} \tag{3-23}$$

从式(3-23)中分析,a_r 的变化对熔池深度和宽度无影响;熔宽的回归结果与计算结果如表 3-7 所示,最大误差为 9.88%,两者较为相符,公式的准确度随着熔宽的增大而提高,说明本公式在计算小熔宽的熔池数据时存在改进的余地。

表 3-7　熔宽结果对比

计算熔宽/mm	8.40	9.37	10.02	10.72	12.0
回归熔宽/mm	7.57	10.11	10.538	10.54	12.18
误差/%	9.88	7.90	5.17	1.68	1.5

从表 3-8 中的数据对比可知,两者误差小于 5%,式(3-23)对于熔池深度的计算相对准确。

表 3-8 熔深结果对比

计算熔深/mm	0.821	1.406	1.581 4	2.413 4	3.211
回归熔深/mm	0.796	1.389	1.61	2.361	3.36
误差/%	3.1	1.2	1.8	2.2	4.6

3.3.3 双椭球热源参数的预测

1) 预测热源参数的数学模型

熔宽 w、熔深 p 以及焊接速度 v 等参数由焊接试验得出,而参数 a_f, a_r, b, c 需要根据实际情况的不同进行设定。

结合焊接试验与模拟计算结果,将 $a_f = b, a_r = 3b$ 进行简化,并将之代入式(3-21),通过计算的结果对比分析可知,对熔池宽度及熔池深度影响较大的因素为 b, c 及 v,而 a_f 与 a_r 对熔池形状的影响程度较小。

式(3-22)中 x_{iw} 以及 x_{ip} 的系数已经通过 MATLAB 曲线拟合计算得到,将已知参数以及未知参数进行分离可以得到:

$$\begin{bmatrix} \ln w - x_{6w}\ln v - \ln x_{1w} - x_{3w}\ln 3 \\ \ln p - x_{6p}\ln v - \ln x_{1p} - x_{3w}\ln 3 \end{bmatrix} = \begin{bmatrix} x_{2w} + x_{3w} + x_{4w}\,x_{5w} \\ x_{2p} + x_{3p} + x_{4p}\,x_{5p} \end{bmatrix} (\ln b, \quad \ln c)$$

(3-24)

对矩阵进行求逆并将(3-23)式的结果代入(3-24)式求解得到:

$$\begin{bmatrix} \ln b \\ \ln c \end{bmatrix} = \begin{bmatrix} 0.043\ 9 & 0.287\ 1 \\ 0.132\ 6 & 0.152\ 4 \end{bmatrix} \begin{bmatrix} \ln w + 0.423\ln v \\ \ln p + 4.862\ln v \end{bmatrix}$$

(3-25)

通过对式(3-25)计算,可以得到特定熔宽、熔深以及焊接速度下对应的热源参数。

2) 数值模拟结果的验证

用表 3-9 中的试验参数可以对式(3-25)的正确性进行验证,将表中数据代入式(3-24),计算后得到热源预测参数,计算结果如表 3-10 所示。SYSWELD 计算获得的熔池形貌结果以及对比分析结果如表 3-11 所示。

表 3-9 试验参数

	熔池宽度 w/mm	熔池深度 p/mm	焊接速度 v/(mm·s^{-1})
1	9.0	1.0	4
2	10.0	1.4	3.6
3	12.0	1.8	3

表 3-10 热源预测参数

	前轴 a_f/mm	后轴 a_r/mm	宽度 b/mm	深度 c/mm
1	7.825	23.475	7.825	4.04
2	7.460	22.380	7.460	3.965
3	6.245	18.735	6.245	3.65

表 3-11 计算值与试验值对比

	试验熔宽 w_e/mm	计算熔宽 w_c/mm	熔宽误差 e_w/%	试验熔深 p_e/mm	计算熔深 p_c/mm	熔深误差 e_p/%
1	9.0	9.13	1.4	1.0	1.056	5.6
2	10	9.455	5.45	1.4	1.364	2.6
3	12.0	11.52	4.0	1.8	1.72	9.6

从表 3-11 的验证结果可知,式(3-24)对于热源参数的预测误差在 10% 以内,预测较为准确,可应用于焊接模拟相关热源参数的获取,从而为焊接模拟软件计算的可靠结果提供有利条件。

3.4 气管线在役焊接热循环的数值模拟

对于气管线来说,气体压力、流速,管道结构(管道壁厚、管道内径)以及焊接热输入都会对在役焊接热循环产生影响。众所周知,热影响区的 $800\sim500$ ℃ 的冷却时间 $t_{8/5}$ 和 $800\sim300$ ℃ 的冷却时间 $t_{8/3}$ 是热循环的重要参数,同时 $800\sim100$ ℃ 的冷却时间 $t_{8/1}$ 也是影响氢致裂纹的重要因素。对于在役焊接,焊接接头内壁的峰值温度也是影响在役焊接安全性的重要参数[40],如果内壁峰值温度较高,则整个接头区处于高温塑性状态的区域增大,接头的承压能力降低。因此,本节主要通过数值模拟来探讨气体流速、压力、管道壁厚、内径和焊接热输入变化时 $t_{8/5}$, $t_{8/3}$ 和 $t_{8/1}$ 等热循环参数以及管道内壁峰值温度的变化规律。文中除特殊说明外,管道结构条件为管道外径 508 mm、壁厚 8 mm,焊接工艺参数为表 2-4 中的 B 组,气体流速为 5 m/s,气体压力为 6 MPa。

3.4.1 气管线在役焊接与常规焊接温度场对比

为了揭示气管线在役焊接热循环与常规焊接热循环的差异,采用相同管道结构条件和焊接工艺参数分别计算了常规焊接(环境温度 25 ℃)温度场和在役焊接(环境温度和气体温度均为 25 ℃,流速 12 m/s,压力 6 MPa)温度场。在模型中选取一横截面,当焊接热源经过该横截面 2 s 后,两者焊接接头温度分布图如图 3-12 所示。从图中可以看出该时刻二者温度分布有所不同,在役焊接管道内壁的高温区域有所减小。

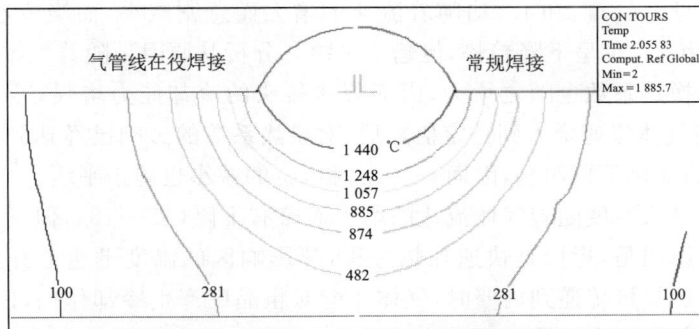

图 3-12 气管线在役焊接和常规焊接的温度分布图

在役焊接粗晶区(节点 710,图 3-5b,下同)和管道内壁(节点 1 578)的热循环曲线与常规焊接的对比如图 3-13 所示,粗晶区热循环曲线对应的热循环参数见表 3-12。从图 3-13(a)及表 3-12 可知,气体管线在役焊接粗晶区的峰值温度和相同情况下常规焊接基本没有差别,但 $t_{8/5}$,$t_{8/3}$ 和 $t_{8/1}$ 均有不同程度的减小,减小的幅度以 $t_{8/1}$ 为最大,只有常规焊接的 18%。管道内壁(节点 1 578)所经受的热循环也有较大差别,常规焊接时峰值温度为 703 ℃,而在役焊接时为 621 ℃,在役焊接时管道内壁的温度很快降低到室温。

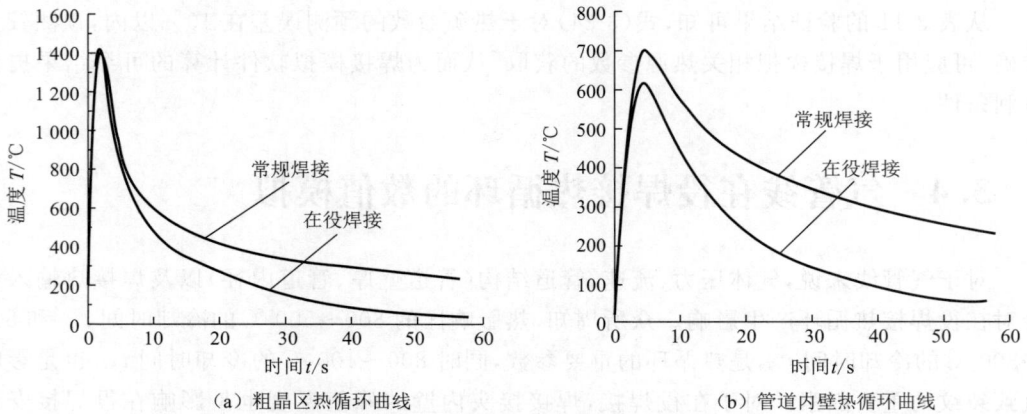

(a) 粗晶区热循环曲线   (b) 管道内壁热循环曲线

图 3-13   气管线在役焊接与常规焊接热循环曲线对比

表 3-12   气管线在役焊接粗晶区热循环参数与常规焊接对比

热循环参数	峰值温度 T_P/℃	$t_{8/5}$/s	$t_{8/3}$/s	$t_{8/1}$/s
常规焊接	1 419.9	6.94	26.22	202.7
在役焊接	1 418.8	4.6	12.08	36.6

3.4.2   气体介质对热循环的影响

1) 气体流速对热循环的影响

对于管内强迫对流换热,流体的流速对换热系数有很大影响,流速的变化势必会引起焊接热循环的变化。当气体流速从 2~20 m/s 变化时,焊接粗晶区热循环参数的变化趋势如图 3-14 所示。由图 3-14 可知,$t_{8/5}$,$t_{8/3}$ 和 $t_{8/1}$ 随流速增大而减小,在中低流速(小于 10 m/s)时,冷却时间 $t_{8/5}$,$t_{8/3}$ 和 $t_{8/1}$ 均随着流速的增大而急剧减小,而当流速较大(大于 10 m/s)时 $t_{8/5}$,$t_{8/3}$ 和 $t_{8/1}$ 也呈下降趋势,但趋于平缓。分析其原因是随着气体流速的增大,气体和内壁之间的换热系数也随之增大,因而焊接接头的冷却能力增强,冷却时间 $t_{8/5}$,$t_{8/3}$ 和 $t_{8/1}$ 减小;但当气体流速增大到一定值之后,对换热系数的影响已经达到极限,继续增大流速,换热系数的变化不再明显,因而 $t_{8/5}$,$t_{8/3}$ 和 $t_{8/1}$ 的减小也趋于平缓。

虽然粗晶区峰值温度随着气体流速的增大而略有下降(表 3-13),但下降幅度甚微,可认为无变化。其原因是,焊接是快速加热过程,热影响区的温度迅速上升到最大值,只有经过一定的时间后热量传递到内壁时,气体才能对粗晶区产生冷却作用,因此当粗晶区的温度上升时流动气体还未能及时对其造成影响。

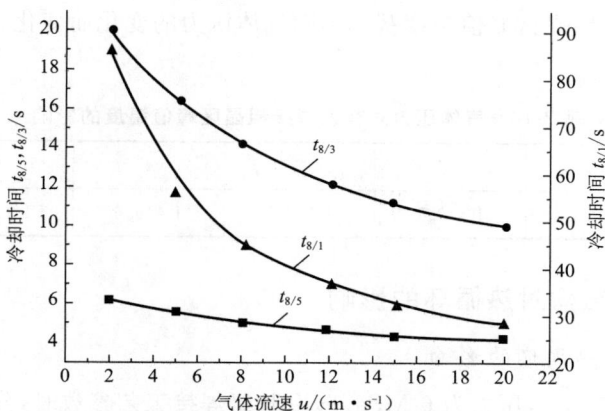

图 3-14 气体流速对粗晶区冷却时间的影响

表 3-13 气体流速对在役焊接粗晶区峰值温度的影响

气体流速 $u/(\mathrm{m \cdot s^{-1}})$	2	5	8	12	15	20
峰值温度 $T_P/℃$	1 419.6	1 419.3	1 419.1	1 418.8	1 418	1 417.8

2) 气体压力对热循环的影响

气体热物性和压力密切相关,当气体的运行压力发生变化时,气体热物性也随之发生变化,进而导致换热系数的改变和焊接热循环的变化。当气体压力从 0.1～8 MPa 之间变化时,粗晶区热循环参数随压力的变化趋势如图 3-15 所示。从图中可以看出,$t_{8/5}$,$t_{8/3}$ 和 $t_{8/1}$ 随着压力的增大而减小。由于各种压力下 $t_{8/5}$ 均较小,没有发生急剧变化,因而 $t_{8/5}$ 随压力的增加基本呈线性变化。$t_{8/3}$ 和 $t_{8/1}$ 在压力大于 4 MPa 时,随着压力的增大而急剧减小,特别是 $t_{8/3}$,当压力从 4 MPa 增加到 6 MPa 时,其值下降幅度很大,呈陡降趋势;在压力小于 4 MPa 时,$t_{8/3}$ 和 $t_{8/1}$ 随压力增大而平稳下降。分析认为:当气体压力较小时,压力对气体的热物性影响不是很明显;当气体压力增大到一定程度时气体的黏度很大,接近液体状态,因而冷却能力也大大增强,超过该压力之后由于气体已呈现出同液体相似的某些性质,压力对其的影响减弱。这就是压力从 4 MPa 增加到 6 MPa 时,$t_{8/3}$ 和 $t_{8/1}$ 呈陡降趋势的原因。

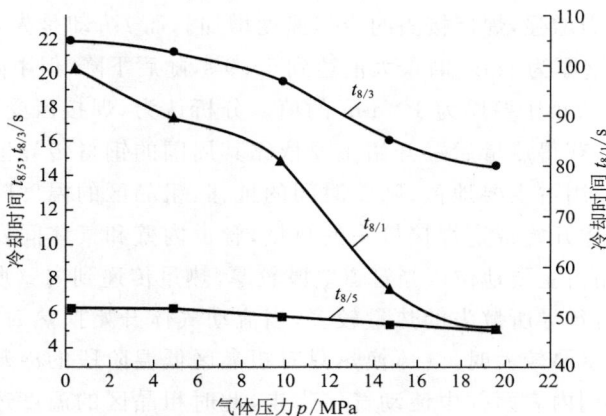

图 3-15 气体压力对粗晶区冷却时间的影响

由表 3-14 可知,粗晶区峰值温度基本不随气体压力的变化而变化,与流速对峰值温度的影响规律相同。

表 3-14   气体压力对在役焊接粗晶区峰值温度的影响

气体压力 p/MPa	0.1	2	4	6	8
峰值温度 T_P/℃	1 419.7	1 419.7	1 419.6	1 419.3	1 419.1

3.4.3   管道结构对热循环的影响

1) 管道壁厚对热循环的影响

当气体流速为 5 m/s,压力为 6 MPa,选用 B 组焊接工艺参数时,分别建立壁厚 5~12 mm 的管道模型(内径均为 492 mm),热循环参数 $t_{8/5}$,$t_{8/3}$ 和 $t_{8/1}$ 随管道壁厚的变化如图 3-16 所示。

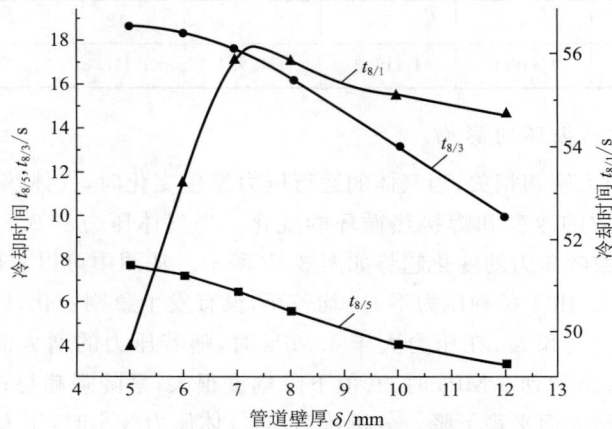

图 3-16   管道壁厚对粗晶区冷却时间的影响

由图 3-16 可以看出,随着壁厚从 5 mm 增加到 12 mm,粗晶区的 $t_{8/5}$,$t_{8/3}$ 都逐渐减小:$t_{8/5}$ 从 7.7 s 减小到 3.1 s,$t_{8/3}$ 从 18.7 s 减小到 10 s。这与常规焊接的规律相同,即管道壁厚增加时,其散热能力增强,焊接接头的冷却速度增加。而 $t_{8/1}$ 却是先增大后减小,壁厚 5 mm 时为 49.7 s,在壁厚为 7mm 时最大值达到 55.9 s,随后下降,但下降趋势不是很明显。壁厚为 5 mm 时的 $t_{8/1}$ 小于壁厚为 12 mm 的值。分析认为,焊接区受到焊接热源的作用后,对于粗晶区来说,获得热量后一开始主要依靠其周围的钢材传导散热,此时管道壁厚对焊接接头的冷却作用占主要地位;随着时间的推移,粗晶区的温度降低,热量也传递到了管道内壁,流动气体开始带走焊接接头的热量,管道内壁和气体间发生的对流换热,对整个接头的冷却作用占主要地位。当管道壁厚较厚,热量传递到内壁所需时间较长,这个过程中由于管道钢材传导所散失的热量较多,当流动气体开始换热时粗晶区的温度已经降低了。换言之,当壁厚较大时,气体换热只对粗晶区低温阶段的冷却影响较大;壁厚较小时,热量很快传递到内表面并由流动气体带走,此时粗晶区的温度还较高,也就是在粗晶区温度较高时气体就开始对其换热产生影响。

因而,对于粗晶区的冷却过程从时间上可分为两阶段:第一阶段,冷却速度主要取决于管道壁厚;在第二阶段,冷却速度主要受气体流动的影响。冷却时间 $t_{8/5}$,$t_{8/3}$ 和 $t_{8/1}$ 最终取决于两阶段冷却作用的综合结果。显然,对于 $t_{8/5}$ 和 $t_{8/3}$ 第一阶段的冷却起主要作用,而对于 $t_{8/1}$ 第二阶段的冷却占主要地位,所以 $t_{8/1}$ 的变化规律不同于 $t_{8/5}$ 和 $t_{8/3}$。

管道内壁峰值温度随管道壁厚的变化如图3-17所示。从图中可以看出,随着壁厚的增加,管道内壁峰值温度降低。内壁峰值温度从壁厚为 5 mm 的 1 415 ℃ 下降到了壁厚 12 mm 的 356 ℃。在相同情况下,壁厚越厚,内壁从焊接

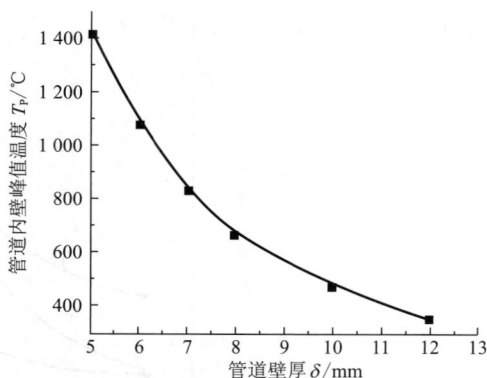

图 3-17　管道壁厚对内壁峰值温度的影响

区获得热量所需的时间越长,期间散失的热量越多,内壁获得的热量减少,峰值温度降低。

2)管道直径对热循环影响

固定管道壁厚(8 mm)、气体流速(5 m/s)、压力(6 MPa)和焊接参数(B组参数),建立不同管道外径(1 016 mm,508 mm,273 mm)的模型来考察热循环参数随管道直径的变化,粗晶区热循环参数及管道内壁值温度如表3-15所示。

表 3-15　管道直径不同时在役焊接粗晶区热循环参数及内壁峰值温度

管道外径 D/mm	粗晶区峰值温度 T_P/℃	$t_{8/5}$/s	$t_{8/3}$/s	$t_{8/1}$/s	内壁峰值温度 T_P/℃
1 016	1 419.4	5.6	16.9	60.4	667.6
508	1 419.3	5.6	16.2	55.7	661.8
273	1 419.2	5.4	15.4	51.5	655.9

从表3-15可以看出,当管径在273~1 016 mm之间时,管径的变化对 $t_{8/5}$ 和 $t_{8/3}$ 基本没有影响,对 $t_{8/1}$ 和内壁峰值温度的影响也很小。分析其原因是,当管径大于273 mm时,管径的变化已经不影响焊接接头的散热。

工程上输气管线的直径一般处于273~1 016 mm之间,因而对于气管线的在役焊接,可忽略管径对焊接热循环的影响。

3.4.4　热输入对热循环的影响

建立壁厚为10 mm、管道外径为660 mm的在役焊接模型,当气体流速为8 m/s、压力为6 MPa时计算A,B,C,D四组不同焊接热输入(见表2-4)的热循环参数。

粗晶区热循环参数随热输入的变化如图3-18所示。从图中可以看出热输入对 $t_{8/5}$,$t_{8/3}$ 及 $t_{8/1}$ 和内表面峰值温度的影响较大,随着热输入的增加,$t_{8/5}$,$t_{8/3}$,$t_{8/1}$ 和内表面峰值温度均增大。当热输入为6 kJ/cm时 $t_{8/5}$ 仅为2.1 s,由焊接冶金学可知这样快的冷却速度必然会导致粗晶区生成大量的不平衡组织;$t_{8/1}$ 也很小,仅为35.6 s,如此快的冷却速度不利于氢的扩散逸出,必然导致焊接接头存在较多的残余扩散氢。大量的不平衡组织、较多的残余扩散氢再加上焊接接头存在的残余应力,必然导致在役焊接接头的氢致裂纹敏感性较大。因而,热输入的增大可以减缓焊接接头的冷却速度,改善接头的组织和扩散氢的

分布可降低氢致裂纹敏感性。

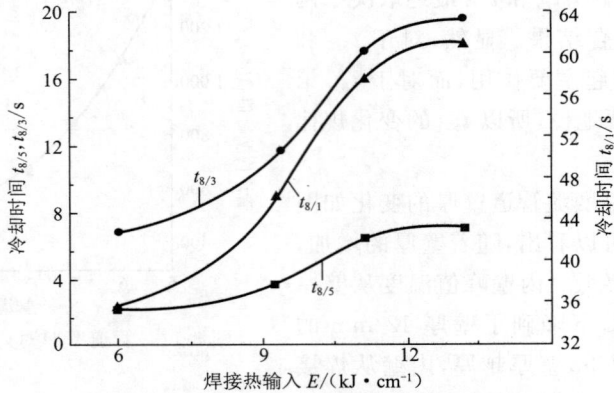

图 3-18   焊接热输入对粗晶区冷却时间的影响

管道内壁峰值温度随热输入的变化如图 3-19 所示。从图中可以看出,随着热输入的增加,管道内壁的峰值温度也迅速升高,即提高了整个焊接接头的温度,大大降低了管道原有的承载能力,在内部气体压力的作用下,容易因不能承受内压的作用而失效,沿管径方向向外变形而发生烧穿。因此,选择焊接热输入时不仅要考虑其对焊接热循环的作用,还需要考虑对烧穿的影响。

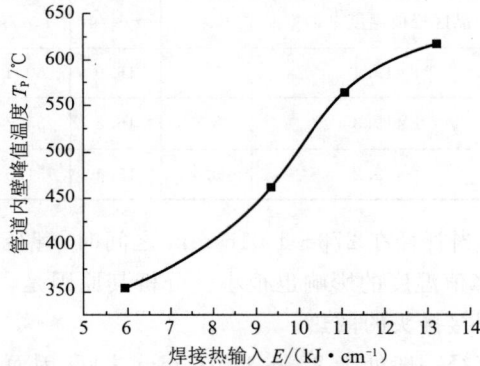

图 3-19   焊接热输入对内壁峰值温度的影响

3.5   液体管线在役焊接热循环的数值模拟

当管道内运行介质为油品、水或乙醇等液态物质时,由于液体的冷却能力要大于气体介质,因而对在役焊接热循环的影响更加剧烈。水的冷却能力要大于原油、成品油等液体物质,而且液体介质的压力对其热物性基本没有影响,故以水为介质主要研究流速和管道结构参数对液体介质在役焊接热循环的影响。

3.5.1   水的流速对热循环的影响

当水的流速从 0.1~2 m/s 变化时,选择表 2-4 中 B 组焊接工艺参数计算管道结构相同(外径 508 mm、壁厚 8 mm)时焊接粗晶区的热循环参数,其变化趋势如图 3-20 所示。

由图 3-20 可知，$t_{8/5}$ 随流速的增大而减小，但由于整体的 $t_{8/5}$ 都比较小，因而减小的幅度不大。$t_{8/3}$ 和 $t_{8/1}$ 也随流速的增大而减小，在流速小于 0.8 m/s 时，减小的幅度较大，呈陡降趋势。而当流速比较大时（大于 0.8 m/s），由于 $t_{8/3}$ 和 $t_{8/1}$ 比较小，流速对其造成影响的敏感程度降低，$t_{8/3}$ 和 $t_{8/1}$ 随流速增大而减小的趋势趋于平缓。造成这种现象的原因和气体介质是相同的。

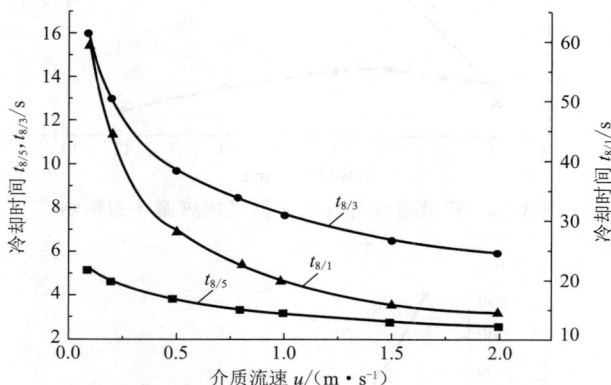

图 3-20　介质流速对粗晶区冷却时间的影响

内壁峰值温度随着水流速度的增大而急剧下降，如图 3-21 所示。这是由于内壁和流动的水介质直接接触，不需要通过任何其他的传热介质，因而峰值温度对水的敏感性很强。由此也可看出流动水对焊接接头的快速冷却作用相当明显。

3.5.2　管道结构对水介质热循环的影响

1) 管道壁厚对水介质热循环的影响

当水的流速为 1 m/s，选择表 2-4 中 B 组工艺参数时，分别建立壁厚 5~12 mm 的管道模型（内

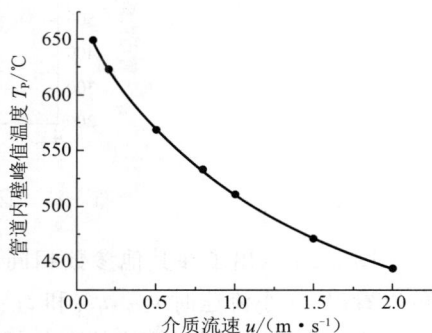

图 3-21　介质流速对内壁峰值温度的影响

径均为 492 mm），计算不同壁厚时粗晶区的热循环参数。热循环参数 $t_{8/5}$，$t_{8/3}$ 和 $t_{8/1}$ 随管道壁厚的变化如图 3-22 所示。从图中可以看出，$t_{8/5}$ 和 $t_{8/3}$ 均随着板厚的增加而先增大后减小，在壁厚为 8 mm 时达到最大值。由于各种壁厚的 $t_{8/5}$ 均很小（8 mm 时 $t_{8/5}$ 最大，12 mm 时最小，两者仅相差 1 s 左右），因而从整体上看 $t_{8/5}$ 变化幅度不大。$t_{8/1}$ 的变化规律有所不同，随着壁厚的增加而逐渐增大。

焊接区管道内壁峰值温度随壁厚的增大而急剧降低，如图 3-23 所示。其原因是水的流速相同时，壁厚越大，焊接电弧传递到内表面的能量越少，温升越小。

以上是介质流速为 1 m/s 时粗晶区热循环参数的变化规律。从图 3-20 可知流速对热循环的影响不是均匀变化的，在大流速和小流速时的冷却能力是不一致的。从理论上分析，粗晶区的冷却能力和流速、壁厚两者密切相关，且后两者是交互作用的。因而，当流速较小时壁厚的影响可能呈现不同的规律。

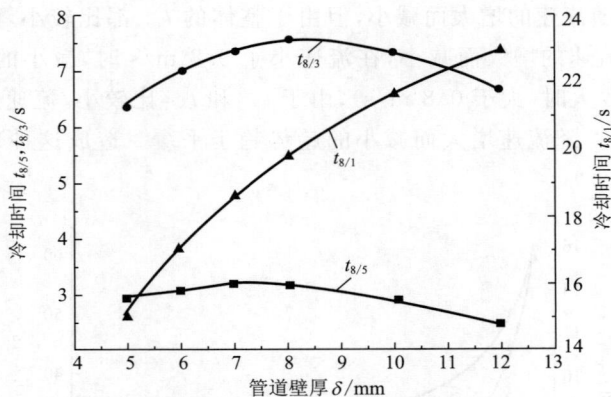

图 3-22　管道壁厚对液体在役焊接热循环的影响

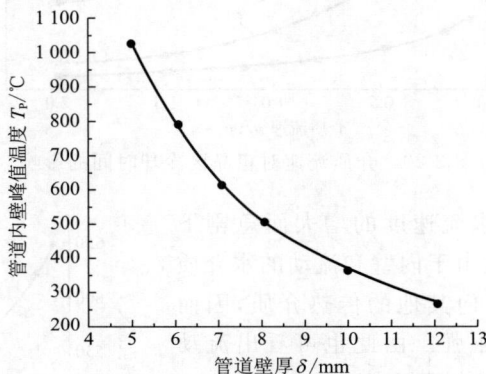

图 3-23　管道壁厚对内壁峰值温度的影响

图 3-24 示出了在其他参数相同、流速为 0.1 m/s 时热循环参数随壁厚的变化规律。可以看出,在小流速时 $t_{8/5}$,$t_{8/3}$ 和 $t_{8/1}$ 呈现出了与大流速时不同的变化规律,三者均随着壁厚的增加而减小,同气管线的变化规律(图 3-16)类似。这是由于粗晶区的冷却速度是由管道钢材自身的传导散热和水的对流散热共同作用决定的:在流速较小时,水的对流换热能力较弱,对于粗晶区的冷却作用处于次要地位,而钢材自身的散热处于主要地位,因而壁厚越大散热能力越强,$t_{8/5}$,$t_{8/3}$ 和 $t_{8/1}$ 越小。

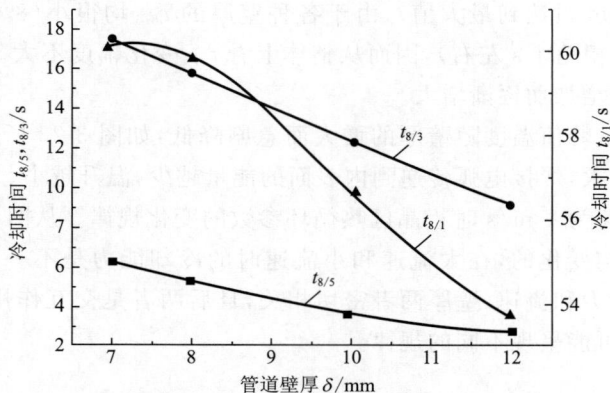

图 3-24　小流速管道壁厚对液体在役焊接热循环的影响

2）管道直径对水介质热循环的影响

当管道壁厚为 8 mm、水的流速为 1 m/s 时，建立不同管道外径的模型，选用 B 组焊接工艺参数来考察热循环参数随管道直径的变化而变化的规律，如图 3-25 所示。从图 3-25 可以看出，在所选用的六种管径中（1 016 mm，720 mm，508 mm，324 mm，159 mm 和 76 mm），当管径在 324～1 016 mm 之间时，管径的变化对 $t_{8/5}$ 和 $t_{8/3}$ 影响不大，对 $t_{8/1}$ 的影响较大。当管径较小（小于 324 mm）时，管径的变化对 $t_{8/5}$，$t_{8/3}$ 和 $t_{8/1}$ 的影响均较大一些，三者都随管径的增大而增大。

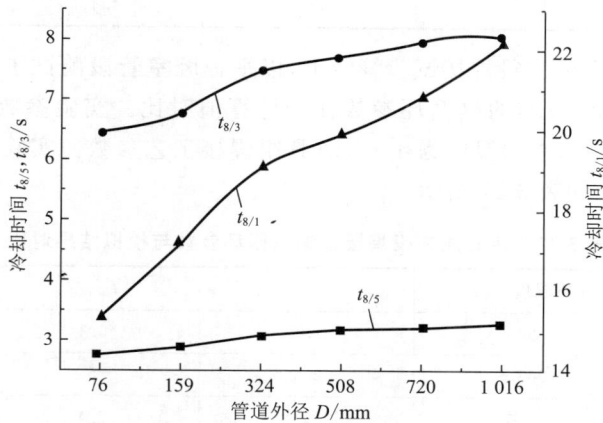

图 3-25　管道直径对粗晶区冷却时间的影响

3.5.3　在役焊接热循环数值模拟的实验验证

焊接数值模拟的精度和几何模型、热源、材料热物性、换热边界条件等诸多因素有关。为了验证在役焊接热循环数值模拟的精度，将计算结果与焊接试验实测的数据进行了对比。首先，通过磨制实际焊接接头的试样形状和数值模拟接头进行了对比，如图 3-26 所示，可以看出两者的形状符合得较好，说明热源模型和相关参数是比较合适的。

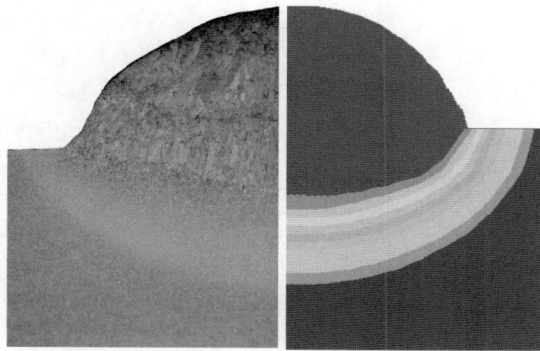

图 3-26　数值模拟接头和实际接头对比

分别在常规条件下和以水为介质的在役焊接条件下验证模型计算结果的准确性。首先实测了常规焊接时（板厚 8 mm，环境温度为 25 ℃，B 组焊接工艺参数）热影响区（节点

399)的热循环参数,并与模拟结果对比,如表 3-16 所示。由表中数据可以看出,该模型的模拟结果与实测数据符合得较好,各参数的相对误差均小于 8%,说明应用 SYSWELD 软件和本书中建立的模型来模拟焊接热循环具有较高的精度。

表 3-16　常规焊接实测热循环参数与模拟结果对比

热循环参数	峰值温度 $T_P/℃$	$t_{8/5}/s$	$t_{8/3}/s$	$t_{8/1}/s$
实测数据	812.4	6.3	23	160
模拟结果	847.4	6.7	24	148.1
相对误差	4.3%	6.4%	4.4%	7.4%

然后,在自行建立的在役焊接试验管线上,以平板腔室管段测试了板厚为 8 mm 的在役焊接热影响区(节点 479)的热循环参数并和计算值对比。实验参数:水的流速为 2.75 m/s,环境温度为 25 ℃,水的温度为 4 ℃,即 B 组焊接工艺参数。实验测试结果与相同条件下的模拟结果对比如表 3-17 所示。

表 3-17　水介质在役焊接实测热循环参数与模拟结果对比

热循环参数	峰值温度 $T_P/℃$	$t_{8/5}/s$	$t_{8/3}/s$	$t_{8/1}/s$
实测数据	968	2.5	5.4	10.3
模拟结果	963.3	2.4	5	10.9
相对误差/%	0.5	4	7.4	5.8

从表 3-17 可以看出,以水为流动介质,该模型的计算结果与在役焊接实测结果符合得较好,相对误差小于 8%,说明将该模型用于在役焊接温度场的数值模拟有较好的可信度,同时说明本书中建立的数值模型和换热系数是合适的。文献[79]指出,数值模拟结果和实测结果的误差在 12% 以内就能满足应用,可见本书中的计算精度要高于国外的结果,同时也证明了本书中修正后的换热系数更准确一些。

第4章　X70 管线钢在役焊接性

X70 管线钢是一种高强度、高韧性的微合金控轧钢,在世界范围内广泛应用于油气管道的制造。关于 X70 管线钢的焊接问题,国内外已进行了许多研究,对 X70 管线钢在常规焊接条件下应用各种方法(诸如焊条电弧焊、埋弧焊、气体保护焊等)焊接时热影响区的组织与性能都进行了探讨[113-115]。但对在役焊接这样的快速冷却条件下 X70 管线钢的在役焊接性问题有待于深入研究。

由于焊接热影响区各区的范围非常狭小,而且组织是连续变化的,这给比较两种不同焊接工艺时同一特定区域的组织和性能造成了困难。焊接热模拟的特点是利用热模拟试验机在试样上重现焊接热影响区的焊接热、应力及应变循环,使试样在较大尺寸范围内获得焊接热影响区某一特定温度区的显微组织,使得焊接热影响区各狭小的特定温度区域得以放大,提供了对各特定温度区域组织及性能研究的可能性。大量的试验研究证明,焊接热模拟试样与实际焊接热影响区的组织、性能有着良好的吻合[116]。

本章采用焊接热模拟技术深入研究了 X70 管线钢在役焊接热影响区的组织与性能,并和常规焊接进行了对比,探讨了组织与性能的差异及其产生的原因。

4.1　焊接热模拟试验

4.1.1　试验材料及方法

热模拟试验所用 X70 管线钢材料与第 2 章相同,板厚为 10.3 mm。先将 X70 板材加工成 6 mm 厚的试板,再加工成 6 mm×11 mm×120 mm 的热模拟试样,进行焊接热模拟试验。热模拟试样的取向为试样的长度方向,即垂直于钢板的轧制方向。

结合在役焊接热循环实测数据和数值模拟的结果,选取两组代表性的热循环参数作为热模拟参数,一组的 $t_{8/5}$ 为 13 s,代表常规焊接;另一组的 $t_{8/5}$ 为 5 s,代表在役焊接。对于单道焊,热循环峰值温度为 1 300 ℃,1 000 ℃,800 ℃ 和 600 ℃ 的区域分别代表热影响区的粗晶区、相变重结晶区、不完全重结晶区和时效脆化区。对于多道、多层焊,一次热循环形成的粗晶区在经历二次热循环时又可根据二次热循环的峰值温度将其分成不同的区域,如图 4-1 所示。用二次热循环峰值温度(以下简称峰温)600 ℃ 代表再热亚临界粗晶区,用二次热循环峰温 800 ℃代表再热临界粗晶区,用二次热循环峰温 1 000 ℃代表再热过临界粗晶区,用二次热循环峰温 1 200 ℃代表未变粗晶热影响区。

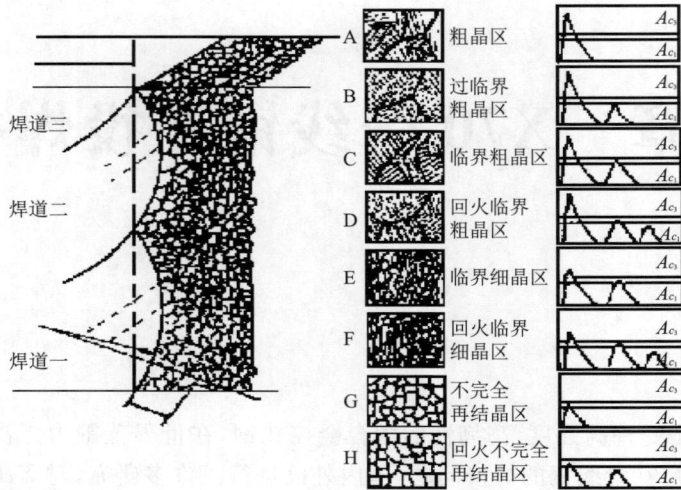

图 4-1　多层焊热影响区划分示意图[117]

　　一次热循环和二次热循环的热模拟参数分别见表 4-1 和 4-2。热模拟试样的加热速度均为 200 ℃/s,温度低于 100 ℃后自然冷却。同一试样的一次热循环和二次热循环冷却速度相同,即 $t_{8/5}$,$t_{5/3}$ 和 $t_{3/1}$ 相同。表中,T_{P1} 为一次热循环的峰温,T_{P2} 为二次热循环的峰温,$t_{5/3}$ 和 $t_{3/1}$ 分别表示从 500 ℃冷却到 300 ℃和从 300 ℃冷却到 100 ℃的时间,$t_{P1/8}$ 和 $t_{P2/8}$ 分别表示一次热循环从峰温冷却到 800 ℃的时间和二次热循环从峰温冷却到 800 ℃的时间。表 4-1 中试样 1-1,1-2,1-3,1-4 分别模拟在役焊接的粗晶区、相变重结晶区、不完全重结晶区和时效脆化区;试样 1-5,1-6,1-7,1-8 分别模拟常规焊接热影响区中所对应的各区。表 4-2 中试样 2-1,2-2,2-3,2-4 分别模拟在役焊接再热亚临界粗晶区、再热临界粗晶区、再热过临界粗晶区、未变粗晶热影响区;试样 2-5 模拟一次热循环峰温为 800 ℃的热影响区经受 1 300 ℃二次热循环作用后的区域;试样 2-6,2-7,2-8,2-9,2-10 分别对应常规焊接热影响区各区。

表 4-1　一次热循环焊接热模拟参数

热模拟规范编号	一次峰温 T_{P1}/℃	$t_{P1/8}$/s	$t_{8/5}$/s	$t_{5/3}$/s	$t_{3/1}$/s	金相试样编号
1-1	1 300	4	5	9	31	ZY-1300
1-2	1 000	3	5	9	31	ZY-1000
1-3	800	—	5	9	31	ZY-800
1-4	600	—	2	9	31	ZY-600
1-5	1 300	6	13	30	184	CG-1300
1-6	1 000	3	13	30	184	CG-1000
1-7	800	—	13	30	184	CG-800
1-8	600	—	4	30	184	CG-600

注:ZY 表示在役焊接;CG 表示常规焊接。如"ZY-1300"代表在役焊接经历峰温为 1 300 ℃的一次热循环。

表 4-2　二次热循环焊接热模拟参数

热模拟规范编号	一次峰温 T_{P1}/℃	二次峰温 T_{P2}/℃	$t_{P1/8}$ /s	$t_{P2/8}$ /s	$t_{8/5}(t_{P2/5})$ /s	$t_{5/3}$ /s	$t_{3/1}$ /s	金相试样编号
2-1	1 300	600	6	—	13(3)	30	184	CG-1300+600
2-2	1 300	800	6	—	13	30	184	CG-1300+800
2-3	1 300	1 000	6	3	13	30	184	CG-1300+1000
2-4	1 300	1 200	6	5	13	30	184	CG-1300+1200
2-5	800	1 300	—	6	13	30	184	CG-800+1300
2-6	1 300	600	4	—	5(2)		31	ZY-1300+600
2-7	1 300	800	4	—	5		31	ZY-1300+800
2-8	1 300	1 000	4	2	5	9	31	ZY-1300+1000
2-9	1 300	1 200	4	4	5	9	31	ZY-1300+1200
2-10	800	1 300		4	5	9	31	ZY-800+1300

注:"CG-1300+600"代表常规焊接一次峰温为 1 300 ℃的粗晶区经历峰温为 600 ℃的二次热循环,其他含义同。

　　完成焊接热模拟后,沿试样均温区中心(热模拟时热电偶的焊点处)的横截面将试样截开,磨制金相试样,按照国家标准 GB/T 13298—1991《金属显微组织检验方法》,采用 NIKON EPIPHOT 300U 型卧式金相显微镜配合 TCI 图像自动分析仪分析观察热模拟试样的金相组织,浸蚀剂为 4%硝酸酒精溶液。

　　观察完金相组织的试样经重新磨制、抛光,用加少量活性剂的饱和苦味酸水溶液进行浸蚀,显示试样的原始奥氏体晶界,拍摄金相照片并按标准 YB/T 5148—1993《金属平均晶粒度测定法》采用平均截距法测定晶粒尺寸。

　　为了研究在役焊接对热影响区 M-A 组元数量及形态的影响,对上述试样再次抛光,采用 Lepara 试剂浸蚀 20 s 左右,基体被染成黑色或灰色,M-A 组元呈现白色而被凸显出来[118],采用金相显微镜观察 M-A 组元的形态。

　　为了对比研究在役焊接条件下和常规焊接条件下焊接粗晶区、再热临界粗晶区的精细组织结构,采用线切割从热模拟试样均温区中心的横断面上截取 0.4 mm 的薄片,手工磨制成 0.1 mm 左右的金属薄膜,然后在 GL-6960 型离子减薄仪上进行离子减薄,制成透射电镜试样,采用 H-800 型透射电镜(TEM)观察其精细组织结构,加速电压为 150 kV。

4.1.2　在役焊接对热影响区晶粒度的影响

　　对于低合金高强钢,焊接接头原奥氏体晶粒尺寸大小是影响焊接热影响区性能的重要因素之一[119,120]。在役焊接和常规焊接的一次热循环热影响区各区原奥氏体晶粒大小的金相照片如图 4-2 所示,经历二次热循环后各区原奥氏体晶粒大小的金相照片如图 4-3 所示。

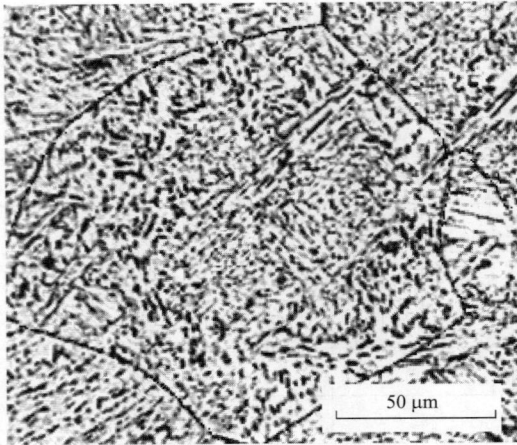

（a）ZY-1300

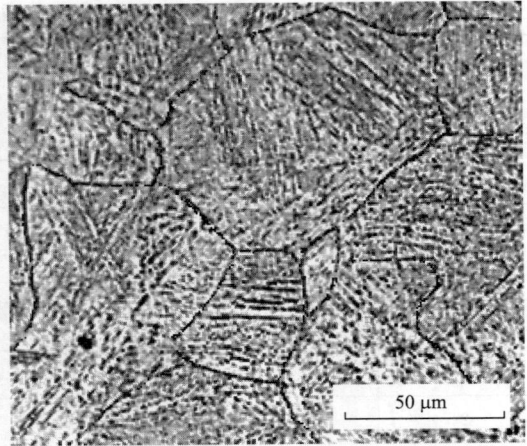

（b）CG-1300

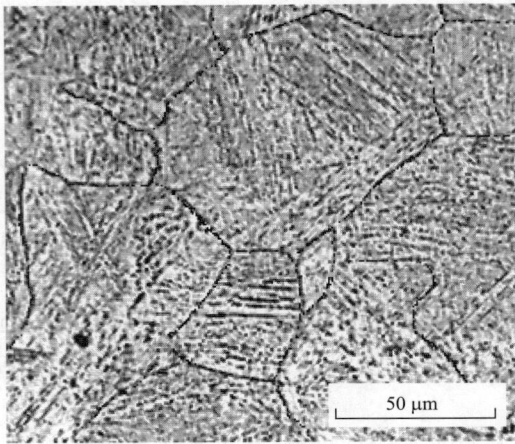

（c）ZY-1000

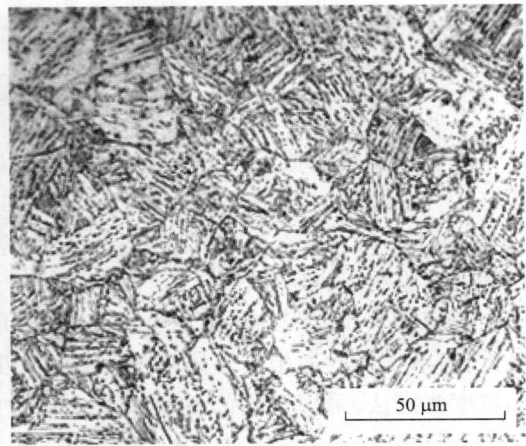

（d）CG-1000

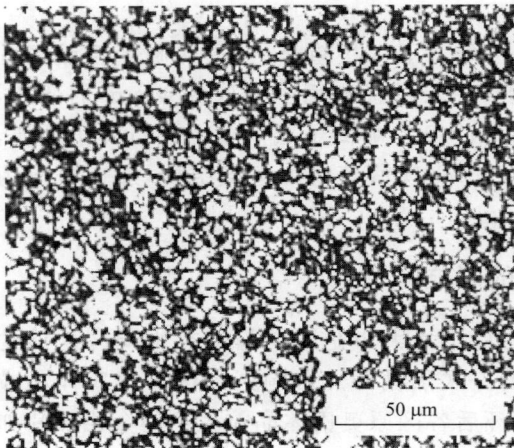

（e）ZY-800

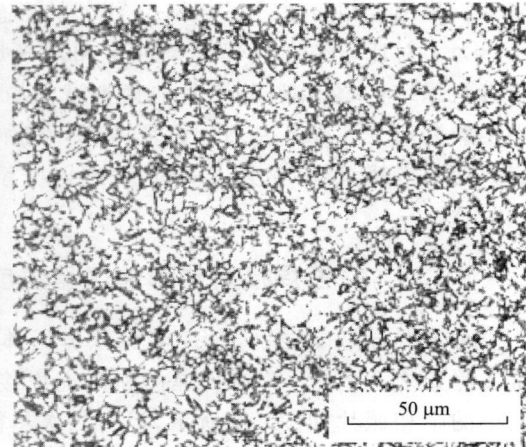

（f）CG-800

图 4-2   在役焊接和常规焊接一次热循环热影响区的晶粒大小对比

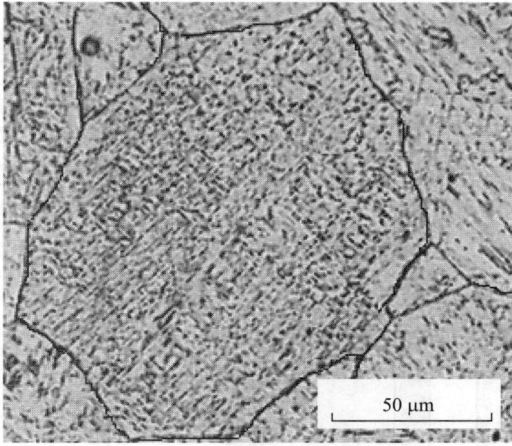

（a）ZY-1300+800

（b）CG-1300+800

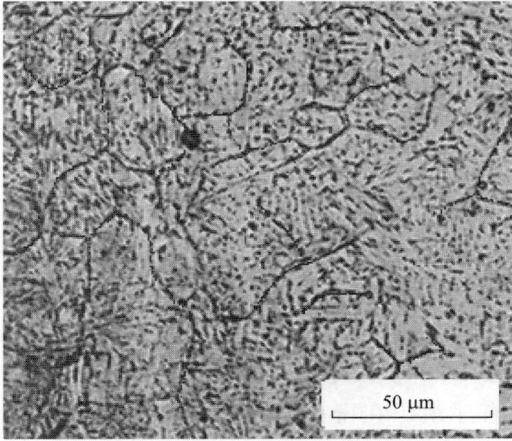

（a）ZY-1300+1 200

（b）CG-1300+1 200

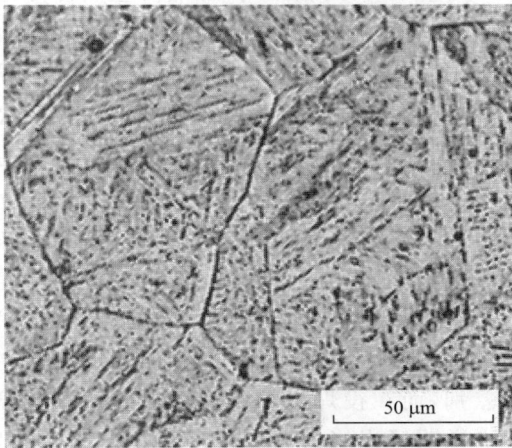

（e）ZY-800+1 300

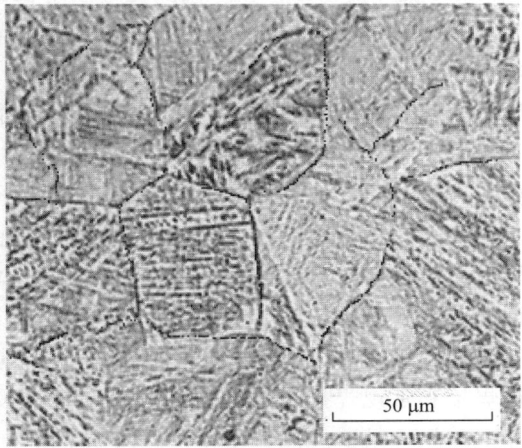

（f）CG-800+1 300

图 4-3　在役焊接和常规焊接二次热循环热影响区的晶粒大小对比

采用截距法测量各试样的晶粒大小，结果如图 4-4。从图中可以看出，一次热循环峰值温度为 800 ℃时晶粒尺寸比母材要细小,是焊接热影响区的细晶区。当峰值温度上升到 1 000 ℃时晶粒开始粗化,到 1 300 ℃时晶粒显著长大。分析认为,经微合金化和控轧控冷后获得的 X70 管线钢母材中含有第二相粒子 TiN,VN 等,在经历峰温高于 1 000 ℃的焊接热循环后这些粒子发生了溶解、粗化,影响了其阻碍奥氏体晶粒粗化的能力,导致奥氏体晶粒粗化;峰值温度越高,第二相粒子溶解、粗化程度越严重,奥氏体晶粒长大程度越显著。

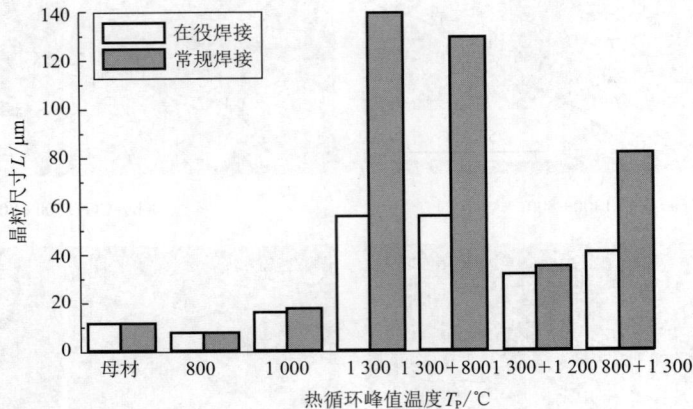

图 4-4   经历不同热循环的热影响区晶粒尺寸

再热临界粗晶区(1 300+800 ℃)晶粒大小相对一次粗晶区基本没有变化。这是由于一次热循环粗晶区的组织主要是粒状贝氏体、板条束贝氏体等非平衡组织,这些组织在原奥氏体的{111}面上以切变方式生成,并与母材保持 K-S 位相关系。当一次热循环粗晶区的这些非平衡组织再次被加热到 $Ac_1 \sim Ac_3$ 温度区间时,由于加热温度不太高,为了减小相变阻力,新生奥氏体总是力求与这些结晶学有序组织在密排面和密排方向保持平行。这种有取向形核的结果使得二次热循环形成的奥氏体继承了一次热循环的粗大组织,表现为组织遗传。因而,当二次热循环的峰值温度处于(α+γ)两相区时,虽然发生了部分重结晶,但组织并未出现明显的细化。当二次热循环峰温为 1 200 ℃时,晶粒大小相对一次热循环的粗晶区发生了明显的细化。这是由于峰值温度较高时(高于完全奥氏体化温度),已经形成的奥氏体由于相变冷作硬化而发生再结晶[121],使得奥氏体晶粒细化。一次热循环的细晶区经历峰温为 1 300 ℃的二次热循环后晶粒再次长大,但长大程度较母材的要小。

在役焊接热影响区各区晶粒大小和常规焊接相比,一次热循环峰温低于 1 000 ℃时并无太大变化,但当峰温达到 1 300 ℃时在役焊接粗晶区的晶粒要细小得多,几乎是常规焊接的1/3。分析认为,钢的奥氏体晶粒长大,受到多种因素的影响,对于化学成分和组织状态确定的钢而言,奥氏体晶粒长大主要受加热温度和保温时间的影响。试验结果表明,在役焊接和常规焊接粗晶区的峰值温度基本没有差别,而在役焊接的快速冷却所导致高温停留时间短是造成晶粒变小的主要原因。同时也说明了当峰值温度低于粗化温度(一般为 1 100 ℃)时,晶粒长大倾向较小,而且长大程度主要取决于峰值温度,受冷却速度的影响较小。当峰值温度高于粗化温度时,冷却速度对晶粒大小影响较大。

经历 800 ℃的二次热循环后,在役焊接再热临界粗晶区的晶粒尺寸仍然小于常规焊接,这是由于组织遗传导致两者都保持了各自原始粗大的奥氏体晶粒,因而仍然保持着较大的差别。当二次热循环峰温为 1 200 ℃时,两种情况下的再热过临界粗晶区的晶粒尺寸基本相同。在役焊接细晶区经历 1 300 ℃二次热循环后的晶粒尺寸要小于常规焊接,约为后者的 1/2。其原因是两者的细晶区晶粒大小基本相同,也就是相当于二次热循环的原始晶粒大小相同,而且二次峰温为高于粗化温度的 1 300 ℃高温,二次晶粒长大主要取决于冷却速度,在役焊接冷却速度较快因而晶粒长大程度小。

对于传统低碳钢材料,经历峰温为 1 300 ℃的热循环后热影响区晶粒严重长大,通常称为粗晶区。峰值温度为 $Ac_3 \sim 1 100$ ℃之间的区域称为细晶区,因为在此温度区间内相当于钢材的正火处理,该区的晶粒尺寸比母材原始的晶粒还要细小。对 X70 管线钢在役焊接和常规焊接热影响区的晶粒大小进行分析可以发现,经历 1 000 ℃的热影响区的组织都要比母材的原始组织(图 2-8)粗大。这是由于 X70 管线钢是通过控轧控冷来获得细小的晶粒,这种细小的晶粒经过重新加热到 1 000 ℃奥氏体化后,一些能阻止晶粒长大的第二相粒子发生了分解,导致冷却后得到的二次组织晶粒尺寸大于母材的晶粒尺寸。在经历 800 ℃的峰温后,晶粒发生了细化,是所有热影响区各区中晶粒最细小的区域。而对于传统钢铁材料,该区由于发生部分奥氏体化而得到未转变的粗大原始组织和部分相变的细晶的混合组织而被称作"部分相变区"。对于控轧控冷钢,由于母材原始晶粒本身就比较细小,加热到部分相变后未转变组织的晶粒和母材一样细小,而部分发生相变的组织得到细化,因而总体来看该区组织要比母材更细小。当峰温为 600 ℃时,可以看出,和母材相比奥氏体晶粒大小基本没有变化。

因此,对于 X70 管线钢,无论是在役焊接还是常规焊接,其热影响区的划分和传统钢铁材料有所不同,虽然也可以划分为四个区,但细晶区的位置发生了变化,这和屈朝霞的研究结果[122]是一致的。因此,采用屈朝霞对新一代钢铁材料热影响区的划分方法,将 X70 管线钢的焊接热影响区划分为峰温高于 1 100 ℃的粗晶区、峰温在 $Ac_3 \sim 1 100$ ℃之间的过渡区(相当于传统材料的细晶区)、峰温在 $Ac_1 \sim Ac_3$ 之间的细晶区(相当于传统材料的部分相变区)和峰温低于 Ac_1 的类母材区(相当于传统材料的回火区)。

4.2　热模拟热影响区的组织

采用微量元素 Nb,V,Ti 合金化和控制轧制技术生产的 X70 管线钢,其母材主要组织是针状铁素体,即贝氏体组织。由于微合金控轧钢的含碳量大大降低,普遍小于 0.1%(本书采用的 X70 管线钢含碳量为 0.05%),贝氏体的类型和形态不同于常规的含碳量大于 0.15% 的低碳钢,传统的贝氏体概念已不再适用。采用 Krauss 的贝氏体分类方法并采纳李鹤林的建议[114,115],将(超)低碳贝氏体按照形态分为粒状贝氏体和贝氏体铁素体两类。

4.2.1　一次热循环的显微组织

在役焊接和常规焊接经历一次模拟热循环(峰值温度分别为 1 300 ℃,1 000 ℃,800 ℃和 600 ℃)后,热影响区各区的金相组织如图 4-5 所示。

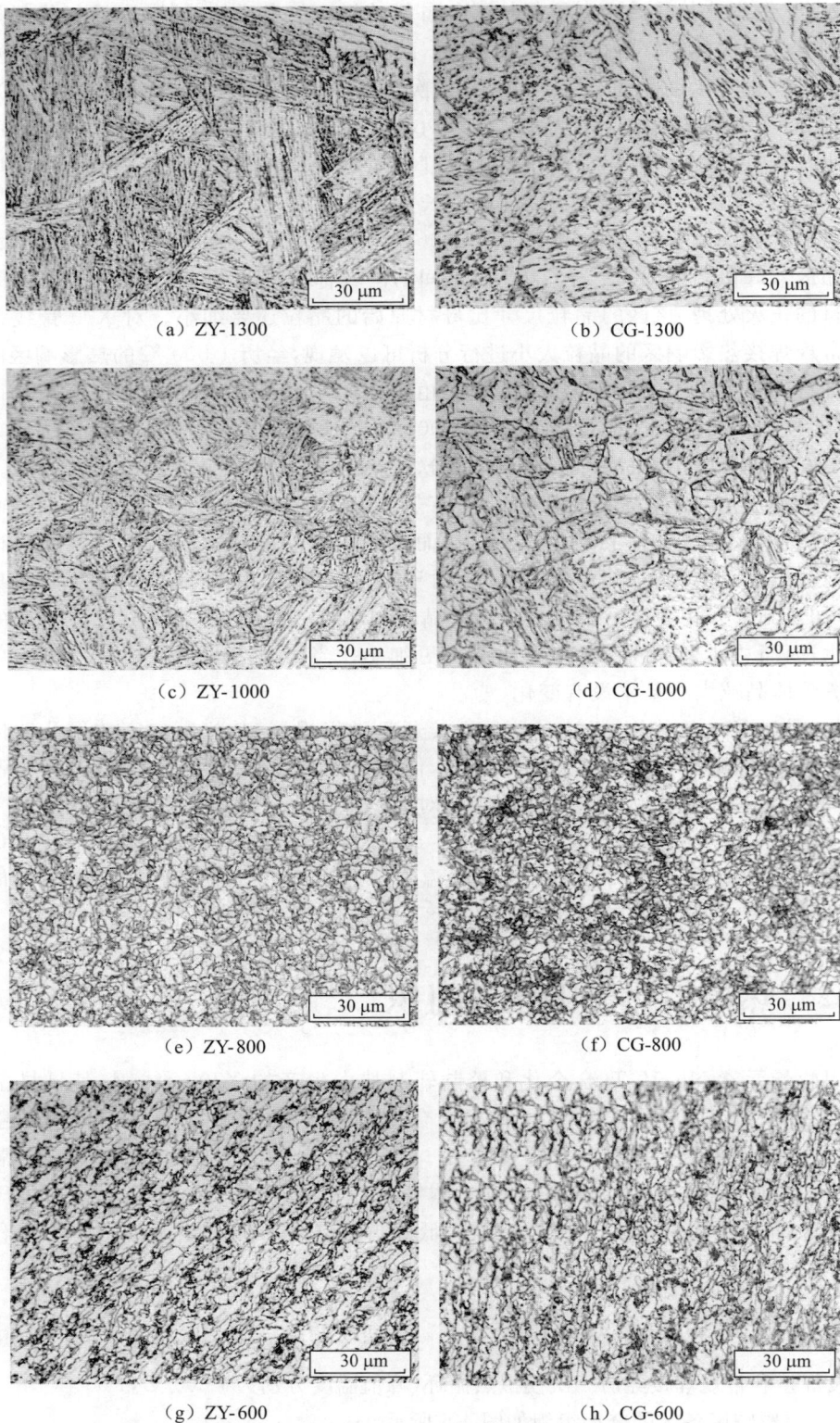

(a) ZY-1300   (b) CG-1300

(c) ZY-1000   (d) CG-1000

(e) ZY-800   (f) CG-800

(g) ZY-600   (h) CG-600

图 4-5   在役焊接和常规焊接经历一次热循环后热影响各区的金相组织

在役焊接热模拟粗晶区(图 4-5a)的组织以贝氏体铁素体为主,含有少量的粒状贝氏体组织,而常规焊接粗晶区(图 4-5b)的组织以粗大的粒状贝氏体为主,贝氏体铁素体的含量相对少一些。从两者的贝氏体铁素体形貌来看,在役焊接粗晶区的铁素体板条排列较为规则,形状细而长,常规焊接粗晶区的铁素体板条粗而短。在役焊接的过渡区晶粒有所细化,晶界更明显,和常规焊接的过渡区相比,两者组织差别不大,都是以贝氏体铁素体和粒状贝氏体为主。对于在役焊接细晶区,晶粒尺寸要远小于粗晶区和过渡区,比母材和类母材区的组织细小,其组织主要是细小的块状铁素体和少量的珠光体。在役焊接细晶区和常规焊接细晶区的组织基本相同。两种情况下类母材区单从金相组织上看不出有何差别,其组织都和母材相同。

与常规焊接相比,在役焊接的快速冷却只是对粗晶区的组织造成了较大的影响,而对过渡区、细晶区和类母材区的组织几乎没有影响,即过渡区、细晶区和类母材区的组织主要决定于峰值温度,受冷却速度的影响较小。

4.2.2　二次热循环的显微组织

管线钢一次热循环的粗晶区在经历多道、多层焊的第二次热循环作用后组织会发生一定的变化,而且二次热循环的峰值温度不同,组织也会不同。图 4-6 是再热亚临界粗晶区、临界粗晶区、过临界粗晶区和未变粗晶区的金相组织。

在役焊接再热亚临界粗晶区的组织(图 4-6a)以贝氏体铁素体为主,含有少量的粒状贝氏体组织;常规焊接再热亚临界粗晶区的组织(图 4-6b)以粗大的粒状贝氏体为主,贝氏体铁素体的含量相对少一些。与各自的粗晶区(图 4-5a 和 b)相比,组织没有发生太大的变化,这是由于二次热循环的峰值温度低于相变温度,原粗晶区组织没有发生相变,因而金相组织基本没有发生变化。

二次热循环峰值温度处于两相区的再热临界粗晶区的组织相对一次热循环,原奥氏体晶粒仍然比较粗大,其主要组织仍然以粒状贝氏体和贝氏体铁素体的混合组织为主,但有一些变化。在役焊接再热临界粗晶区(图 4-6c)的贝氏体铁素体相对一次热循环变得比较粗大,粒状贝氏体组织的数量增多;常规焊接再热临界粗晶区(图 4-6d)和一次热循环相比,组织发生的主要变化是奥氏体晶界变得更为明显,铁素体基体上的岛状物大多由点状和块状转变为狭长的长条状。在役焊接和常规焊接两者再热临界粗晶区相比,前者以粗大的板条束贝氏体为主,后者以粒状贝氏体为主,后者的岛状物更加密集和狭长。

两种情况下的再热过临界粗晶区组织相对一次热循环粗晶区发生了细化,原奥氏体晶粒减小,都以粒状贝氏体为主,所不同的是常规焊接再热过临界粗晶区(图 4-6f)的岛状物比在役焊接再热过临界粗晶区(图 4-6e)更粗大,大块状岛状物较多。

两种情况下未变粗晶区的原始奥氏体晶粒也比粗晶区的细小,金相组织都是以粒状贝氏体为主,但在役焊接未变粗晶区(图 4-6g)的岛状物比常规焊接(图 4-6h)更加密集。

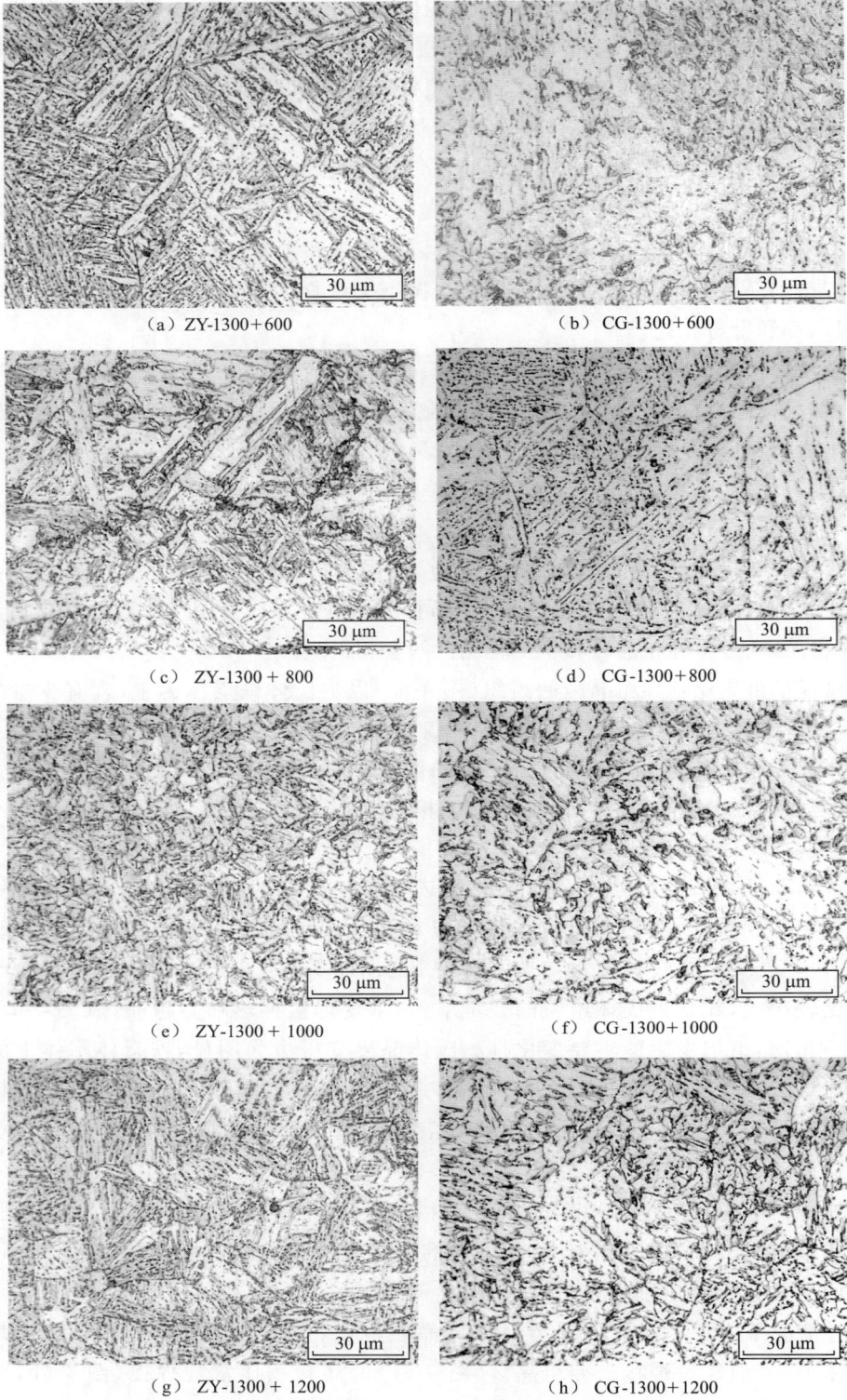

（a）ZY-1300+600

（b）CG-1300+600

（c）ZY-1300 + 800

（d）CG-1300+800

（e）ZY-1300 + 1000

（f）CG-1300+1000

（g）ZY-1300 + 1200

（h）CG-1300+1200

图 4-6　在役焊接和常规焊接粗晶区经历二次热循环后的组织对比

一次热循环峰温为 800 ℃的细晶区的组织为细小的铁素体，这使得其性能较好。但对于在役焊接，由于打底焊是并列的两道焊缝（如图 2-9a 所示的第一、第二道焊），第一道焊的细晶区在后续焊接过程中会经历第二道焊的热循环作用，显微组织也会发生相应的变化。图 4-7 为在役焊接和常规焊接两种情况下的细晶区经历峰温为 1 300 ℃的二次热循环作用后的组织。由图 4-7 可以看出，两种情况下组织都发生了粗化，相对于原细晶区的组织显得异常粗大，这是由于原始组织越细小，经历粗晶热循环作用后晶粒的长大倾向越大。两种情况下的组织均以粒状贝氏体和贝氏体铁素体为主，但在役焊接（图 4-7a）的组织比常规焊接（图 4-7b）的细小，原始奥氏体晶粒较小。

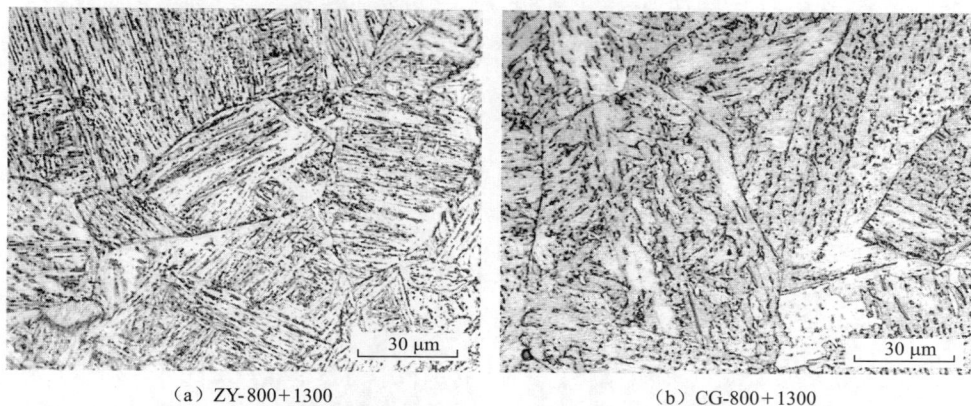

(a) ZY-800+1300　　　　　　　　　　(b) CG-800+1300

图 4-7　在役焊接和常规焊接细晶区经历二次热循环后的组织对比

4.2.3　热影响区组织的 TEM 形貌

对于管线钢的焊接热影响区，粗晶区与再热临界粗晶区常常由于组织粗大、非平衡组织较多而发生脆化现象，是整个热影响区中最薄弱的区域，微观组织结构是导致其"脆化"的重要因素[123-131]。将在役焊接和常规焊接的粗晶区与再热临界粗晶区放在光学显微镜下观察，其主要组织都是粒状贝氏体和贝氏体铁素体，组织类型没有太大的差别，不同的只是数量的多少和尺寸的大小。粒状贝氏体和贝氏体铁素体都是由铁素体板条亚结构和 M-A 组元组成的。为了深入研究 X70 管线钢在役焊接和常规焊接的粗晶区与再热临界粗晶区微观组织结构的差异，采用透射电镜（TEM）观察其精细组织结构，探讨在役焊接条件对组织亚结构产生的影响。

1）铁素体板条的精细结构

粒状贝氏体和贝氏体铁素体都是由铁素体板条束和岛状组织组成，在透射电镜下，所有试样的主要形貌都是铁素体板条和分布在板条之间或板条基体上的第二相。粒状贝氏体或贝氏体铁素体组织的性能最终取决于铁素体板条和第二相的综合作用。不同条件下铁素体板条的形貌如图 4-8 所示，铁素体板条的电子衍射斑点及其标定如图 4-8（e）所示。由图 4-8 可见，总体上 4 种试样的铁素体板条都比较规则，板条界比较平直，但不同条件下铁素体板条的大小有所差异。在役焊接粗晶区（图 4-8a）和临界粗晶区（图 4-8b）的铁素体板条都比常规焊接（分别见图 4-8c 和图 4-8d）的要小，ZY-1300 号和 ZY-1300＋800 号的板条宽度为 $0.7 \sim 0.8~\mu m$，CG-1300 号和 CG-1300＋800 号的板条

宽度为 $1.5 \sim 1.6\ \mu m$。

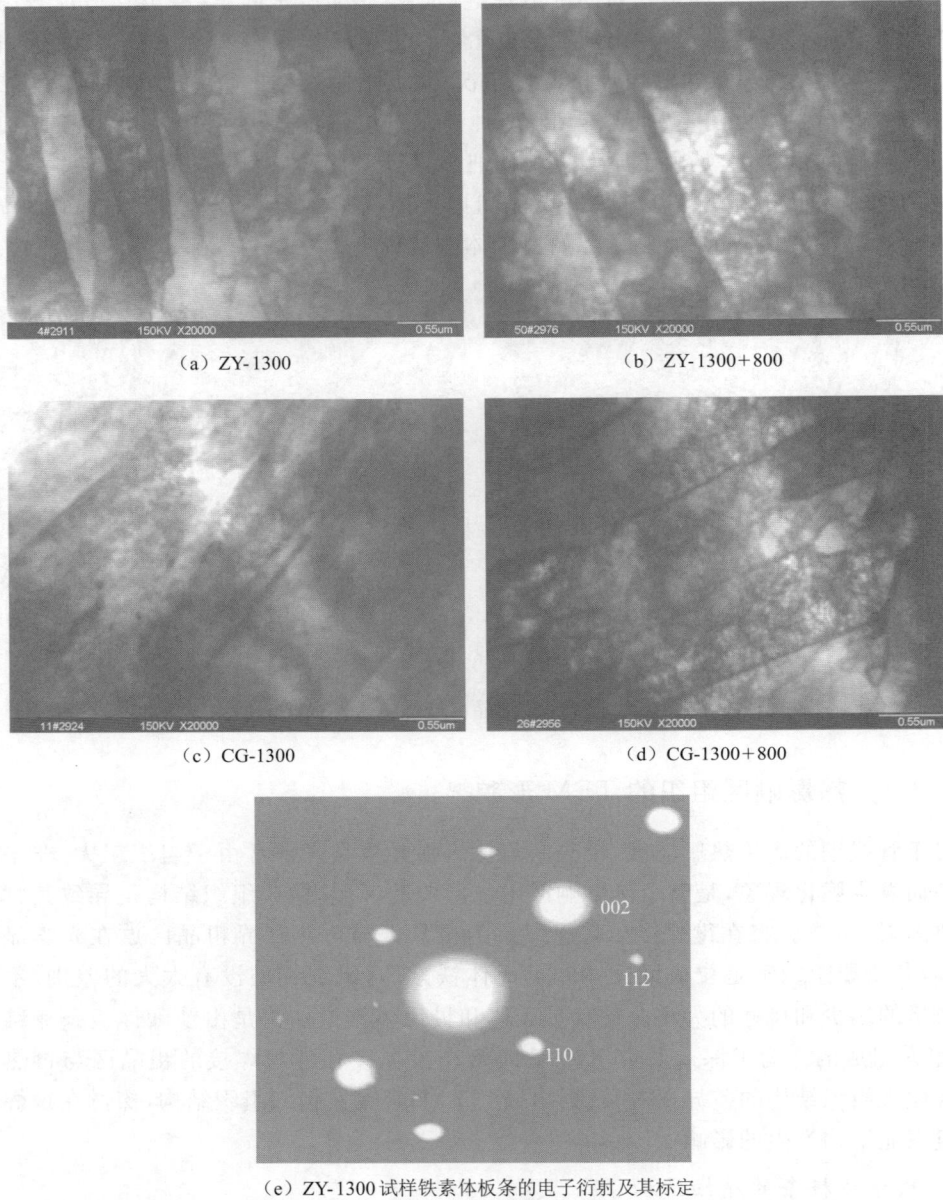

（a）ZY-1300　　　　　　　　　　　（b）ZY-1300+800

（c）CG-1300　　　　　　　　　　　（d）CG-1300+800

（e）ZY-1300试样铁素体板条的电子衍射及其标定

图 4-8　各试样贝氏体铁素体板条的透射电镜形貌及其电子衍射斑点

　　造成两种情况下铁素体板条宽度不同的原因是，铁素体板条的长大速度和形态与转变温度有关，转变温度越低，贝氏体铁素体纵向长大速度越快，横向长大速度越慢；转变温度越高，铁素体板条的纵向和横向长大的速度就越接近。在役焊接条件下，由于冷却速度更快，使得贝氏体的转变温度更低，铁素体板条的横向长大速度较慢，因而板条的宽度要小一些。

　　在更高的放大倍数下可以发现，铁素体板条的亚结构都是位错（图 4-9），而且四种试样板条铁素体上的位错都呈胞状分布，有的还互相缠结而形成网络，但不同条件下的铁素体板条上的位错密度有所不同。由图 4-9 可以看出，在役焊接条件下粗晶区（图 4-9a）和临界粗晶区（图 4-9b）铁素体板条上的位错密度都比常规焊接（分别见图4-9c 和图 4-9d）的要高。一般认为在较低温度下形成的贝氏体铁素体板条具有较高密度的位错，在役焊接条件下过快的冷却速度使得贝氏体转变温度有所降低，从而产生了更高密度的位错。

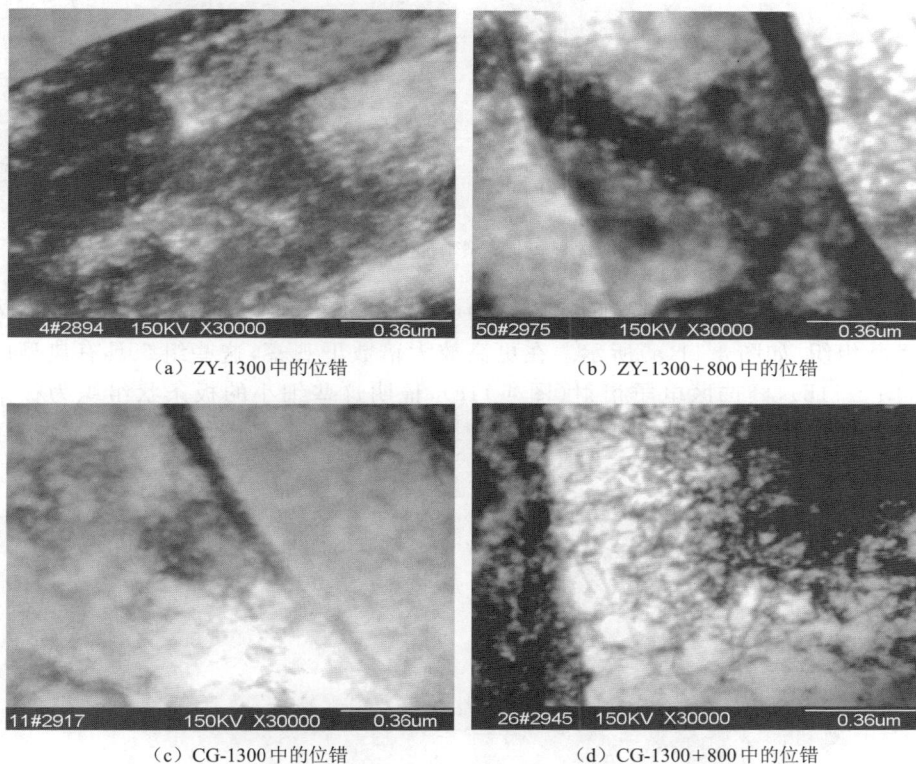

（a）ZY-1300 中的位错　　　　　　　　（b）ZY-1300+800 中的位错

（c）CG-1300 中的位错　　　　　　　　（d）CG-1300+800 中的位错

图 4-9　贝氏体铁素体板条上的位错形貌

2）TEM 下的特殊组织形貌

四个试样的透射电镜形貌主要是由板条铁素体和分布于其间或其基体上的各种形态的 M-A 组元组成的，但在役焊接热影响区和常规焊接热影响区之间仍存在一些不同之处。在常规焊接的粗晶区（CG-1300 号试样）中有少量的铁素体组织，如图 4-10（a）所示。分析认为，常规焊接条件下，冷却速度较慢，连续冷却时发生了少量的铁素体转变，但由于铁素体数量较少且尺寸较小，在光学显微镜下难以观察到，因而在金相组织照片上未能辨别出来。在常规焊接的再热临界粗晶区（CG-1300+800 号试样）的透射电镜形貌中观察到一些块状的贝氏体铁素体，它们不是典型的板条状，而是长宽接近的块状，如图 4-10（b）所示。这是由于粒状贝氏体转变时，首先在母相奥氏体中的贫碳区形核并长大，转变温度越低，贝氏体铁素体纵向长大速度越快，横向长大速度越缓慢，此时形成的条状形态越明显；如果转变温度高则贝氏体铁素体纵向和横向长大的速度就比较接近，其条状形态就不太明显，当纵向和横向长大速度趋于一致时就会形成块状的贝氏体铁素体。常规焊接的再热临界粗晶区冷却速度较慢，有少量粒状贝氏体是在较高温度下形成的，其铁素体亚结构的横向和纵向长大速度比较接近,因而长宽尺寸相近,形成的铁素体亚结构呈块状。

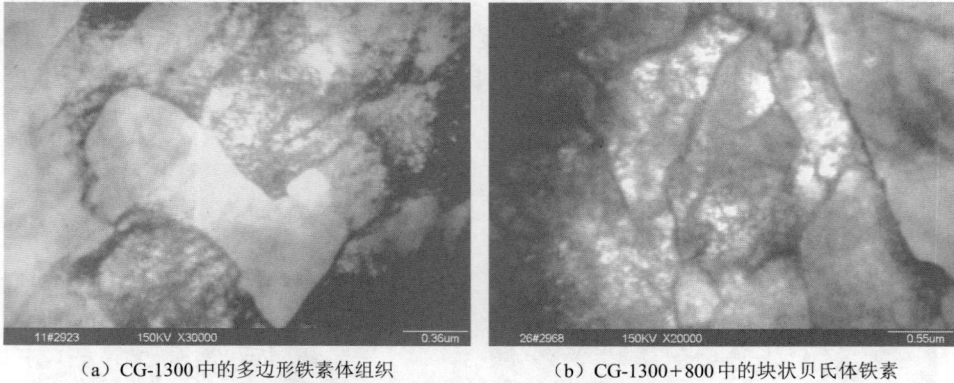

(a) CG-1300中的多边形铁素体组织   (b) CG-1300+800中的块状贝氏体铁素

图 4-10   常规焊接热影响区的特殊组织形貌

用透射电镜在在役焊接粗晶区(ZY-1300 号试样)观察到少量的横穿板条铁素体的细小的板条状组织,如图 4-11(a)所示。在更高放大倍数下观察,这些组织具有典型的孪晶亚结构(图 4-11b),经选区电子衍射(图 4-11c),证明这些细小的板条状组织为板条马氏体。这是由于在役焊接粗晶区焊后冷却速度较快,少量残余奥氏体直接转变成板条马氏体。

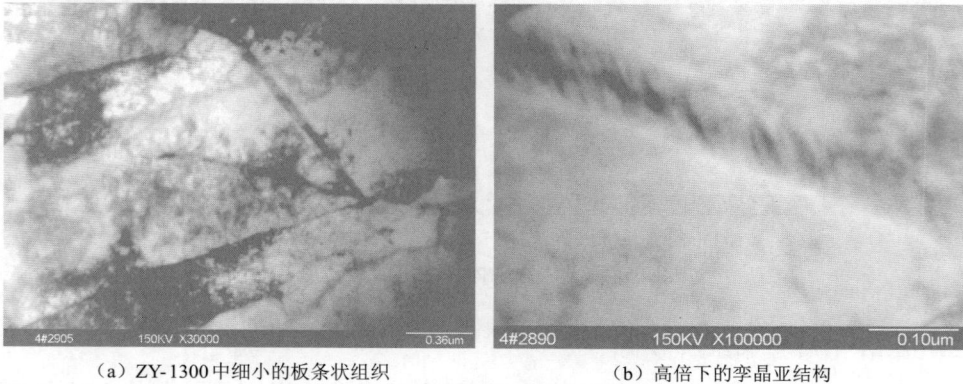

(a) ZY-1300中细小的板条状组织   (b) 高倍下的孪晶亚结构

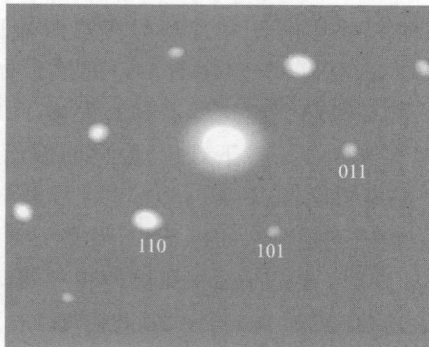

(c) 衍射斑点及其标定

图 4-11   在役焊接粗晶区(ZY-1300)中的板条马氏体

在役焊接再热临界粗晶区（ZY-1300＋800 号试样）中除了有和其他试样相同的板条铁素体外，还有一些特殊的板条状组织。这些板条状组织中间沿长轴方向有一条线（图 4-12 中 Z−Z），具有典型的贝氏体"中脊"形貌，因此可判别该板条状组织为下贝氏体，是和板条贝氏体不同的一种贝氏体组织。下贝氏体的转变温度处于马氏体转变温度之上，一般认为其界限温度是 350 ℃。下贝氏体由铁素体和碳化物组成，其铁素体亚结构常常和上贝氏体、贝氏体铁素体类似，是平行排列的、具有高密度位错的铁素体板条。

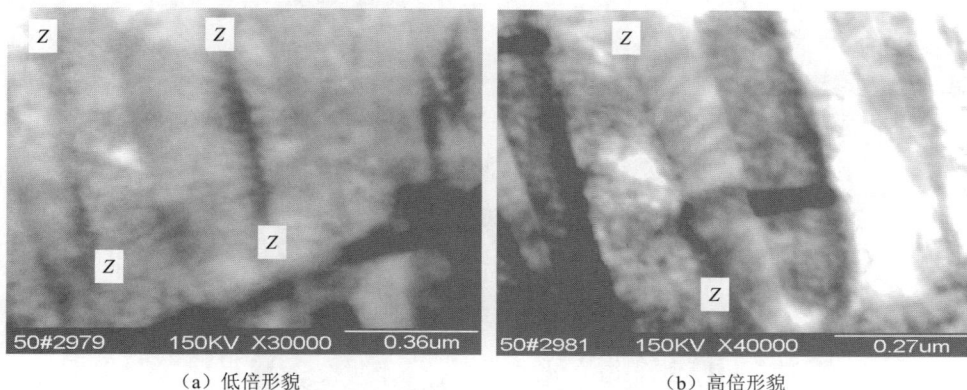

（a）低倍形貌　　　　　　　　　　　　（b）高倍形貌

图 4-12　ZY-1300＋800 中的贝氏体中脊

刘文西等[132]首次在高碳钢中观察到下贝氏体铁素体内部存在中脊，此后很多学者都在通过等温处理获得的贝氏体中观察到中脊。方鸿生等[133]认为当含碳量降低至 1% 附近时，形成贝氏体中脊的相变温度和马氏体转变温度很接近，因而一般的中碳钢和低碳钢中未出现贝氏体中脊。目前，还未见在低碳微合金管线钢焊接热影响区中发现贝氏体中脊的报道。

目前国内外对贝氏体中脊的形成原因和形成过程进行了研究。魏成富等[134]认为：根据贝氏体铁素体的切变机制形成理论，贝氏体相变前，奥氏体基体中碳原子因偏聚而进行再分布，形成一定尺寸、稳定的贫碳区与富碳区；然后贝氏体铁素体在贫碳区中预先存在的缺陷处切变形核，形成中脊核；该过程类似马氏体相变的缺陷形核，中脊形核后以切变共格或半共格快速长大，形成薄片状中脊面（即惯习面）；其中，切变使中脊侧面和附近基体中聚集了位错，中脊面旁边奥氏体中的碳原子受切变应力和缺陷作用向远离界面处扩散，维持了中脊赖以继续切变长大的溶质贫化区。中脊形成后再激发相邻区域形成贝氏体，实现贝氏体片的增厚过程。研究发现，贝氏体中脊的出现和相变温度有关，在较高的贝氏体相变区形成的下贝氏体中未发现中脊，当相变温度降低到一定值时才形成带中脊的下贝氏体[133]。

由于含碳量较低的管线钢中的下贝氏体不具备典型的针状特征，而且与其他贝氏体组织共存，因而在光学显微镜下难以确定下贝氏体的存在，但在透射电镜下可以观察到下贝氏体，除了有的具有典型的下贝氏体中脊外，有的在铁素体板条上析出呈粒状、棒状或不规则形状的碳化物，这些碳化物在铁素体板条上基本呈平行分布。碳化物有三种存在形态，有的与铁素体板条的长轴成 55°～60°夹角（图 4-13a），有的与铁素体板条的长轴成 60°～70°夹角（图 4-13b），有的与铁素体板条的长轴方向平行（图 4-13c）。

（a）与铁素体板条长轴成55°~60°夹角

（b）与铁素体板条长轴成60°~70°夹角

（c）与铁素体板条长轴方向平行

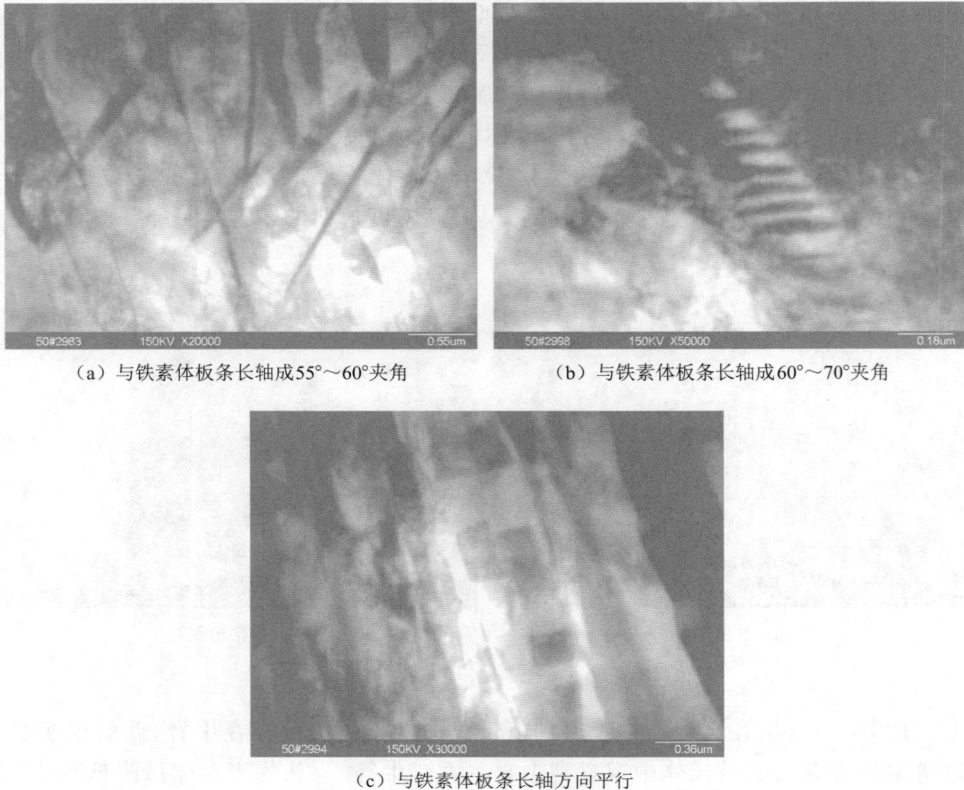

图 4-13   下贝氏体中铁素体基体上各种形态的碳化物

　　将在役焊接的再热临界粗晶区放在透射电镜下，还观察到一些板条马氏体，如图 4-14 所示。这些数量不多、细小的马氏体板条在光学显微镜下并不明显，在透射电镜下观察，其和贝氏体铁素体板条间隔分布。一般来说，在贝氏体铁素体的长大过程中伴随着向奥氏体中排碳和奥氏体中碳均匀化扩散的过程，在贝氏体铁素体板条长大的前沿端部由于碳的远程扩散形成大的富碳奥氏体小岛，而在贝氏体铁素体板条之间由于相互排碳形成了条状的富碳奥氏体带[135]。富碳的奥氏体小岛和奥氏体带在随后的冷却过程中发生二次相变。在冷却过程中，富碳奥氏体转变的最终组织取决于钢的成分、碳的富集程度和冷却速度，而且各个奥氏体岛的碳富集程度也是不一致的，即使是在同一岛内碳的分布也是不均匀的，因此可能出现各个岛或者同一个岛的各部分转变产物不一致。对于在役焊接，由于一次热循环的冷却速度比较快，过冷奥氏体发生碳浓度起伏形成不稳定的低碳区和高碳区，在经历二次热循环时，由于晶界处原来的一次热循环粗晶区组织已经有高碳区，会得到比原粗晶区尺寸更大的富碳奥氏体区。但当加热温度处于 $Ac_1 \sim Ac_3$ 之间的两相区时，由于加热温度较低，奥氏体达不到均匀化，实际合金化程度低，而且冷却速度较快，高温停留时间很短，贝氏体转变不充分，碳的扩散程度有限，有些残余奥氏体的碳含量较低，稳定性差，在随后的快速冷却过程中发生了马氏体转变。

　　总之，对于常规焊接，由于冷却速度较慢，在透射电镜下观察到粗晶区和再热临界粗晶区的组织中除了贝氏体铁素体板条和 M-A 组元外，还有少量在较高转变温度下形成的组织，如多边形铁素体组织或块状贝氏体铁素体。对于在役焊接，冷却速度较常规焊接要快得多,但本文选取的是气管线在役焊接热循环参数,其冷却速度并未达到淬火条件,其转变温度处于贝氏体相变和马氏体相变之间,因而组织比较复杂。除了和常规焊接热影响区相同的贝氏体铁素体板条和 M-A 组元外,在役焊接粗晶区还出现了少量细小的横穿贝氏体铁素体板条的板条马氏体,再热临界粗晶区出现了下贝氏体和板条马氏体的混合组织,有些下贝氏体片还具有典型的中脊形貌。

图 4-14　贝氏体铁素体板条间的马氏体板条

4.3　在役焊接热影响区的 M-A 组元

研究表明,焊接热影响区 M-A 组元的形态、数量、尺寸和分布对性能有很大影响[136-139],而 M-A 组元的形态、数量、尺寸等又和热影响区经受的焊接热循环密切相关。本节选取典型试样研究了在役焊接热影响区 M-A 组元的形态和分布,并和常规焊接进行比较,探讨在役焊接条件对 M-A 组元的影响规律。

4.3.1　M-A 组元的形态及分布

各试样 M-A 组元的形态及分布如图 4-15,M-A 组元具有块状和长条状两种主要形态。许多研究结果表明条状 M-A 组元更容易诱发裂纹,M-A 组元的纵横比(最大长度与最大宽度之比)增加会导致断裂发生的概率增大,并且在纵横比大于等于 4 时,增大的趋势趋于饱和[140, 141]。同时也有研究表明,M-A 组元的平均弦长(即尺寸大小)也是引起局部脆化的重要因素,当 M-A 组元的平均弦长为 2 μm 时可构成 Griffith 裂纹的临界尺寸。为了定量考察M-A 组元的数量、大小,采用计点法对图 4-15 中各试样 M-A 组元的体积分数及平均弦长进行测定,结果见表 4-3(表中试样编号对应图 4-15 中各分图的编号)。

表 4-3　M-A 组元的体积分数和平均弦长

试样编号	a	b	c	d	e	f	g	h	i
体积分数/%	16.41	9.60	7.74	18.58	8.67	7.74	10.53	11.15	5.26
平均弦长/μm	3.56	1.67	1.14	4.21	1.80	1.81	3.43	2.35	1.53

结合图 4-15 及表 4-3 的测定结果可以看出,X70 管线钢母材的 M-A 组元(图 4-15i)基

本都是块状,分布较为均匀;常规焊接粗晶区的 M-A 组元(图 4-15b)以块状为主,数量比母材有所增多,平均弦长增大;再热临界粗晶区 M-A 组元(图 4-15d)数量急剧增多,几乎是粗晶区的两倍,分布比较密集,M-A 组元相邻间距较小,而且基本都是狭长的长条状,其平均弦长达 4.21 μm;未变粗晶区 M-A 组元(图 4-15f)的数量相对粗晶区有所减少,平均弦长变化不大,在形态上以块状为主,有少量条状;一次细晶区经历峰温为 1 300 ℃的二次热循环后 M-A 组元(图 4-15h)的数量和平均弦长都较一次粗晶区有所增加,而且都大于未变粗晶区但小于临界粗晶区,在形态上以块状和短棒状为主,未见长条状出现。

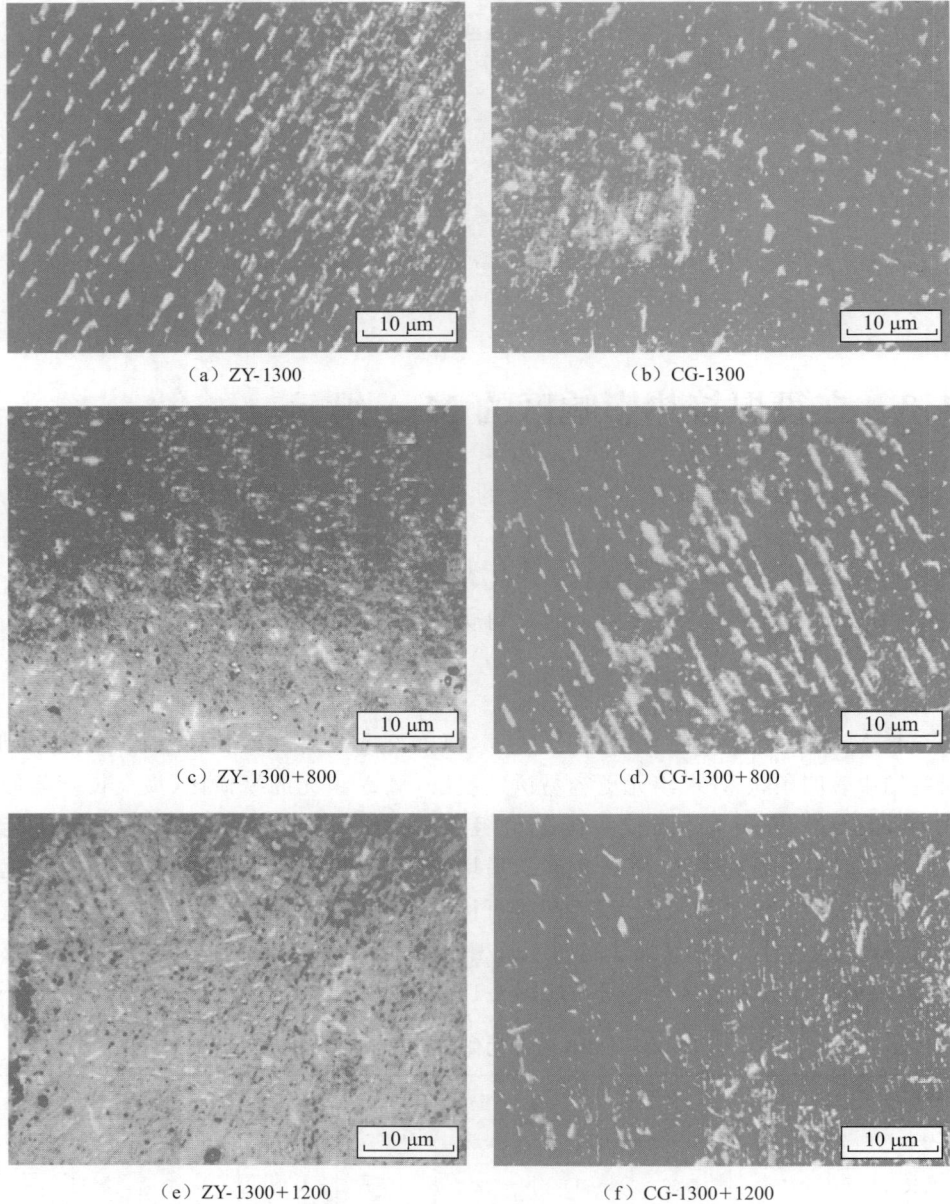

（a）ZY-1300　　　　　　　　　　　（b）CG-1300

（c）ZY-1300+800　　　　　　　　　（d）CG-1300+800

（e）ZY-1300+1200　　　　　　　　（f）CG-1300+1200

图 4-15　各试样 M-A 组元的形态及分布

（g）ZY-800+1300　　　　　　　　　（h）CG-800+1300

（i）母材

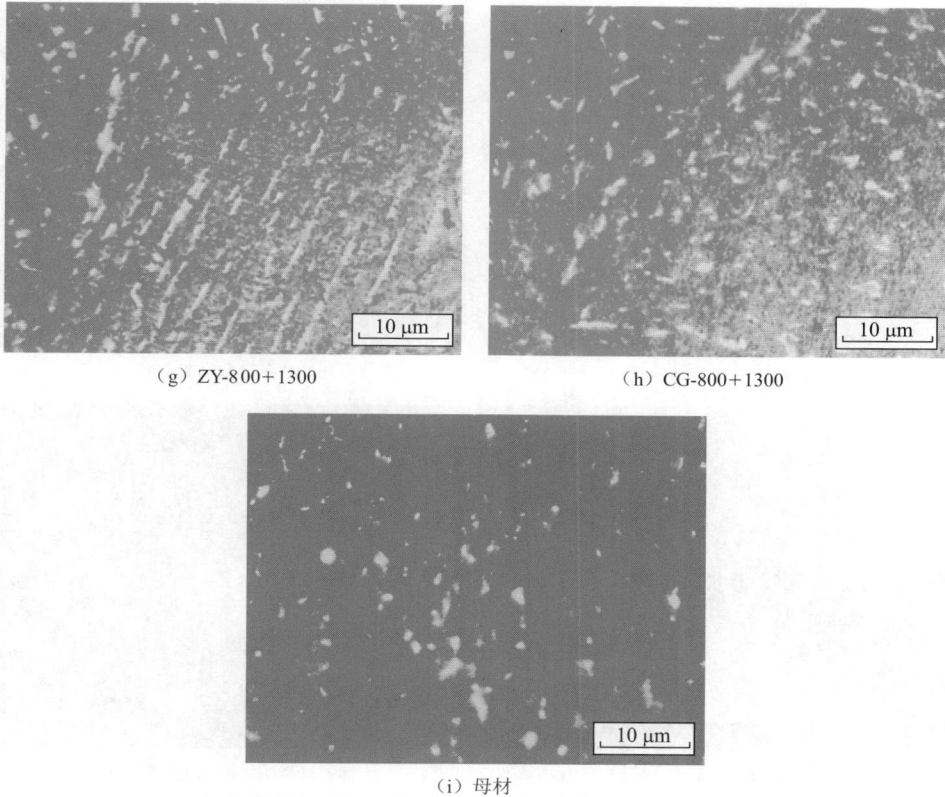

图 4-15(续)　各试样 M-A 组元的形态及分布

　　和常规焊接相对应的热影响区相比,在役焊接粗晶区 M-A 组元(图 4-15a)的数量和平均弦长都大大增加,M-A 组元形态以条状为主,但没有出现图 4-15(d)那样狭长的形态,大部分是比较均匀的断续存在的短杆状,中间夹杂一些小的块状;在役焊接再热临界粗晶区的 M-A 组元(图 4-15c)有所细化,大部分以较小的块状甚至是点状存在,条状 M-A 组元较少,其体积分数和平均弦长都较小;未变粗晶区 M-A 组元(图 4-15e)的形态、数量及平均弦长和常规焊接相差不大;在役焊接细晶区经历峰温为 1 300 ℃的二次热循环后 M-A 组元(图 4-15g)以长条状为主,有少量的块状,其体积分数和常规焊接接近,但平均弦长增大。

4.3.2　M-A 组元的精细组织结构

　　M-A 组元在光学显微镜和扫描电镜下有块状和条状两种形态。在透射电镜下可以发现条状 M-A 组元有的呈狭长的长条状(图 4-16a),有的稍微短而粗,呈短棒状;块状 M-A 组元有的呈不规则形状(图 4-17a),有的呈三角形(图 4-17b)。

　　X70 管线钢在连续冷却转变为贝氏体并形成贝氏体板条的过程中,碳在剩余奥氏体内逐渐富集,在继续冷却过程中一部分奥氏体在达到马氏体的转变条件后转变成马氏体,少量奥氏体未发生转变保留至常温,形成 M-A 组元。典型长条状 M-A 组元的透射电镜明场像、暗场像、精细结构及其电子衍射如图 4-16 所示,M-A 组元中马氏体的孪晶亚结构清晰可见(图 4-16c)。

（a）长条状 M-A 明场像　　　　　　　（b）长条状 M-A 暗场像

（c）M-A 组元的孪晶亚结构　　　　　（d）M-A 组元的电子衍射及其标定

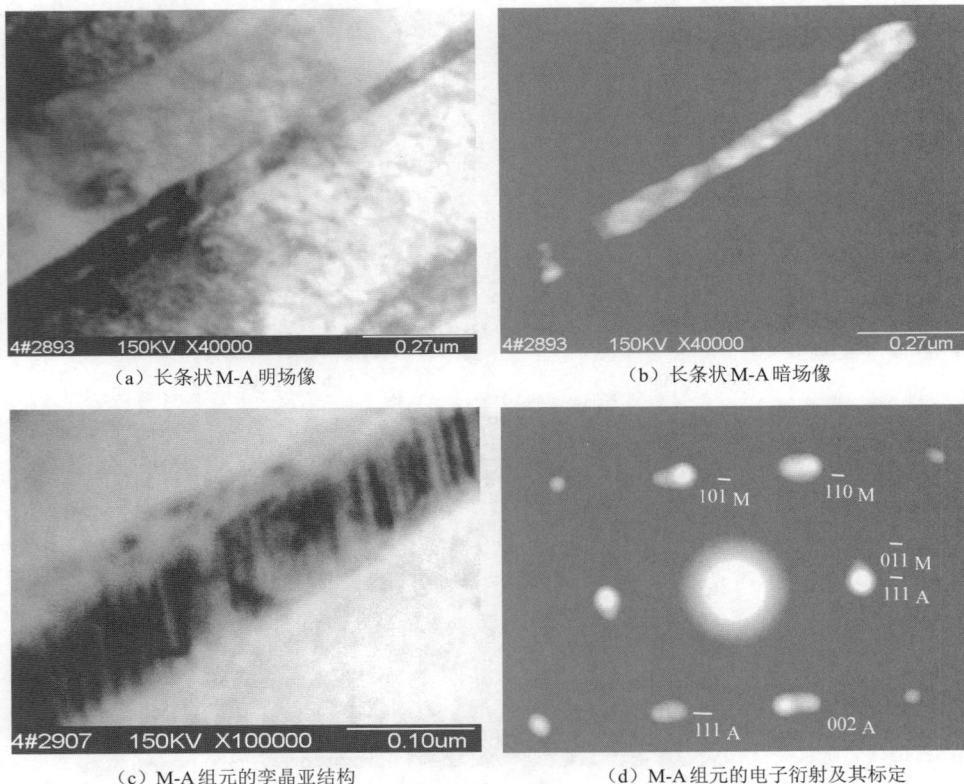

图 4-16　长条状 M-A 组元的精细结构及其电子衍射

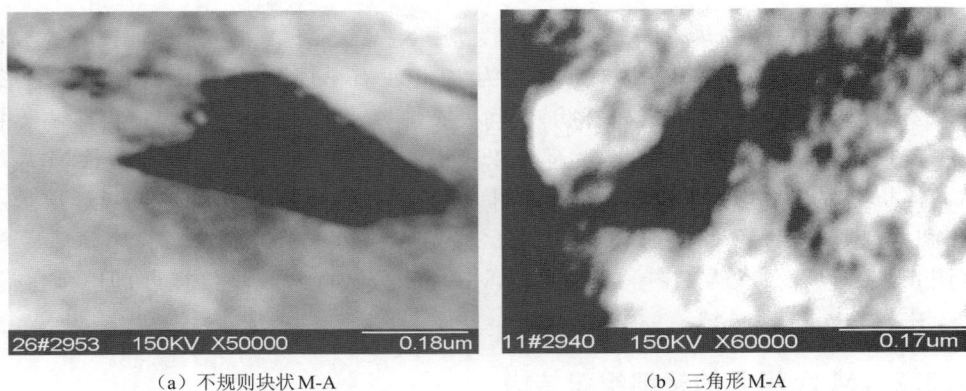

（a）不规则块状 M-A　　　　　　　　（b）三角形 M-A

图 4-17　块状 M-A 组元的透射电镜形貌

　　粗晶区在经历二次热循环升温的过程中，在原奥氏体晶界及晶内高碳区（如 M-A 组元）奥氏体重新形核。对于再热临界粗晶区，由于一次热循环粗晶区形成的粒状贝氏体组织具有一定的位向性，碳原子易于做定向分布，增大了碳浓度分布的不均匀性，当二次热循环的峰值温度处在（α＋γ）两相区时，α 相的形成过程是一个向外排碳的过程，使得形成的 γ 相具有很高的含碳量，这种富碳的 γ 相在随后的冷却过程中形成高碳的马氏体。许多文献分析认为[142-144]，这种富碳的孪晶马氏体极易诱发显微裂纹，致使韧性严重下降，但还未见有 M-A 组元产生显微裂纹的报道。在常规焊接的再热临界粗晶区（即 CG-1300＋

800 试样)观察到了 M-A 组元诱发显微裂纹的真实形貌,如图 4-18 所示。显微裂纹出现在板条界面处,起裂源位于 M-A 组元尖端和铁素体板条的界面处。在 M-A 组元的尖端处,铁素体板条被撕裂并引起卷边的情形清晰可见,证实了焊接热影响区中的 M-A 组元在一定情况下确实能够诱发显微裂纹。

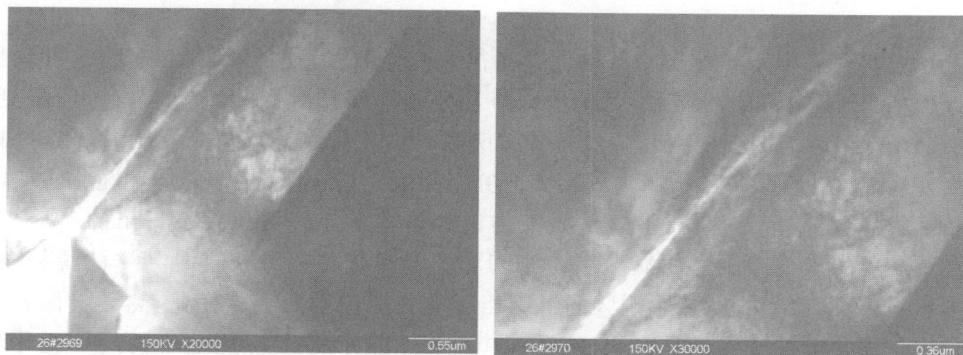

(a) M-A 引起的显微裂纹 　　　　　　(b) 裂纹尖端局部放大

图 4-18　CG-1300+800 试样中 M-A 组元引起板条界面之间开裂的形貌

　　分析认为,由于 M-A 组元相对铁素体板条是硬质相,M-A 组元的存在可看成是板条铁素体基体中的缺陷,由于焊接热影响区存在较大的应力致使板条间 M-A 组元(即板条铁素体基体中缺陷)的尖端存在较大的应力集中,当应力集中程度满足 Griffith 开裂条件时便在 M-A 组元和铁素体板条的界面上开裂,形成显微裂纹。在许多情况下,热影响区自身(即铁素体板条)存在的应力不足以达到开裂条件,未形成显微裂纹,但当受到外在载荷的作用后就极易满足开裂条件而发生断裂。如前所述,长宽比大于 4 的狭长 M-A 组元更易引起材料韧性下降,这就是由于其界面处存在更大的应力集中。

　　总的来看,在 ZY-1300,CG-1300,CG-1300+800,ZY-1300+800 四个试样中都能观察到块状和条状两种形态的 M-A 组元,CG-1300 和 ZY-1300+800 中块状 M-A 组元较多一些,长条状 M-A 组元长度较短一些;ZY-1300 和 CG-1300+800 的长条状 M-A 较多,而且长度较长。除此之外,CG-1300+800 中 M-A 组元还呈现出一些特殊形貌,如图 4-19 所示。首先,在 CG-1300+800 试样中有很多地方 M-A 组元的分布比较密集(图 4-19a),这同金相

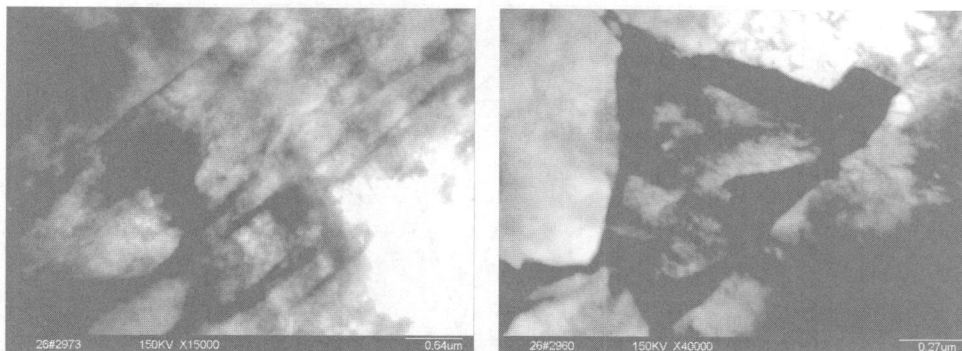

(a) 密集的 M-A 　　　　　　(b) 三晶粒交汇处的 M-A 岛

图 4-19　CG-1300+800 号试样中 M-A 组元的特殊形貌

显微镜下的观察结果(图 4-15)是一致的。其次,在晶粒交汇处出现了由多个 M-A 组元组成的大块状 M-A 岛。可以预见,该试样中的 M-A 组元会对冲击韧性造成较大的影响。

4.4 在役焊接热影响区性能

研究表明[145-148],焊接热影响区韧性存在很大的分散性,并且下限值很低,这种现象在诸如 X70 管线钢等控轧控冷钢中尤为明显。特别是在多层焊的热影响区,会出现一些宽度很小、分布不连续的韧性谷区,导致整个接头韧性的下限值急剧降低。通常将这些韧性谷区称为局部脆化区(LBZ)。国内外诸多研究结果表明,X70 管线钢的局部脆化主要出现在粗晶区、再热粗晶区等部位,但这些研究结论都是在常规焊接条件下得出的[126,149,150]。局部脆化现象的出现和该区的显微组织密切相关。对于在役焊接这种特殊的焊接条件,其焊接热循环具有特殊性,热影响区的组织相对常规焊接也发生了变化,热影响区各区的韧性和脆化规律也有所变化。因此,研究 X70 管线钢在役焊接热影响区的局部脆化现象对于了解在役焊接热影响区的性能、确保管道修复后的安全运行至关重要。

4.4.1 在役焊接热影响区的局部脆化

将热影响区各区的冲击功与母材的冲击功进行对比,结果如图 4-20 所示。对于常规焊接,粗晶区的韧性较低,相对母材韧性损失了 18%,产生了局部脆化现象;二次热循环峰值温度为 600 ℃的再热亚临界粗晶区的韧性相对粗晶区有所提高,和母材比较接近;峰温为 800 ℃的再热临界粗晶区韧性值急剧下降,相对粗晶区韧性损失了 41.7%,相对母材韧性则损失了 52.2%;二次热循环峰温为 1 000 ℃和 1 200 ℃时,细晶区韧性相对粗晶区都有所升高,韧性值接近甚至超过了母材。一次热循环细晶区经历峰温为 1 300 ℃的二次热循环后,韧性大为降低,相对粗晶区韧性损失了 10.5%,相对母材韧性损失了 28.1%。上述试验结果表明,X70 管线钢常规焊接热影响区存在三个局部脆化区——一次热循环粗晶区、再热临界粗晶区和一次热循环细晶区经受二次粗晶热循环的区域。其中再热临界粗晶区是整个热影响区的韧性谷区,韧性最差。目前,国内外对管线钢局部脆化的研究

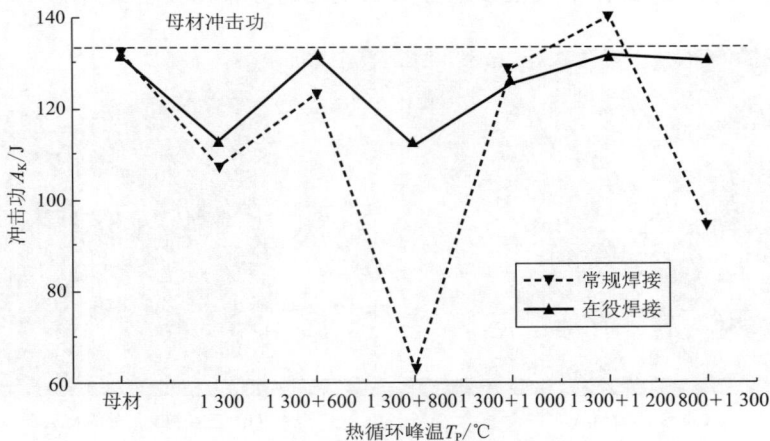

图 4-20 热影响区各区的冲击功

都侧重于一次热循环粗晶区和再热临界粗晶区两个局部脆化区[151],对一次热循环细晶区经受二次粗晶热循环后发生局部脆化的现象还未见有文献报道。在本书中,为了便于表述,将一次热循环的热影响区经历二次热循环后韧性再次发生降低的现象(如再热临界粗晶区和一次热循环细晶区经受二次粗晶热循环的区域等)称为再热脆化现象。

对于在役焊接,其粗晶区的韧性和常规焊接接近,相对于母材也出现了脆化现象。粗晶区经受峰温为 600 ℃,1 000 ℃和 1 200 ℃的二次热循环作用后,韧性相对于一次热循环粗晶区都有所提高,韧性值都基本和母材接近,没有出现脆化现象。二次热循环峰温为 800 ℃时,韧性值和粗晶区相近,即二次热循环没有引起韧性的再次降低,也没有出现常规焊接时的再热脆化现象,但与母材相比,韧性有所降低,仍存在热影响区的局部脆化区。一次热循环细晶区经峰温为 1 300 ℃的二次热循环作用后,韧性相对母材也没有降低。上述结果表明,X70 管线钢在役焊接热影响区存在两个局部脆化区——一次热循环粗晶区和再热临界粗晶区,而且这两个区的韧性相当,未出现再热脆化现象。

在役焊接热影响区韧性和常规焊接相比,粗晶区、再热过临界粗晶区、未变粗晶区等区域的韧性值相当;再热临界粗晶区、再热亚临界粗晶区和一次热循环细晶区经受二次粗晶热循环后各区域的韧性值有不同程度的提高。

热影响区的冲击韧性和该区的组织密切相关。引起热影响区局部脆化的原因主要有两个方面:

(1) 粗晶脆化

在焊接过程中,HAZ 的温度非常高,其中粗晶区的温度接近钢材的熔化温度,因而尽管高温停留时间短,奥氏体晶粒仍急剧长大。根据 Hall-Petch 关系可知,晶粒越粗大,脆性转变温度越高,也就是脆性越高。晶粒直径 d 与脆性转变温度 VT_{rs} 的关系如图 4-21 所示。对于焊接热影响区,粗晶脆化与一般单纯晶粒长大造成的脆化不同,它是在化学成分及组织状态不均匀的非平衡条件下形成的,脆化程度更为严重。

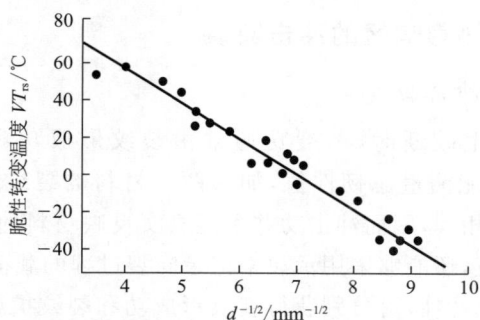

图 4-21　晶粒直径对脆性转变温度的影响[152]

(2) 组织脆化

管线钢焊接热影响区除粗晶脆化外,组织结构因素也是导致脆化的一个重要原因。管线钢经受焊接热循环后的显微组织形态各异,其中常见的脆化组织有上贝氏体、粗大的粒状贝氏体、魏氏组织和网状先共析铁素体等。特别是粗大的粒状贝氏体,其韧性取决于贝氏体铁素体基体及 M-A 岛状组织,M-A 组元的大小、数量、分布及形态会对韧性有很大影响。

对于焊接热影响区,粗晶脆化和组织脆化常常交混在一起,甚至是相互叠加起作用。

常规焊接粗晶区的脆化主要是由于晶粒粗大和较多的粗大粒状贝氏体组织造成的。在役焊接粗晶区的晶粒相对常规焊接较小,可以在一定程度上弥补粗晶脆化造成的韧性损失,但 M-A 组元的含量增多、形态以长条状为主、平均弦长较大、分布较为密集,使得韧性有所降低,晶粒大小和 M-A 组元脆化两者的综合作用使得在役焊接粗晶区和常规焊接粗晶区的韧性相当。

常规焊接再热临界粗晶区由于组织遗传使得晶粒粗大,其中粗大的粒状贝氏体组织依然占主要地位,因而粗晶脆化对韧性降低有一定的作用。该区的 M-A 组元呈狭长的细长条状,体积分数很高,平均弦长高达 $4.21\ \mu m$。透射电镜观察结果表明,该区 M-A 组元密集,局部区域的 M-A 组元已经引起了显微裂纹(图 4-18),这种情况下的 M-A 组元显然会引起韧性的急剧降低。两方面的综合作用导致常规焊接再热临界粗晶区的韧性极低,发生了再热脆化,是整个热影响区的韧性谷区。对于在役焊接再热临界粗晶区,虽然相对粗晶区晶粒依然粗大,但相对于常规焊接要小很多;虽然光学显微镜下的组织主要是粒状贝氏体和贝氏体铁素体,但透射电镜结果表明该区生成了一些下贝氏体和板条马氏体,二者的混合组织具有优良的机械性能,使得韧性有所提高。同时,该区 M-A 组元以较小的块状为主,平均弦长很小(为 $1.14\ \mu m$,小于可构成 Griffith 裂纹的 $2\ \mu m$),体积分数也不高,这样的 M-A 组元对韧性的影响很小。可以说,在役焊接再热临界粗晶区相对母材韧性的降低主要是晶粒粗大造成的,M-A 组元没有对韧性造成坏的影响,下贝氏体和板条马氏体的混合组织在一定程度上弥补了韧性的损失,使得该区韧性要高于常规焊接,且相对一次粗晶区没有降低,因而未出现再热脆化。

常规焊接细晶区经受峰温为 1 300 ℃的二次热循环作用后韧性再次降低也是由于二次粗晶热循环造成晶粒粗大、形成了一定数量的长条状 M-A 组元造成的;对于在役焊接的这一区域,由于冷却速度较快,晶粒相对较小,粗大的粒状贝氏体较少,板条贝氏体增多,因而韧性较好,未出现脆化。

4.4.2 在役焊接热影响区的冲击断裂

1) 热影响区的示波冲击曲线

材料在承受载荷发生破断时,断裂功通常由裂纹形成功和裂纹扩展功两部分组成[153]。普通冲击试验只能测量总韧性值,如果两种材料的裂纹形成功和裂纹扩展功不同,总的冲击功也可能会相同,因而冲击功并不能真实反映材料的韧性。示波冲击试验除了能够测试材料的韧性值,还能够采用示波来记录断裂过程的载荷-位移曲线,能够具体表征试样断裂时的能量吸收特性,可分别获得裂纹形成功和裂纹扩展功的数值,较为真实地反映材料在冲击载荷作用下的断裂行为。图 4-22 即为示波冲击试验的载荷-位移曲线示意图,试样在冲击载荷作用下先产生弹性形变,载荷上升到 A 点时开始屈服,随着载荷的增大在 B 点处开裂,开裂后先经稳定扩展阶段,到达 C 点后发生失稳扩展,到达 D 点后以剪切撕裂方式扩展,直至最终断裂[154],因而将 OA 段、AB 段、BC 段、CD 段分别称为弹性变形段、屈服段、稳定扩展段和失稳扩展段。E_1 为裂纹形成功,代表裂纹形成的难易程度,由弹性变形功 E_e 和塑性变形功 E_p 两部分组成;E_2 为稳定扩展功,E_3 为失稳扩展功和撕裂功,E_2 和 E_3 之和即为裂纹扩展功 E_T;E_1,E_2,E_3 之和即为试样的冲击功 A_K。E_1 为最大载荷前的能量,E_T 为最大载荷后的能量。此外,从图 4-22 中还能测定屈服载荷 P_{GI}、最

大载荷 P_m、脆断载荷 P_f、脆断终止载荷 P_a、最大载荷点位移 S_1、脆性失稳点位移 S_2 等。可见，示波冲击能获得关于断裂过程的更多信息量。本节分析了典型试样示波冲击的载荷-位移曲线，以获得更多的特征参量，对各种情况下热影响区的动态断裂过程进行细致分析。

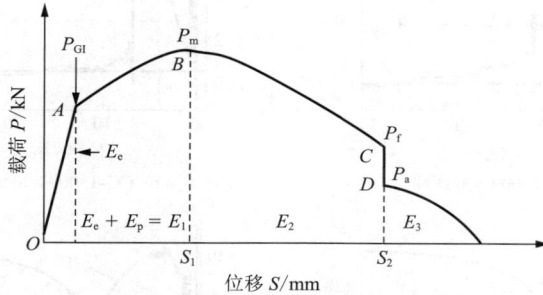

图 4-22　示波冲击试验的载荷-位移曲线示意图

　　图 4-23 为热影响区各区典型冲击试样的示波冲击载荷-位移曲线。从图 4-23 中可以看出，各试样的载荷-位移曲线呈现出不同的特征，虽然所有试样的弹性变形段相差不大，但屈服段略微有差别，而最大载荷之后的稳定扩展段和失稳扩展段有较大区别。CG1300＋800,ZY-1300＋800和ZY-1300＋1200三个试样的稳定扩展段较短，其他的都

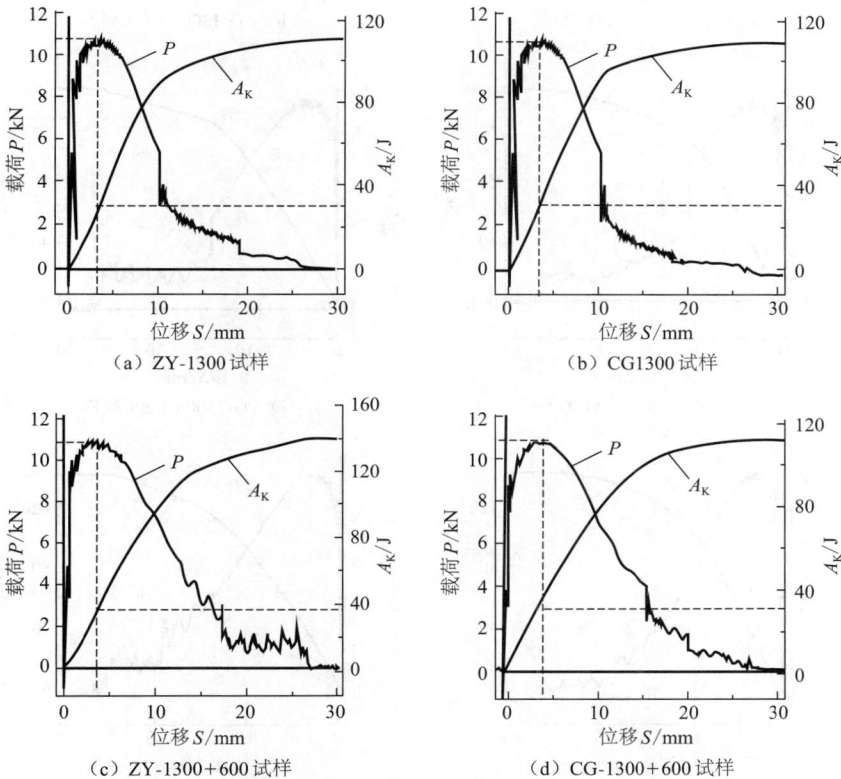

（a）ZY-1300 试样

（b）CG1300 试样

（c）ZY-1300＋600 试样

（d）CG-1300＋600 试样

图 4-23　示波冲击载荷-位移曲线

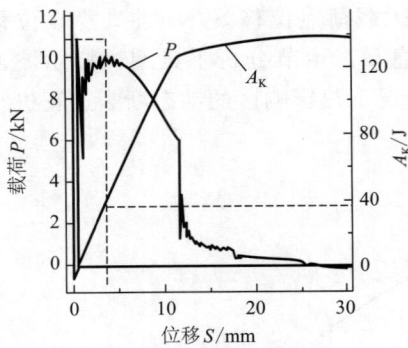

（e）ZY-1300+800 试样

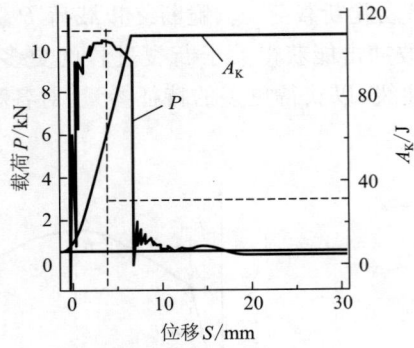

（f）CG-1300+800 试样

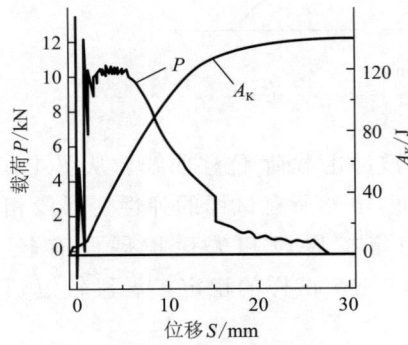

（g）ZY-1300+1 000 试样

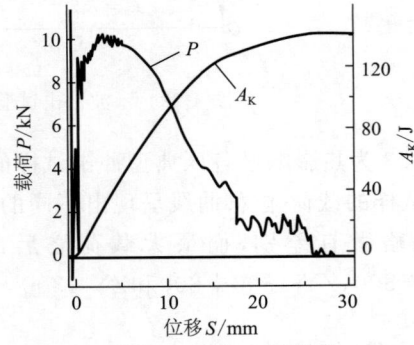

（h）CG-1300+1 000 试样

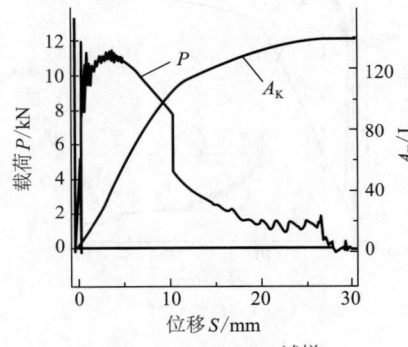

（i）ZY-1300+1 200 试样

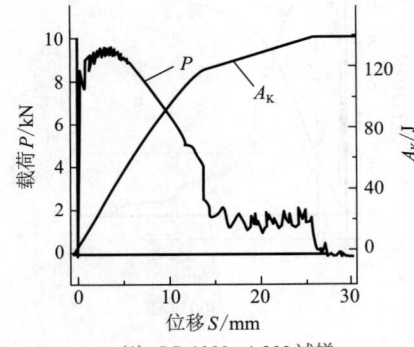

（j）CG-1300+1 200 试样

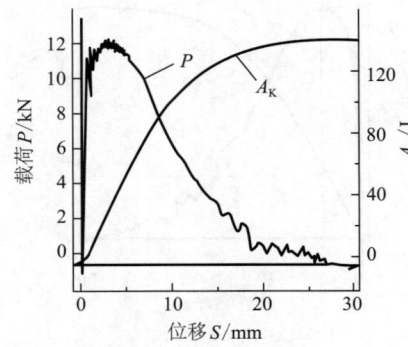

（k）ZY-800+1 300 试样

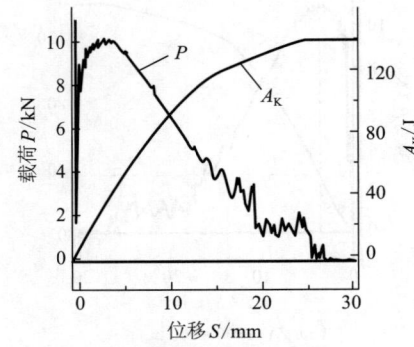

（1）CG-800+1 300 试样

图 4-23（续）　示波冲击载荷-位移曲线

较长。ZY-1300＋600,ZY-800＋1300 试样没有明显的失稳扩展段,CG-1300＋800 失稳扩展段较大,CG-1300＋1000,CG-800＋1300,ZY-1300＋1000 试样虽然有失稳扩展段但长度较小。

各试样载荷-位移曲线呈现出的形状特征、各阶段曲线的长短定性说明了其动态冲击特性和裂纹扩展各阶段的难易程度。为了定量评价裂纹形成功、稳定扩展功、失稳扩展功的大小,从各试样的示波冲击载荷-位移曲线上获取了特征参量数值,结果如表 4-4 所示。

表 4-4　示波冲击载荷-位移曲线的特征参量

试样编号	P_{GI}/kN	P_m/kN	P_f/kN	P_a/kN	E_1/J	E_2/J	E_3/J	E_2+E_3/J	A_K/J
ZY-1300	8.22	10.54	4.86	3.73	33.3	56.7	22.7	79.4	112.7
CG-1300	8.63	10.42	5.42	2.95	34.4	56.7	13.3	70.0	104.4
CG-1300＋600	7.58	10.32	1.47	0.95	29.3	97.4	4.6	102.0	131.3
CG-1300＋800	8.00	10.33	9.22	1.17	30.0	27.8	1.0	28.8	58.8
CG-1300＋1000	7.53	10.16	2.74	1.68	25.5	100.0	11.7	111.7	137.2
CG-1300＋1200	7.44	9.89	4.11	2.72	38.7	73.0	20.0	93.0	131.7
CG-800＋1300	7.80	9.66	2.39	1.66	27.6	99.1	8.0	107.1	134.7
ZY-1300＋600	8.83	10.83	2.89	2.56	34.3	92.1	13.6	105.7	140.0
ZY-1300＋800	8.36	10.85	6.48	2.85	38.2	67.7	10.0	77.7	115.9
ZY-1300＋1000	8.26	10.39	2.65	1.81	35.0	79.7	5.3	85.0	120.0
ZY-1300＋1200	8.19	10.69	7.33	4.12	35.3	59.4	32.0	91.4	126.7
ZY-800＋1300	9.00	11.29	1.35	0.71	26.5	97.4	5.1	102.5	129.0

结合示波冲击载荷-位移曲线、对表 4-4 中数据和各试样的显微组织进行综合分析,可以得到如下结论:

(1) 大多试样的屈服载荷 P_{GI} 在 8～8.5 kN 之间,CG-1300＋600,CG-1300＋1000,CG-1300＋1200,CG-800＋1300 四个试样的 P_{GI} 小于 8 kN,ZY-800＋1300 试样的 P_{GI} 稍大,为 9 kN,即 ZY-800＋1300 试样需要较大的力才能屈服,CG-1300＋600,CG-1300＋1000,CG-1300＋1200,CG-800＋1300 试样达到屈服所需的力稍小。屈服载荷较小的四个试样均为常规焊接二次热循环热影响区的各区,其显微组织的共同特点是粗大的粒状贝氏体较多,这说明粗大的粒状贝氏体在较小的载荷下就会达到屈服点。

(2) 所有试样在相近的位移处(3～4 mm)达到最大载荷点,大多数试样的最大载荷 P_m 为 10.5 kN 左右,说明各试样裂纹形成所需的力相差不大。虽然各试样的显微组织有所差别,但主要组织类型都是贝氏体铁素体和粒状贝氏体,只是这两种组织各自所占比例有所差异,因而可以认为这两种组织的裂纹形成功相近。

(3) 各个试样的脆断载荷 P_f 不尽相同,最大的为 CG-1300＋800 试样(高达 9.22 kN),最小的则为 ZY-800＋1300 试样(为 1.35 kN),表明各试样开始发生脆性断裂所需的载荷各不相同。脆断终止载荷 P_a 也具有类似的规律,最小的仍然为 ZY-800＋1300 试样(为 0.71 kN),最大的则是 ZY-1300＋1200 试样(高达 7.33 kN)。

(4) ZY-1300,CG-1300,ZY-1300＋600,ZY-1300＋1000,ZY-1300＋1200 试样的裂纹

形成功比较接近,在 33~35 J 之间波动。CG-1300＋800,CG-1300＋600,CG-800＋1300 试样的裂纹形成功也比较接近,在 27~30 J 之间波动。CG-1300＋1000 和 ZY-800＋1300 试样的裂纹形成功最小,最易形成裂纹;CG-1300＋1200 和 ZY-1300＋800 试样的裂纹形成功最大,较难形成裂纹。对应表 4-3 中 M-A 组元的体积含量和平均弦长可知,CG-1300＋1200 和 ZY-1300＋800 试样的 M-A 组元体积分数最小、平均弦长最小。因而,M-A 组元的数量和形态是影响试样裂纹形成功的重要因素,其含量较少、平均弦长较小时裂纹形成功较大,裂纹不易形成。

(5) 各试样的裂纹扩展功相差较大,在 28.8~111.7 J 之间波动。CG-1300＋800 试样裂纹扩展功最小,为 28.8 J,在载荷-位移曲线上表现为达到最大载荷点后裂纹稳定扩展段较短,载荷迅速下降(接近 0),失稳扩展段明显且较长。这说明裂纹扩展很快,裂纹扩展所受阻力很小,发生了脆性断裂。CG-1300＋1000,CG-800＋1300,ZY-1300＋600 试样的裂纹扩展功较大,其载荷-位移曲线在达到最大载荷后显示出缓慢下降的趋势,失稳扩展段不明显。裂纹扩展过程中载荷呈阶梯状下降,表明裂纹扩展过程中受到了一定的阻力。

由此可以看出,对于冲击韧性最好的试样(ZY-1300＋600),其裂纹形成功并不是最大,裂纹扩展功也不是最大。裂纹形成功最大的试样(CG-1300＋1200)的韧性不是最好的,裂纹扩展功最大的试样(CG-1300＋1000)的韧性也不是最好的。近期很多研究结果表明,裂纹扩展功比总冲击功更能反映材料的抗断能力和真实韧性[155-157]。有的试样虽然冲击韧性不是最好,但裂纹扩展功较高,更能有效阻止裂纹的扩展。因而,对热影响区示波冲击载荷-位移曲线的特征量进行细致分析的现实意义在于:定量区分各种情况下热影响区的裂纹萌生能力和裂纹扩展能力,为合理制定工艺以获得满足特定性能要求的热影响区提供依据。

2) 热影响区的冲击断口形貌

观察和分析材料的冲击断口可以获得材料性能及行为等方面更多的信息,是冲击韧性数据的重要补充。根据断裂过程,一般可将 V 型缺口冲击试样断口分成三个区[154]:裂纹稳定扩展阶段形成的暗灰色纤维区(F 区)、快速失稳扩展阶段形成的白亮放射区(R 区)和边缘部分因靠近自由面而应力状态改变所形成 45 ℃方向且较光滑的剪切唇区(S 区),如图 4-24 所示。

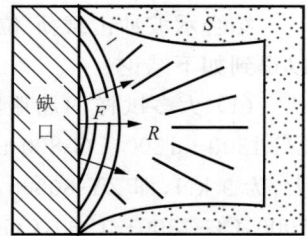

图 4-24 冲击断口分区示意图

为分析在役焊接和常规焊接不同条件下热影响区的断口形貌特征和断裂机制,选取典型断口试样进行扫描电镜观察。

(1) 冲击断口宏观形貌。

利用扫描电镜在低倍下(放大 20 倍)观察在役焊接热影响区各区冲击断口的宏观形貌,并和常规焊接热影响区进行对比,如图 4-25 所示。

从图 4-25 可以看出,常规焊接再热临界粗晶区(图 4-25d)冲击断口在缺口起裂处基本不存在纤维区,整个断面基本都是白亮的放射区,只是在缺口附近的两侧存在少量的剪切唇区,该断口在宏观上表现为典型的脆性断口,韧性较差。这和示波冲击曲线中稳定扩展段较短、裂纹扩展功最小是相对应的。

在役焊接再热亚临界粗晶区(图 4-25e)、再热过临界粗晶区(图 4-25g)、未变粗晶区(图 4-25h)和常规焊接再热亚临界粗晶区(图 4-25f)的冲击断口呈暗灰色,无金属光泽,无结晶颗粒,且能看出试样有相当大的延伸率。整个断口凹凸不平,无放射区,除边缘部分的剪切唇区外,断面上基本都是纤维区。这四个试样对应的裂纹扩展功都比较大,示波冲击曲线的失稳扩展段较小,因而韧性较好,表现为典型的延性断裂。

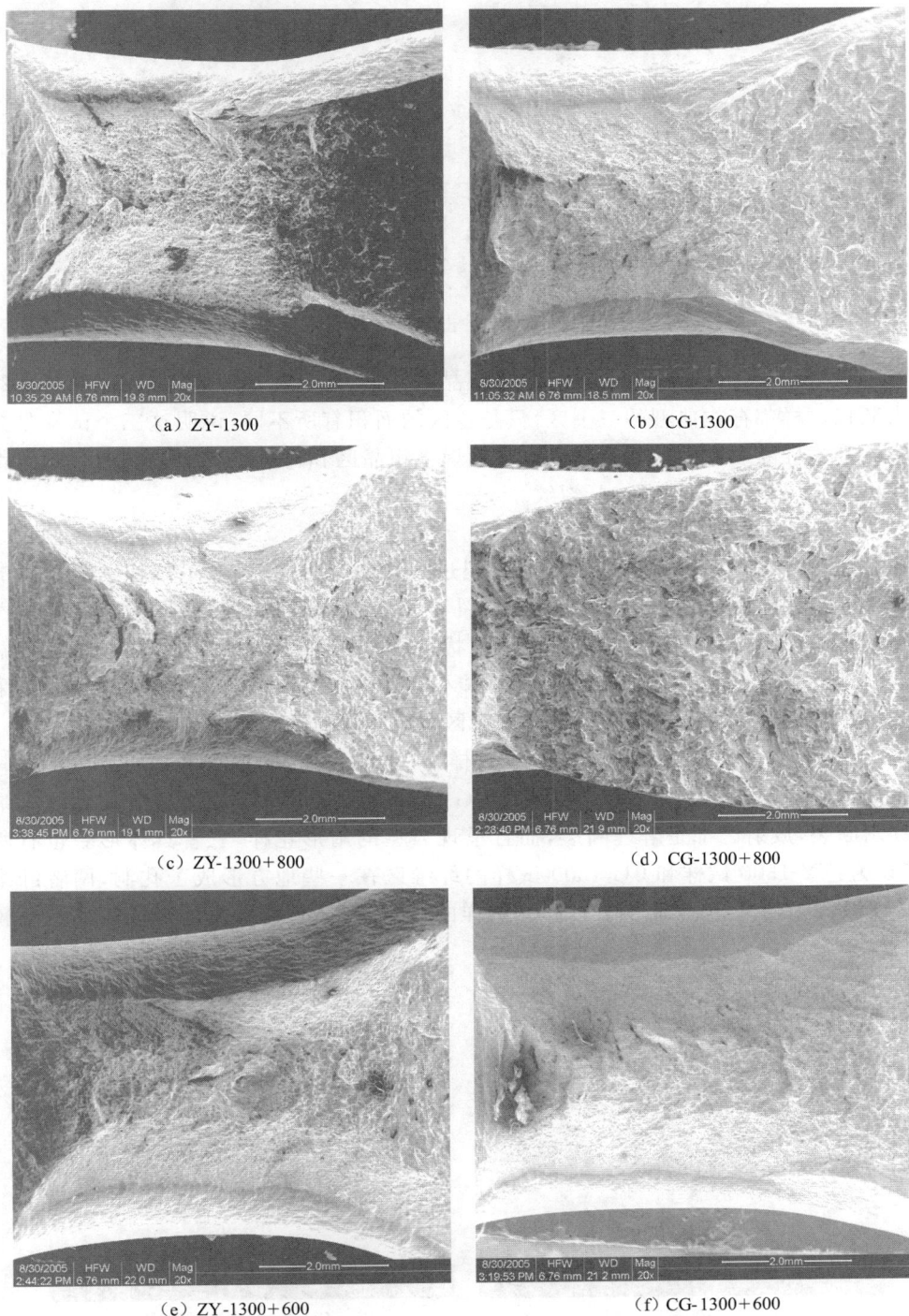

（a）ZY-1300

（b）CG-1300

（c）ZY-1300+800

（d）CG-1300+800

（e）ZY-1300+600

（f）CG-1300+600

图 4-25　冲击断口宏观形貌

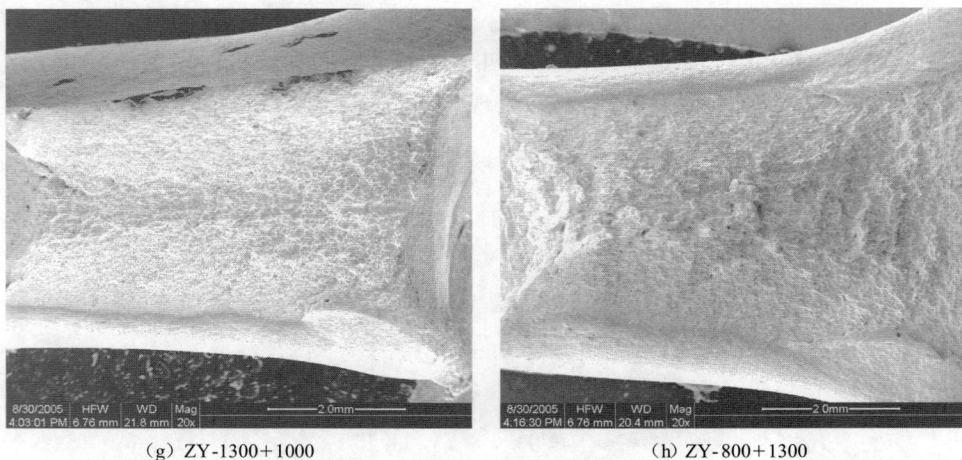

（g）ZY-1300+1000   （h）ZY-800+1300

图 4-25（续）   冲击断口宏观形貌

在役焊接粗晶区（图 4-25a）、再热临界粗晶区（图 4-25c）和常规焊接粗晶区（图 4-25b）的冲击断口试样都存在典型的三个区,只是各区的面积有所不同,说明这三个试样是介于延性断裂和脆性断裂之间的混合断口。在役焊接粗晶区和再热临界粗晶区的纤维区都存在一些由于金属撕裂形成的孔洞、裂纹。

（2）冲击断口微观形貌。

冲击断口的微观形貌反映了试样的断裂过程和断裂机制,揭示了试样韧脆程度的差异。延性断裂在微观机制上主要有韧窝断裂和滑移面分离断裂两种形式。对于脆性断口,从宏观上表现为断口平齐、断裂表面呈粒状,从微观机制上又可分为解理断裂、准解理断裂、疲劳断裂、晶界断裂等基本形式。为深入分析热影响区各区的微观断裂机制,采用扫描电镜在较高倍数下分别观察各试样纤维区和放射区的微观形貌。

ZY-1300,CG-1300 和 ZY-1300+800 试样为三区都存在的混合断口,图 4-26 为其断口的微观形貌。由图 4-26 可知,ZY-1300,CG-1300 和 ZY-1300+800 三个试样的纤维区都是韧窝断裂,放射区都是解理断裂,而且呈现典型的扇形花样,三者具体形貌也有所差异,表现为:ZY-1300 试样和 CG-1300 试样的纤维区在一些地方形成了孔洞,两者纤维区的韧窝都以等轴韧窝为主,而且 ZY-1300 试样的韧窝较深,较深韧窝的形成需要消耗较多

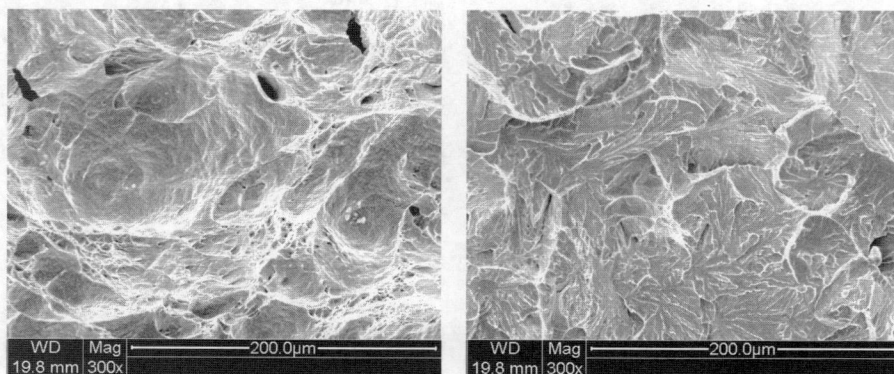

（a）ZY-1300 试样纤维区   （b）ZY-1300 试样放射区

图 4-26   三块试样冲击断口微观形貌

（c）CG-1300 试样纤维区　　　　　　　　（d）CG-1300 试样放射区

（e）ZY-1300+800 试样纤维区　　　　　　（f）ZY-1300+800 试样放射区

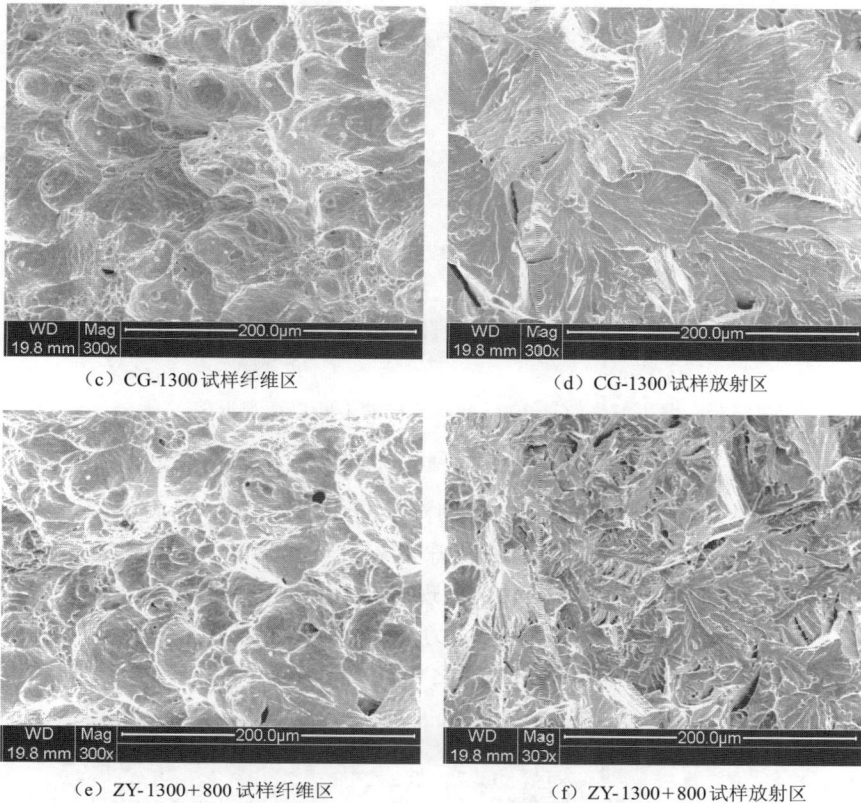

图 4-26（续）　三块试样冲击断口微观形貌

的能量,这使得 ZY-1300 试样的韧性略高于 CG-1300 试样;ZY-1300+800 试样纤维区的韧窝主要是抛物线形,但抛物线较短,没有被明显拉长,其韧窝较小,韧窝四周的撕裂棱较多、撕裂的痕迹较明显。放射区虽然同为扇形花样的解理断裂,但 ZY-1300+800 试样的放射区存在一些典型的、白亮的解理小刻面,而且扇形花样的解理小面的面积普遍较小,因而 ZY-1300+800 试样的韧性是三个试样中最好的。

CG-1300+800 试样是典型的脆性断口,整个断口基本都是裂纹快速失稳扩展形成的放射区,呈现典型的扇形花样解理断口,解理台阶较明显,解理平台较大,产生撕裂棱的地方很少,如图 4-27 所示。

CG-1300+600,ZY-1300+600,ZY-1300+1000 和 ZY-800+1300 试样宏观上均为延性断裂,没有放射区,在微观上整个断口都是韧窝断裂形貌,如图 4-28 所示。虽然同为韧窝形貌,但各试样之间甚至同一试样裂纹扩展初期(靠近缺口处)和扩展后期之间,其韧窝形貌也存在一些差异。CG-1300+600 的韧窝既有等轴形状的也有拉长的抛物线形的,在一些韧窝底部的中心处存在显微孔洞,在裂纹扩展后期部位的局部区域还出现了解理断裂,在大量韧窝的中间出现了扇形花样(图 4-28b),使得韧性在一定程度上有所降低。ZY-1300+600 的韧窝基本为等轴状,韧窝比较深,在有些地方韧窝较浅而且很细密,韧窝四周的撕裂棱较明显,并且裂纹扩展后期部位也呈现相同的微观形貌,因而该试样的韧性很好,是这四个试样中最好的。ZY-800+1300 试样虽然裂纹扩展初期部位和后期部位都是近似等轴状的韧窝,没有出现异常形貌,但韧窝很浅,在有些地方甚至很平坦,几乎不

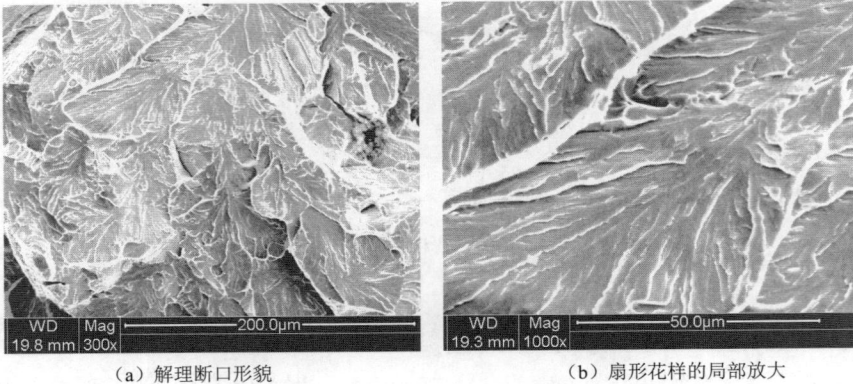

（a）解理断口形貌   （b）扇形花样的局部放大

图 4-27   CG-1300＋800 试样冲击断口微观形貌

存在明显的撕裂棱,因而韧性相对 CG-1300＋600 和 ZY-1300＋600 要差一些。ZY-1300
＋1000 试样在裂纹扩展初期部位是等轴的韧窝状断口,并存在一些撕裂棱,但在裂纹扩展
后期部位出现了如图 4-28(f)所示的一种特殊形貌。经局部放大(图 4-28g)后发现,该处
没有韧窝形貌,也不存在韧性撕裂的痕迹,呈现颗粒状,比较平滑且无金属光泽,可以断定
该局部不是延性断裂,因而对裂纹的阻止能力较弱,裂纹在该处扩展速度较快,导致整体
韧性相对较差,该试样的韧性在这四个试样之中最差。

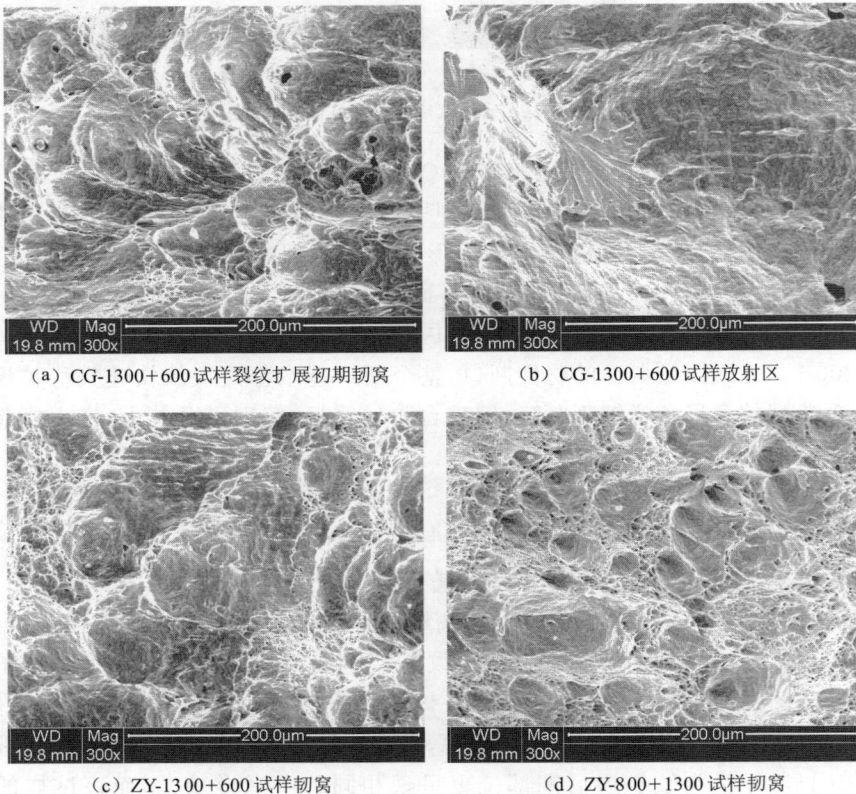

（a）CG-1300＋600试样裂纹扩展初期韧窝   （b）CG-1300＋600试样放射区

（c）ZY-1300＋600试样韧窝   （d）ZY-800＋1300试样韧窝

图 4-28   四块试样冲击断口微观形貌

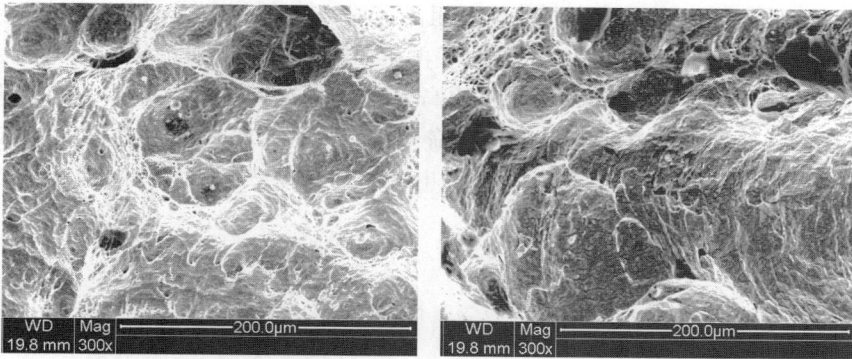

（e）ZY-1300+1000 试样裂纹扩展初期韧窝　　　（f）ZY-1300+1000 试样裂纹扩展后期韧窝

（g）f 图局部放大

图 4-28（续）　四块试样冲击断口微观形貌

4.4.3　在役焊接热影响区的硬度

采用小负荷维氏硬度计测试热模拟焊接热影响区各区的硬度，如图 4-29 所示。

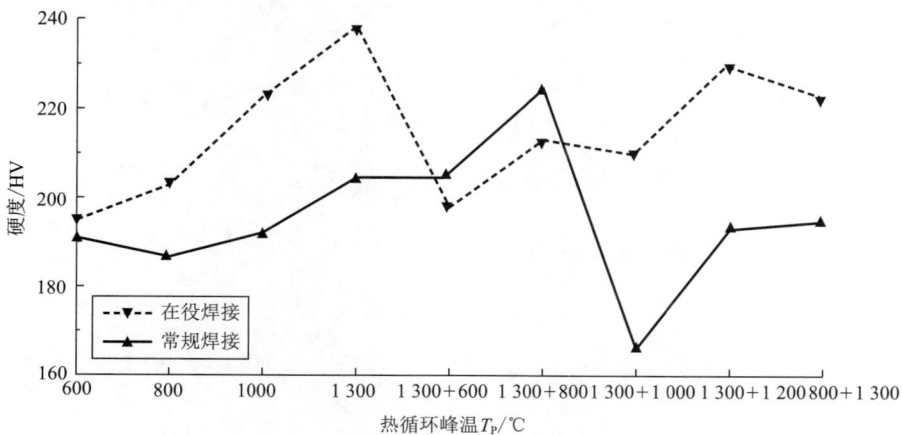

图 4-29　热影响区的硬度

由图 4-29 可知，在役焊接粗晶区的硬度值最大，高达 238 HV；粗晶区经历二次热循环作用后各区的硬度都有不同程度的降低，其中再热亚临界粗晶区的硬度最小，为 198 HV。

对于常规焊接,最高硬度则出现在再热临界粗晶区,为 225 HV;再热过临界粗晶区的硬度最低,为 166 HV。在役焊接热影响区中除了再热亚临界粗晶区和再热临界粗晶区的硬度值比常规焊接略低外,其他区域的硬度值均高于常规焊接。硬度值显然是和显微组织密切相关的,在役焊接粗晶区和常规焊接再热临界粗晶区含有较多的粗大粒状贝氏体和 M-A 组元脆硬相,因而硬度值都较高,而且透射电镜观察结果表明在役焊接粗晶区含有一些板条马氏体,因此其硬度值更高一些。

第5章　在役焊接接头应力与变形

　　焊接过程中的瞬态应力及焊后的残余应力与材料、焊接热过程、相变和被焊件的约束状态均有关系。在役焊接时,管道内部介质的快速冷却作用造成了温度场的改变,必然会导致焊接应力的变化,更重要的是管内介质的压力会对焊接接头产生一个附加的应力场,导致在役焊接接头的应力更加复杂。而且,和常规焊接不同的是,不仅焊接残余应力会对氢致开裂产生影响,焊接过程中的瞬态应力有可能导致焊接接头在在役焊接过程中发生失稳,导致管壁烧穿、管内介质泄漏,引发灾难性事故。因此,对于在役焊接,焊接过程中应力的变化过程(即瞬态应力)也非常重要。

　　以气管线为研究对象,采用 SYSWELD 进行在役焊接应力的计算,探讨介质流速、压力、焊接热输入等因素对运行管道在役焊接过程中管道内壁瞬态应力以及焊后残余应力的影响规律。

　　在役焊接过程中,管道内壁沿径向变形的大小预示着烧穿发生可能性的大小,因而管道内壁沿径向的变形可作为判定烧穿的依据[93]。焊接变形和焊接应力的计算是同步进行的,鉴于变形对在役焊接安全性的重要意义,在焊接应力计算的基础上,重点探讨运行管道在役焊接过程中焊接区管道内壁径向变形的变化过程以及气体流速、压力和焊接热输入对在役焊接瞬态变形和残余变形的影响规律。

5.1　焊接应力计算模型及材料性能参数

　　目前分析焊接应力的理论很多,如热弹塑性分析、固有应变法和黏弹塑性分析等。本书应用 SYSWELD 进行应力分析是基于热弹塑性理论。焊接热弹塑性分析是在焊接热循环过程中通过一步步跟踪应变行为来计算应力与应变的,应用这种方法不仅可获得残余应力和变形,还可以详细掌握焊接应力与变形的产生和发展过程。

　　通常在焊接热弹塑性分析时作如下假设:(1) 材料的屈服行为服从 Von Mises 屈服准则;(2) 塑性区内的行为服从流变法则,并显示出应变硬化;(3) 弹性应变、塑性应变与温度应变是可分的;(4) 与温度有关的力学性能、应力应变在微小的时间增量内线性变化。

　　焊接应力的计算是在焊接温度场计算的基础上进行的,因此几何模型、换热边界条件、热源模型等和第 3 章焊接热循环的计算是一致的,所不同的是在模型内表面的面单元上加载介质的压力。由于采用堆焊进行研究的种种优越性[93],本章采用图 3-5 所示模型研究在管道外表面堆焊第一道焊道时的应力变化,数值模型的管道外径为 508 mm,壁厚 8 mm。

所用的 X70 管线钢的化学成分、力学性能均和 Bang I. W.等人相关试验[80]的材料相近,故力学性能如屈服应力 σ、杨氏模量 E、硬化系数 E_T、泊松比 ν、热膨胀系数 α 等根据图 5-1 进行计算。

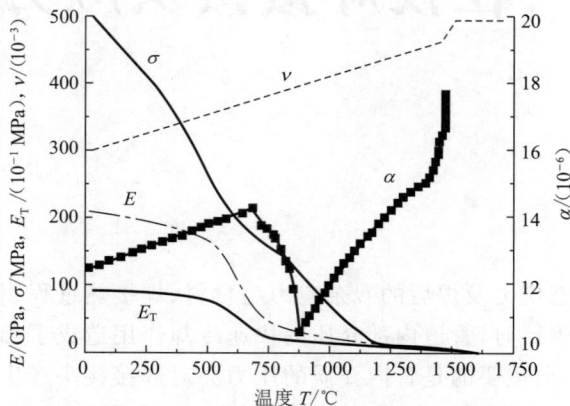

图 5-1   管线钢的力学性能

数值模拟的焊接起始点为图 3-5(a)中模型的上顶端 12 点位置,结束点为下端部 6 点位置,焊接速度是均匀的,并认为整个半圆管道上各个横截面所经历的焊接过程是相同的,因此主要考察焊接进行 90°时(即地 3 点位置)横截面上的应力分布情况,横截面示意图如图 3-5(b)所示。

对于管道环焊缝等轴对称焊接问题,人们关心的是轴向应力(与环焊缝垂直方向,即平行于管道轴线方向的应力)和环向应力(沿环焊缝圆周方向的应力)。因此,对于运行管道的在役焊接,本书主要考察图 3-5(b)中所示横截面管道内壁(OA 方向)在施焊后 1 s(时刻Ⅰ)、焊接热源经过该截面的时刻(时刻Ⅱ)、焊接刚结束的时刻(时刻Ⅲ)和 1 000 s(时刻Ⅳ)4 个时刻的应力分布,其中时刻Ⅰ,Ⅱ,Ⅲ代表焊接过程中 3 个典型时刻的瞬态应力,时刻Ⅳ的应力为焊后的残余应力。例如当焊接电流为 150 A、焊接速度为 3.4 mm/s 时,焊接所需时间为 241.8 s,焊接热源到达横截面的时间约为 120.9 s,即时刻Ⅰ,Ⅱ,Ⅲ,Ⅳ分别为 1 s,120.9 s,241.8 s 和 1 000 s。

5.2   在役焊接和常规焊接应力场比较

为了探讨气管线在役焊接时管道轴向应力和环向应力与常规焊接的差异,在气体流速为 15 m/s、压力为 6 MPa 时计算了 4 个时刻的应力分布,并和相同管道结构条件(壁厚 8 mm、外径 ϕ508 mm)和焊接工艺参数时(表 2-4 中 D 组工艺)的常规焊接进行对比。

5.2.1   在役焊接管道内壁应力的分布

在所选取的横截面上(图 3-5b),在役焊接时轴向应力在不同时刻沿管道内壁(图 3-5b

中 OA 方向)的分布如图 5-2 所示。

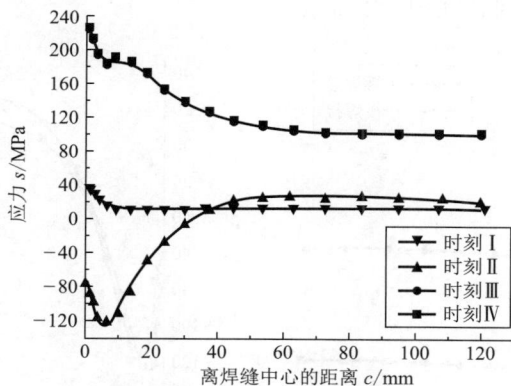

图 5-2　在役焊接时管道内壁不同时刻轴向应力的分布

　　从图中可以看出,焊接进行 1 s 后(时刻Ⅰ),管道内壁的应力状态就开始发生变化,近缝区(焊缝正下方附近的管道内壁区域)产生了拉应力,但数值不大;在焊缝中心点正下方的拉应力值最大,约为 40 MPa;远离焊缝中心点拉应力值逐渐减小;距离焊缝中心 10 mm 以外管道内壁的轴向应力基本没有变化。时刻Ⅱ时,即焊接热源经过所考察的管道横截面时,近缝区为压应力,并在离焊缝中心 6 mm 左右达到最大值(123 MPa),随后压应力值不断减小,并在 30 mm 处过渡为拉应力,远离焊缝中心的地方拉应力值为 25 MPa。时刻Ⅲ和时刻Ⅳ的应力曲线重合,即时刻Ⅲ的应力就是残余应力。在役焊接管道内壁的残余应力为拉应力,在焊缝中心点下方处拉应力值最大(为 226 MPa),远离焊缝中心点应力值不断减小,在距离中心 60 mm 以外的地方,轴向拉应力值保持在 100 MPa 左右。

　　在役焊接时,环向应力在不同时刻沿管道内壁的分布如图 5-3 所示,可以看出,环向应力的分布不同于轴向应力。时刻Ⅰ时,管道内壁各点环向应力均为 75 MPa 左右,不随离焊缝中心距离的变化而变化。时刻Ⅱ时,热源到达所考察的横截面,近缝区管道内壁的环向应力为压应力,在离焊缝中心 4 mm 左右达到最大值 55 MPa,此后压应力数值不断减小,在距离焊缝中心 9 mm 左右环向应力转变成拉应力,并在距离焊缝中心 37 mm 处达到最大拉应力值 121 MPa,远离焊缝中心的地方环向应力为 80 MPa 左右。时刻Ⅲ之后,内壁环向应力的分布规律保持不变,可视为残余应力。

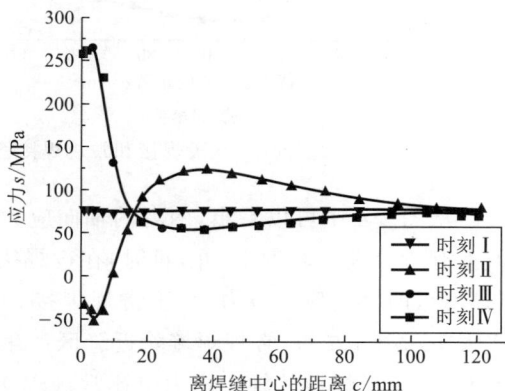

图 5-3　在役焊接时管道内壁不同时刻
环向应力的分布

管道内壁的残余环向应力均为拉应力,在近缝区拉应力值较大,最大值可达 260 MPa;远离焊缝中心拉应力值不断下降,最终保持在 75 MPa。

5.2.2　在役焊接管道内壁应力与常规焊接对比

　　在役焊接时,由于流动气体的快速冷却和介质的压力作用,焊接区的瞬态应力和残余应力与常规焊接相比会发生变化。在 4 个不同时刻,在役焊接时管道内壁轴向应力沿管壁的分布与常规焊接的对比如图 5-4 所示。

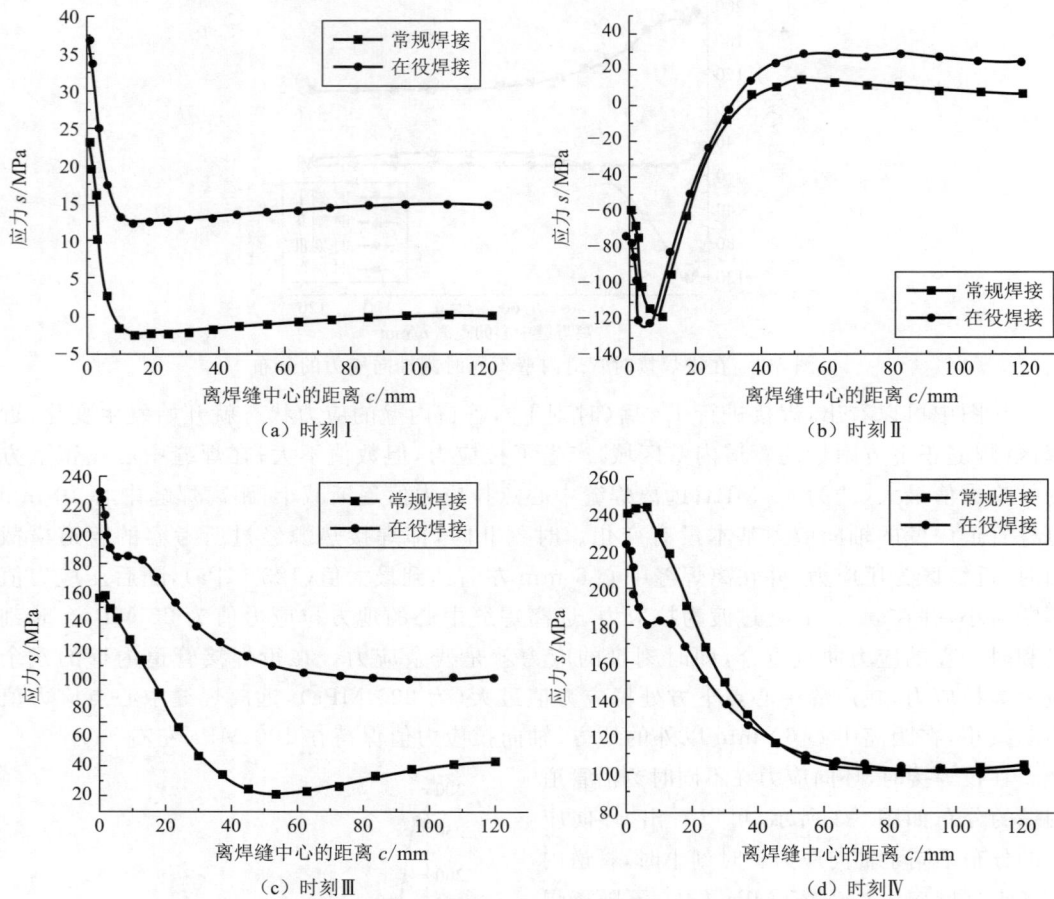

图 5-4 在役焊接和常规焊接管道内壁轴向应力在不同时刻的对比

从图 5-4 中可以看出,两者的轴向应力在各时刻沿管壁的分布规律基本相同,只是数值上有所差别。时刻Ⅰ,Ⅱ,Ⅲ时,在役焊接的轴向应力数值大于常规焊接,而时刻Ⅳ的轴向应力(即轴向残余应力)小于常规焊接。时刻Ⅰ时,在役焊接内壁拉应力值要比常规焊接大 15 MPa 左右,常规焊接除近缝区产生了较小的拉应力外,其余地方应力值为零。时刻Ⅱ时,在役焊接的轴向应力也比常规焊接大 15 MPa 左右。时刻Ⅲ时,在役焊接的轴向拉应力比常规焊接大 60~70 MPa。在役焊接在时刻Ⅲ之后应力保持不变,而常规焊接的轴向拉应力值继续增大,使得时刻Ⅳ时常规焊接近缝区的轴向应力值超过了在役焊接,最大值高出 20 MPa 左右,在远离焊缝中心的地方两者轴向应力大小基本相同。

在役焊接管道内壁环向应力沿管壁的分布在 4 个不同时刻与常规焊接对比如图 5-5 所示。

由图 5-5 可以看出,在所考察的 4 个时刻,在役焊接的环向应力均大于常规焊接。时刻Ⅰ时,常规焊接的环向应力基本为零,而在役焊接整个管道内壁均为拉应力,数值为 75 MPa 左右。时刻Ⅱ时,两者近缝区的环向应力均为压应力,且常规焊接的环向压应力数值要大于在役焊接;远离焊缝中心,环向应力转变成拉应力,在役焊接的环向拉应力数值要比常规焊接的高 80 MPa 左右。时刻Ⅲ和时刻Ⅳ时,在役焊接整个管道内壁的环向应力均为拉应力,而常规焊接在距离焊缝中心约 16 mm 处开始出现压应力,在约 30 mm 处压应力值达到最大(62 MPa),随后不断减小,在远离焊缝中心的地方环向应力基本为零。由于常规焊接近缝区环向应力的数值在时刻Ⅲ后继续减小,使得时刻Ⅳ时在役焊接近缝区的最大环向应力比常规焊接大 100 MPa 左右。

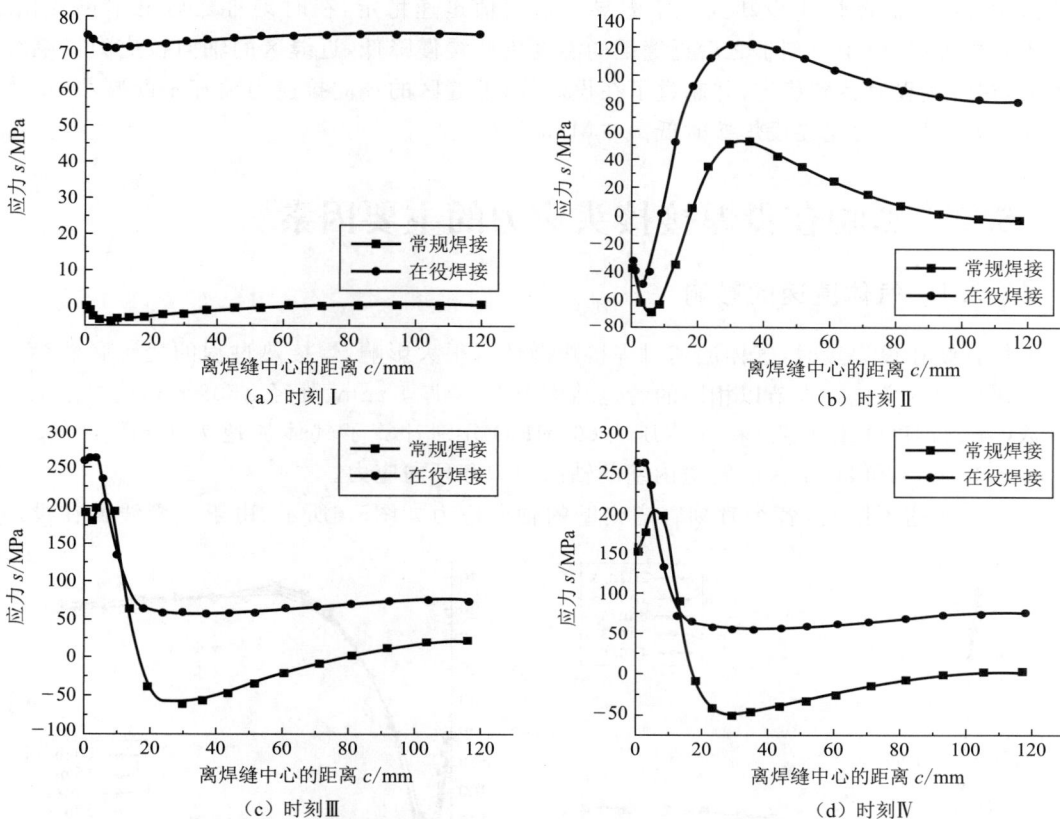

图 5-5 在役焊接和常规焊接管道内壁环向应力在不同时刻的对比

总之,对于气管线的在役焊接,焊接开始后,在所考察的横截面上,管道内壁离焊缝较近的区域就开始产生了较小的轴向拉应力,离焊缝较远的地方基本没有产生轴向应力,整个管道内壁的环向应力均保持在 75 MPa 左右。当焊接热源经过所考察的横截面时(时刻Ⅱ),由于此时焊缝处于熔融状态,焊接热作用比较强烈,管道内壁近缝区的轴向应力和环向应力均为压应力,在远离焊缝中心的区域轴向应力和环向应力均为拉应力。由于气体介质的快速冷却作用,在时刻Ⅲ以后焊接区管道内壁的应力值基本保持恒定,此时的应力即为残余应力。管道内壁的残余轴向应力和环向应力均为拉应力,分布规律都是从近缝区到远离焊缝中心的地方不断减小。

常规焊接的应力变化过程与在役焊接不同。常规焊接由于焊接接头冷却速度较慢,应力变化也较慢,时刻Ⅲ时并未达到稳定,甚至由时刻Ⅲ时的拉应力变化成时刻Ⅳ时的压应力。对于管道内壁轴向应力的分布规律和在役焊接基本类似,只是数值上有不同程度的减小,在役焊接的应力更大;而环向应力特别是环向残余应力则有所不同,在役焊接整个管壁为拉应力而常规焊接在局部区域产生了压应力。

分析认为,时刻Ⅰ和时刻Ⅱ时轴向应力、环向应力的分布主要受焊接热作用和介质压力作用的影响,两者应力大小的差别是由在役焊接管道内气体压力产生的。在时刻Ⅱ之后,随着热源的逐渐离开,气体的冷却作用开始对焊接区冷却过程中的应力分布产生影响。气体的快速冷却使得焊接区产生了比常规焊接更大的轴向拉应力和环向拉应力,而且由于焊接区温度快速冷却到了室温导致应力值迅速稳定,在时刻Ⅲ之后就不再变化。对于常规焊接,由于时刻Ⅲ之后近缝区的温度仍然缓慢降低,近缝区的轴向拉应力值继续增大,在时刻Ⅳ时达到稳定,并超过了在役焊接;近缝区的环向拉应力值却不断减小,最终的环向残余拉应力比在役焊接时低 100 MPa 左右。

5.3　影响在役焊接接头应力的主要因素

5.3.1　气体流速的影响

气管线在役焊接时,气体流速对焊接热循环有很大影响,焊接热过程的变化必然会导致焊接应力的变化。本节以相同的管道结构因素(壁厚 8 mm、外径 ϕ508 mm)、焊接工艺参数(表 2-4 中 D 组工艺)和气体压力(6 MPa)分别计算了气体流速为 1 m/s,5 m/s,8 m/s,15 m/s 和 20 m/s 时管道内壁的轴向应力和环向应力。

气体流速不同时,各个时刻管道内壁的轴向应力如图5-6所示。由于气管线的在役焊

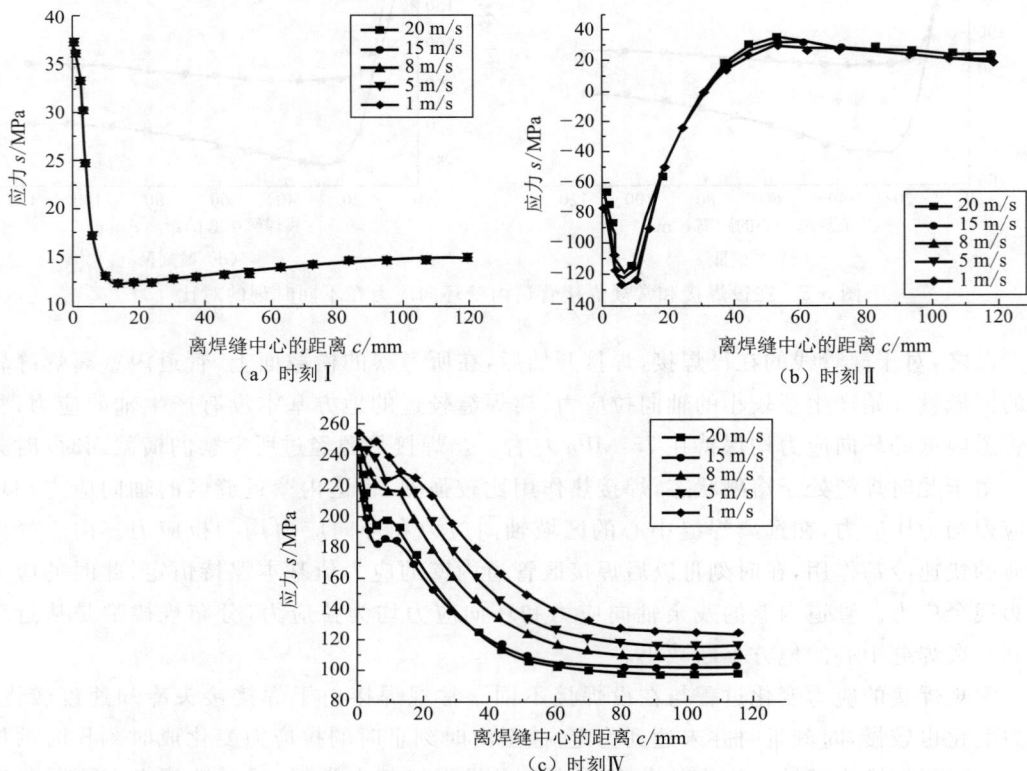

（a）时刻Ⅰ　　（b）时刻Ⅱ

（c）时刻Ⅳ

图 5-6　气体流速对管道内壁轴向应力的影响

接在时刻Ⅲ以后应力达到了稳定,和时刻Ⅳ时的应力相同,故时刻Ⅲ时的应力可不予考虑,以时刻Ⅳ时的应力作为残余应力。

由图 5-6 可知,时刻Ⅰ和时刻Ⅱ时,气体流速的变化对管道内壁的轴向应力基本没有影响。时刻Ⅳ时,随着气体流速的增大,管道内壁的轴向残余拉应力值减小。这说明,气体流速主要对焊后冷却过程中管道内壁的轴向应力产生影响,并且气体流速越大,轴向残余应力值越小。

管道内壁环向应力随气体流速的变化如图 5-7 所示。由图 5-7 可知,时刻Ⅰ和时刻Ⅱ环向应力的变化规律同轴向应力类似,气体流速对其没有影响。在管道内壁不同地方,气体流速对环向残余应力的影响规律不同。在焊缝正下方,气体流速增大,环向残余应力也随之增大,最大流速时的环向残余应力比最小流速的大 100 MPa 左右;在距离焊缝中心 10～40 mm 的区域,随着流速的增大环向残余拉应力值减小,并且减小的幅度随着离焊缝中心距离的增加而逐渐减小,最后在距离焊缝中心 40 mm 以外的区域环向残余拉应力值趋于一致,不受流速的影响。

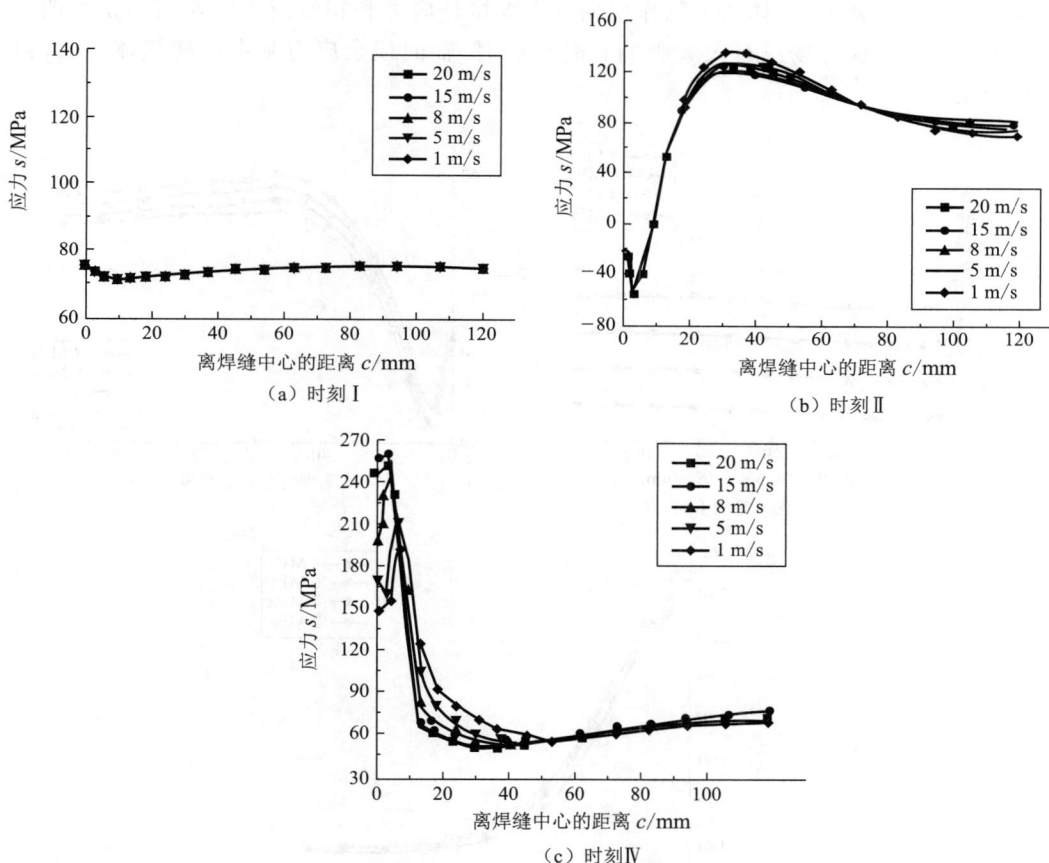

(a) 时刻Ⅰ

(b) 时刻Ⅱ

(c) 时刻Ⅳ

图 5-7　气体流速对管道内壁环向应力的影响

分析认为,焊接过程中的温度梯度是产生焊接应力的主要原因,由第 3 章可知,由于焊接加热速度很快,在役焊接时气体流速对加热过程影响很小,因而对应力的分布规律基本不产生影响,但气体流速对冷却过程影响较大,气体的快速冷却作用使得应力的分布规律发生变化。随着气体流速的增大,气体对焊接区的冷却作用增强,温度梯度也随之增大,导致焊后近缝区的轴向残余应力减小、环向残余应力增大。

5.3.2　气体压力的影响

气体自身的压力会对焊接区产生一个附加的应力场,这个附加的应力场将和焊接产生的应力场相互叠加,对焊接过程的瞬态应力和焊后残余应力产生影响。采用相同的管道结构因素(壁厚 8 mm、外径 ϕ508 mm)、焊接工艺参数(表 2-4 中 D 组工艺)和气体流速(5 m/s),分别计算气体压力为 2 MPa,4 MPa,6 MPa 和 8 MPa 时管道内壁轴向应力和环向应力的分布。

图 5-8 为 Ⅰ,Ⅱ,Ⅳ 三个时刻管道内壁轴向应力随气体压力的变化情况,可以看出,时刻 Ⅰ 时随着气体压力的增大管道内壁轴向应力略有增大,气体压力从 2 MPa 开始每增大 2 MPa 轴向应力随之增加约 7 MPa。时刻 Ⅱ 时,近缝区的轴向应力并不随气体压力的变化而变化,远离焊缝中心的地方轴向应力随气体压力的增大而略有增大。这是由于近缝区焊接热作用比较强烈,气体压力的作用相对于焊接热应力和相变应力的作用不是太明显,因而对近缝区的应力场没有太大影响。时刻 Ⅳ 时,轴向残余应力基本不随气体压力的增大而变化。

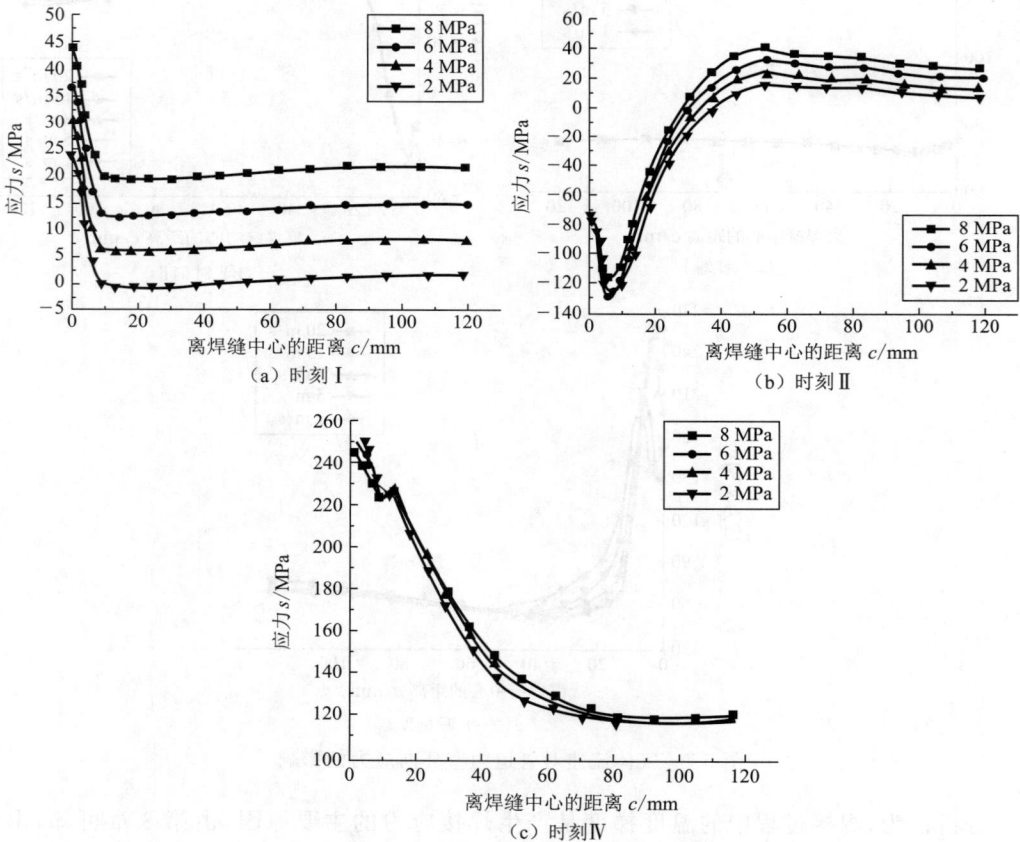

（a）时刻 Ⅰ

（b）时刻 Ⅱ

（c）时刻 Ⅳ

图 5-8　气体压力对管道内壁轴向应力的影响

　　图 5-9 为 Ⅰ，Ⅱ，Ⅳ 三个时刻管道内壁环向应力随气体压力的变化情况，可以看出，时刻 Ⅰ 时随着气体压力的增大管道内壁环向应力也增大，气体压力从 2 MPa 开始每增加 2 MPa，环向应力随之增大约 25 MPa。时刻 Ⅱ 时，近缝区的环向应力均为压应力，其数值受气体压力变化的影响不大；远离焊缝中心的地方环向应力为拉应力，其数值随气体压力的增大而增大。时刻 Ⅳ 时，近缝区环向残余应力受气体压力变化的影响较小，在远离焊缝中心的区域环向残余应力随气体压力的增大而增大。

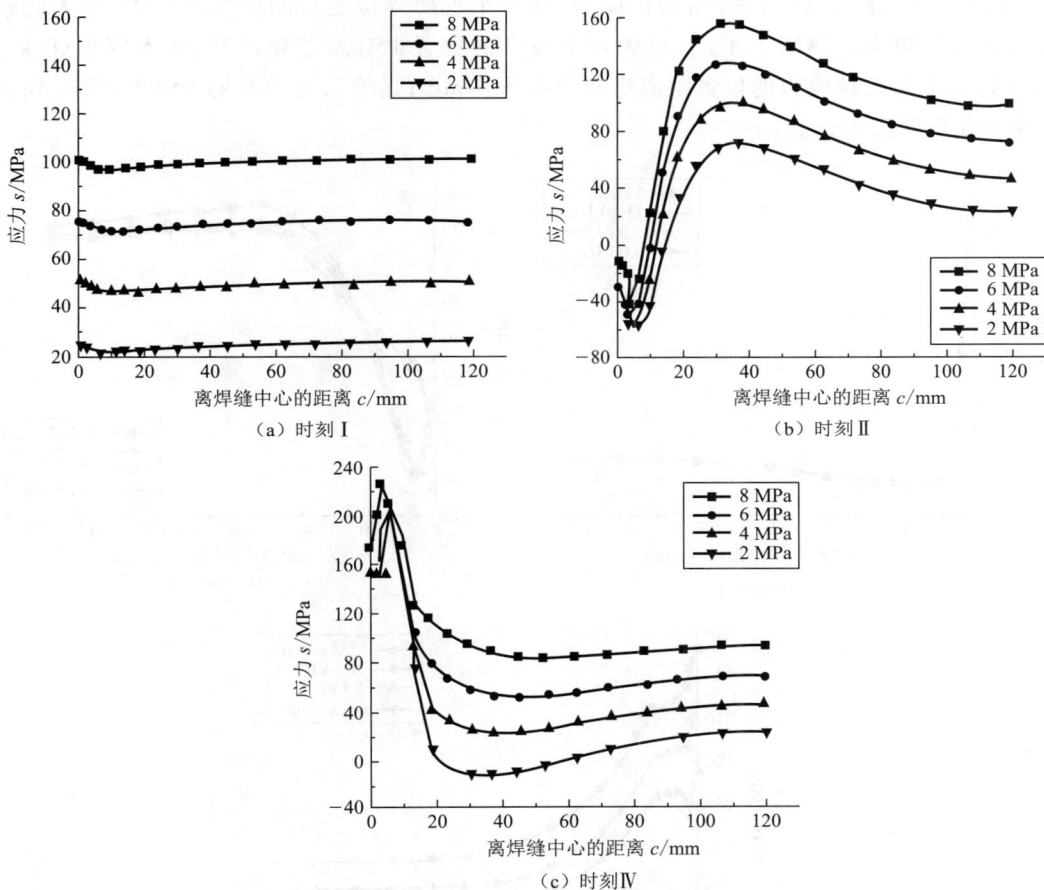

（a）时刻Ⅰ

（b）时刻Ⅱ

（c）时刻Ⅳ

图 5-9　气体压力对管道内壁环向应力的影响

　　总的来看，在役焊接管道内壁的轴向应力基本不受气体压力的影响，气体压力对管道内壁环向应力的影响比对轴向应力的影响要大。在焊接开始时刻，管道内壁各个地方环向应力受气体压力的影响程度大致相同。随着焊接热源的接近，近缝区由于焊缝的熔化致使环向应力重新分布，最终的环向残余应力受气体压力的影响很小；远离焊缝中心的区域由于受焊接热源的影响较弱，环向应力没有发生重新分布，气体压力对其影响程度和焊接开始时刻（时刻Ⅰ）相同。

5.3.3　焊接热输入的影响

　　焊接热输入的不同会对焊接区的热循环和相变造成影响，从而会影响焊接应力的分布。本节在管道结构因素(壁厚 8 mm、外径 φ508 mm)、气体压力(6 MPa)和流速(8 m/s)相同的情况下,按表 2-4 中 4 组工艺计算管道内外表面的轴向应力和环向应力,并进行比较,探讨焊接热输入对在役焊接瞬态应力和残余应力的影响。

　　管道内壁轴向应力随焊接热输入的变化规律如图 5-10 所示。时刻 I 时,由于焊接热源离所研究的管道横截面尚远,焊接热输入对管道内壁轴向应力无影响。时刻 II 时,近缝区轴向应力为压应力,远离焊缝中心区域为拉应力,两者都随着焊接热输入的增大而增大。时刻 IV 时,轴向残余应力均为拉应力,其大小也随焊接能量的增加而增大,增大的幅度比时刻 II 更大。热输入不同,最大残余应力的位置也有所差异,当热输入较小(6 kJ/cm)时,最大残余拉应力的位置距离焊缝中心约 6 mm;热输入大于 6 kJ/cm 时,最大残余拉应力在焊缝正下方。

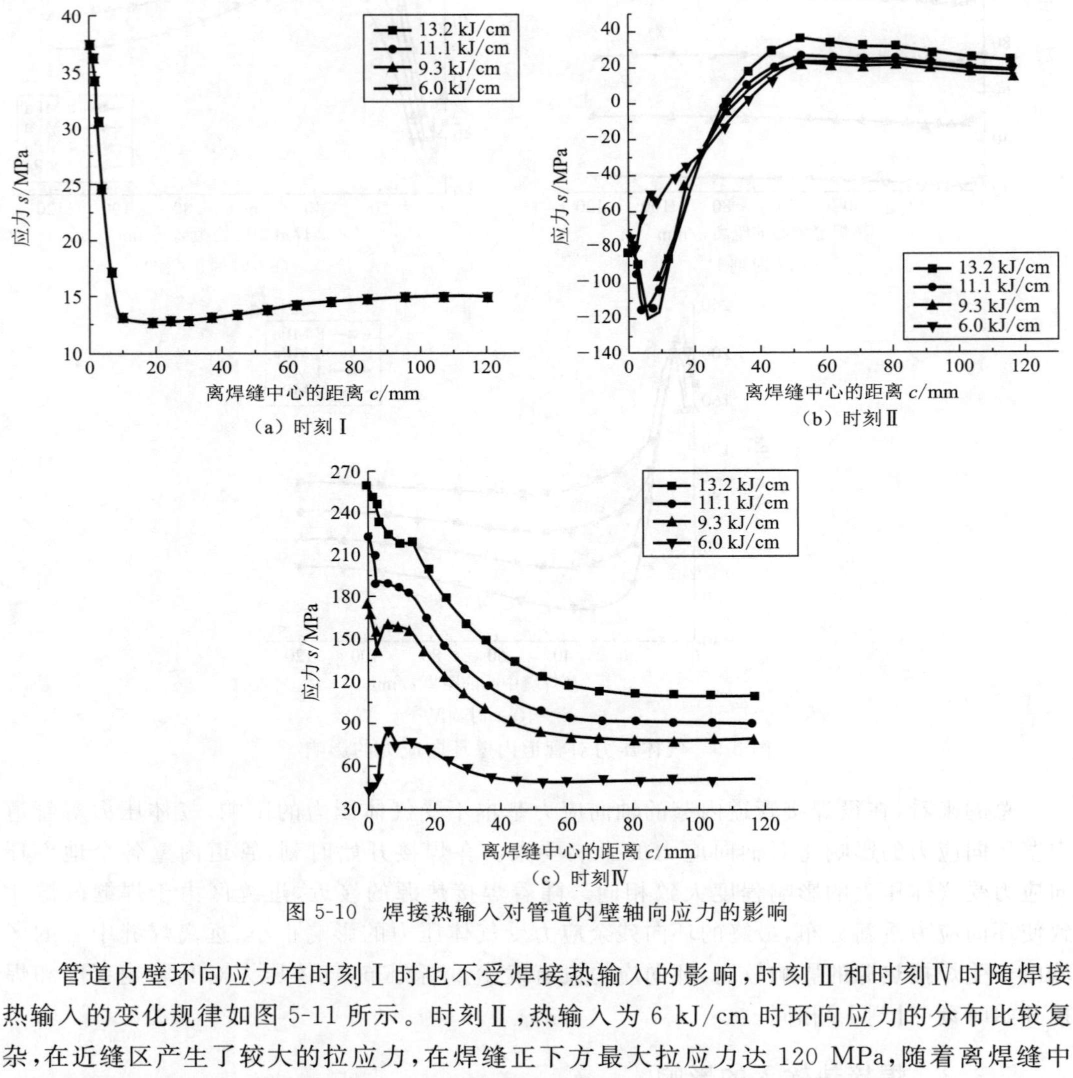

图 5-10　焊接热输入对管道内壁轴向应力的影响

　　管道内壁环向应力在时刻 I 时也不受焊接热输入的影响,时刻 II 和时刻 IV 时随焊接热输入的变化规律如图 5-11 所示。时刻 II,热输入为 6 kJ/cm 时环向应力的分布比较复杂,在近缝区产生了较大的拉应力,在焊缝正下方最大拉应力达 120 MPa,随着离焊缝中心距离的增大拉应力不断减小,在距离焊缝中心 8 mm 处转变成压应力,并在 9.5 mm 处达最大压应力值 30 MPa,随后压应力不断减小,在距离焊缝中心 18 mm 处转变成拉应力;

当热输入大于 6 kJ/cm 时,近缝区环向应力为压应力,其数值随热输入的增加而增大;远离焊缝中心的区域为拉应力,其大小不受热输入的影响。时刻Ⅳ时,环向残余应力均为拉应力,在近缝区拉应力随焊接能量的增大而增大,在远离焊缝中心的区域热输入的变化对环向残余应力没有影响。

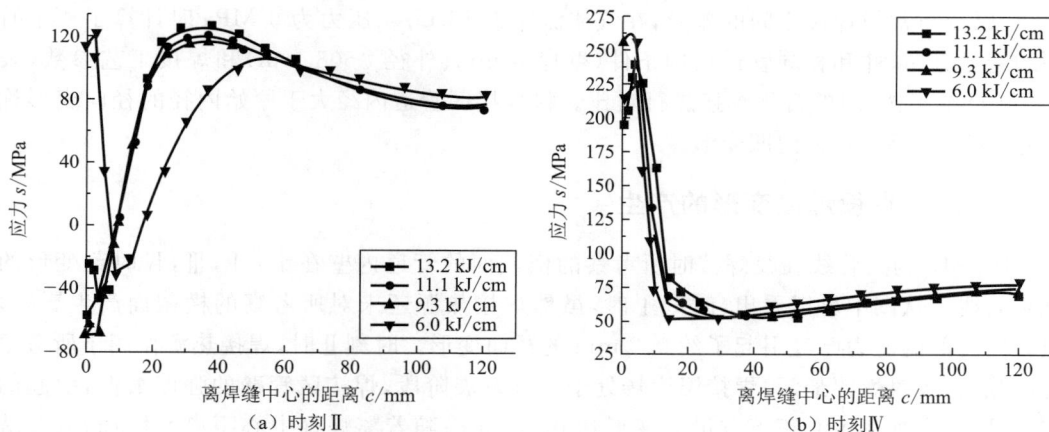

（a）时刻Ⅱ　　　　　　（b）时刻Ⅳ

图 5-11　焊接热输入对管道内壁环向应力的影响

5.4　焊接变形的产生

金属材料的强度随着温度的升高而急剧降低。对于普通碳钢,400 ℃时的屈服强度约为室温时的一半,而在 800 ℃时基本处于塑性状态,强度为室温时的 4%~10%。运行管道在役焊接时,焊接区管道沿壁厚方向一部分管壁处于熔融状态,已完全丧失承载能力,剩余管壁中一部分区域处于 800 ℃以上的高温状态,还有一部分区域温度在 400 ℃以上,这些区域由于温度较高,强度下降,明显降低了管道的原有承载能力,在管道内气体压力和焊接应力的共同作用下而发生径向变形[158]。在常规焊接情况下,管道环焊缝对接焊会产生内凹的径向残余变形[159]。对于在役焊接,在介质压力和快速冷却的共同影响下,焊接过程中的瞬态变形和残余变形会发生变化。

当焊接区的径向变形为外凸变形并且变形超过一定限度时,焊接区剩余壁厚不足以承受介质压力的作用,就会发生烧穿(管壁穿孔),引起介质的泄漏,轻则导致在役焊接修复的失败,重则会引起油气爆炸,威胁焊工人身安全和财产安全。因此,防止烧穿是在役焊接修复需要考虑的重要问题,已引起各国从事在役焊接研究的专家的重视。图 5-12 即为在役焊接接头发生烧穿的情景。

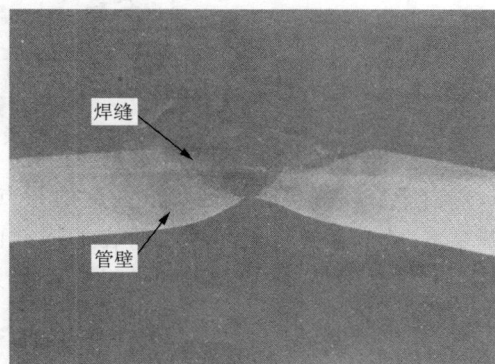

图 5-12　在役焊接接头烧穿的宏观形貌[160]

5.5 在役焊接接头的变形及其与常规焊接的对比

为探讨气管线在役焊接时管道内壁各点焊接过程中瞬态变形和焊后残余变形的分布规律，以及与常规焊接之间的差异，在气体流速为 15 m/s、压力为 6 MPa 时计算了 4 个时刻的变形分布，并和相同管道结构条件（壁厚 8 mm、外径 ϕ508 mm）和焊接工艺参数（表 2-4 中 D 组工艺）时的常规焊接进行对比。将焊接区管道内径大于原始内径的径向变形称为外凸变形，反之称为内凹变形。

5.5.1 在役焊接变形的产生

图 5-13 为气管线在役焊接时所考察的横截面的管道内壁在 Ⅰ，Ⅱ，Ⅲ，Ⅳ 时刻变形的分布曲线。从图中可以看出，时刻 Ⅰ 时，虽然焊接热源还未对所考察的横截面产生影响，但管道内部的压力已经引起了约 0.2 mm 的径向变形。时刻 Ⅱ 时，焊接热源作用于所考察的横截面，此时熔深最深，焊接温度场处于充分发展阶段，焊接区管壁的强度最低，引起的变形最大，在焊缝中心正下方最大变形达 0.52 mm；随着离焊缝中心距离的增加，变形减小，在远离焊缝中心的地方变形甚至小于时刻 Ⅰ 的变形，并稳定在 0.13 mm 左右。焊后冷却过程中，管道内壁不同位置的变形发生了较大的变化。时刻 Ⅲ 和时刻 Ⅳ 时，焊缝中心正下方的变形不再是最大，而是最小，几乎为零。随着离焊缝中心距离的增加，变形先增大（在 6 mm 处达最大值）后减小（在 30 mm 处达最小值），随后再次增大。时刻 Ⅳ 时的变形比时刻 Ⅲ 有所减小。时刻 Ⅲ 和时刻 Ⅳ 时的变形均小于时刻 Ⅰ。

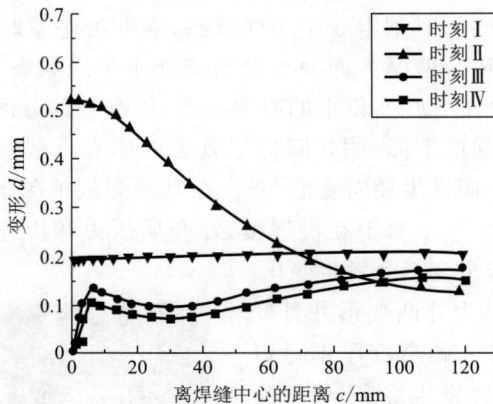

图 5-13 在役焊接管道内壁各时刻的变形量

对于在役焊接近缝区管道内壁的一点，其变形过程为：随着焊接热源的靠近，变形逐渐增大，当焊接热源经过该点所在的横截面时变形最大；在随后的冷却过程中，变形不断减小。对于离焊缝中心较远的区域（距离大于 70 mm），焊接过程中的变形均小于初始状态（时刻 Ⅰ）。总的看来，在该种条件下，气管线在役焊接管道内壁的瞬态变形和残余变形相对管道原始尺寸均为外凸变形。

5.5.2　在役焊接和常规焊接变形比较

对于常规焊接,时刻Ⅰ时,由于焊接热源未开始作用,而且也无其他外界作用,其变形为零,和在役焊接有所不同。其他时刻常规焊接和在役焊接管道内壁各点变形的对比如图 5-14 所示。由图 5-14 可知,时刻Ⅱ时,在役焊接管道内壁各点变形分布曲线的形态和常规焊接类似,只是变形量比常规焊接大 0.13～0.18 mm,而且距离焊缝中心越近其差值越大。时刻Ⅲ时,在距离焊缝中心 70 mm 以内的区域,常规焊接的变形要大于在役焊接,而在 70 mm 以外的地方,在役焊接的变形要大于常规焊接。其原因是距离焊缝较近区域的焊接热作用以及焊后冷却作用所造成的变形比较强烈,在役焊接管道内气体介质通过影响冷却过程而影响了变形;在远离焊缝中心的区域,焊接热作用不明显,造成变形大小存在差异的主要原因是在役焊接管道内气体的压力。时刻Ⅳ时,常规焊接管道产生了较大的内凹变形,焊缝中心正下方的内凹变形最大(达 0.43 mm),内凹变形随着离焊缝中心距离的增大而减小;对于在役焊接,除了焊缝中心正下方微小区域内变形基本为零外,其余区域均为外凸变形,且变形较小,最大值为 0.15 mm 左右。

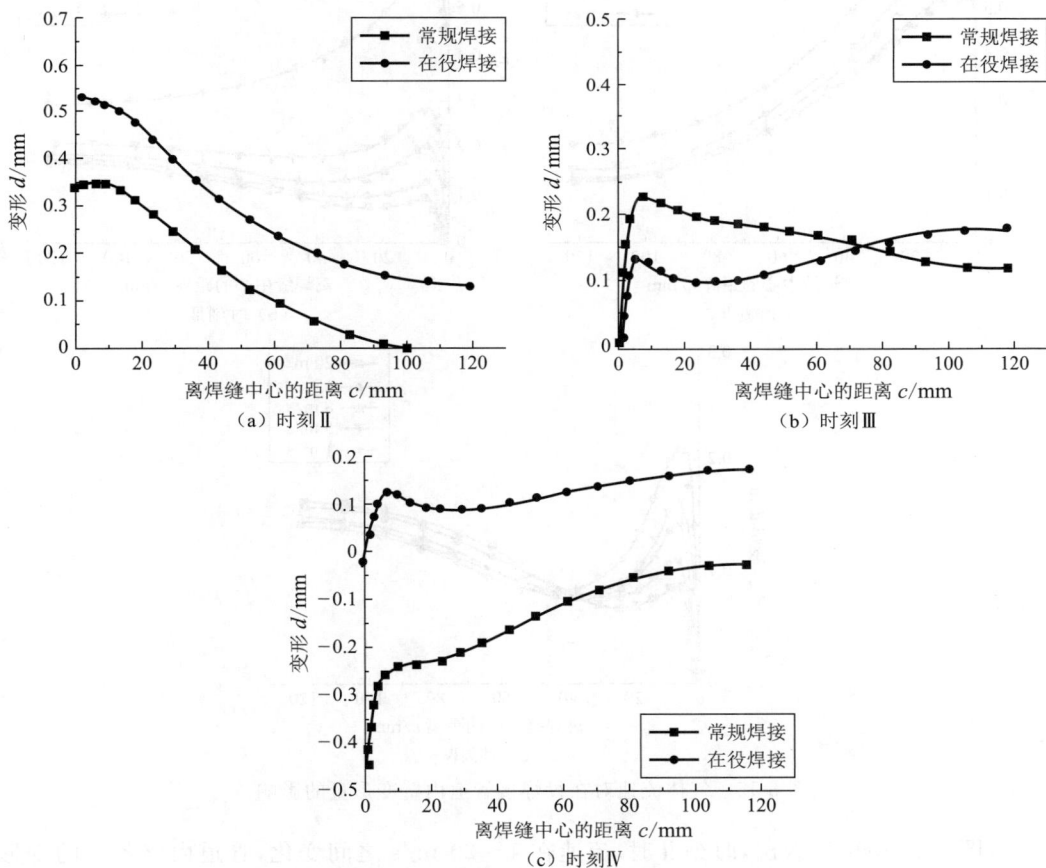

（a）时刻Ⅱ

（b）时刻Ⅲ

（c）时刻Ⅳ

图 5-14　在役焊接和常规焊接管道内壁变形量的对比

总之,在役焊接和常规焊接的瞬态变形、残余变形均有较大差异。在役焊接过程中的瞬态变形和残余变形均为外凸变形;而对于常规焊接,随着焊接冷却过程的进行,逐渐由外凸变形过渡为内凹变形,最终的残余变形为内凹变形。

5.6 介质因素及热输入对在役焊接接头变形的影响

5.6.1 气体流速对在役焊接接头变形的影响

气体流速主要影响气管线在役焊接时焊接区的冷却过程,进而影响到变形。因此,时刻Ⅰ时,焊接热源还未影响到所研究的横截面,气体流速没有对焊接过程造成影响,变形也就不受影响。

在管道结构因素(壁厚 8 mm、外径 ϕ508 mm)、焊接工艺参数(表 2-4 中 D 组工艺)和气体压力(6 MPa)相同的情况下,气体流速为 1 m/s,5 m/s,8 m/s,15 m/s,20 m/s 时管道内壁的变形在Ⅱ,Ⅲ,Ⅳ时刻的分布情况如图 5-15 所示。

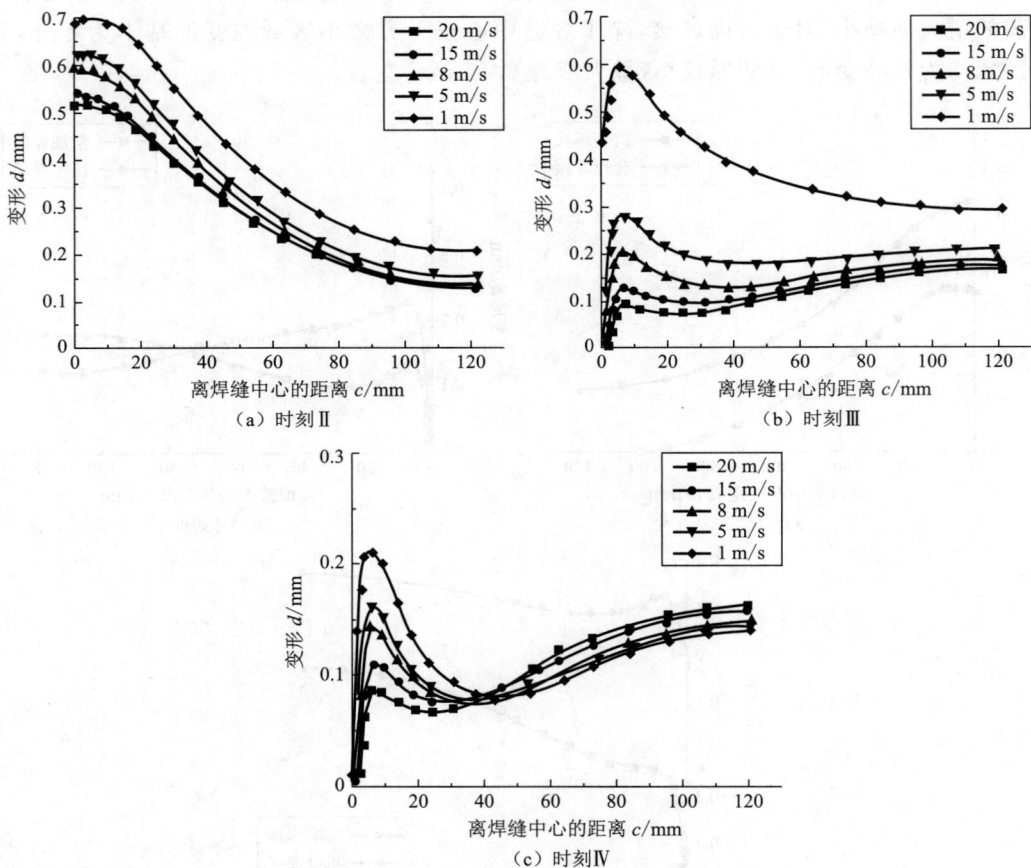

图 5-15 气体流速对在役焊接管道内壁变形量的影响

从图 5-15 中可以看出,时刻Ⅱ时,流速在 1~20 m/s 之间变化,管道内壁各点的变形均为外凸变形,并且变形随着气体流速的减小而增大;离焊缝中心越近,各流速之间变形的差异越大,也即离焊缝中心越近流速对变形的影响越明显。时刻Ⅲ时,基本规律也是随着气体流速的减小变形增大,离焊缝中心越近流速对变形的影响越明显,最大变形在距离焊缝中心 6 mm 左右的位置。时刻Ⅳ时,距离焊缝中心 40 mm 以内区域变形的变化规律和时刻Ⅲ相同,变形随气体流速的减小而增大;距离焊缝中心 40 mm 以外区域变形的变化规律与之相反,变形随气体流速的减小而减小,而且流速对变形的影响明显减小。

5.6.2　气体压力对在役焊接接头变形的影响

管道内气体的压力会抵抗管道内凹变形,从而减小焊接接头原本应该产生的内凹变形(即常规焊接时会产生的变形)、增大外凸变形。焊接接头原本应该产生的变形不同,气体压力对变形的影响规律就不同。在管道结构因素(壁厚 8 mm、外径 ϕ508 mm)、焊接工艺参数(表 2-4 中 D 组工艺)和气体流速(5 m/s)相同的情况下,分别计算气体压力为 2 MPa,4 MPa,6 MPa,8 MPa 时的管道内壁各点在时刻Ⅰ,Ⅱ,Ⅲ的瞬态变形和时刻Ⅳ时的残余变形,并进行比较,如图 5-16 所示。

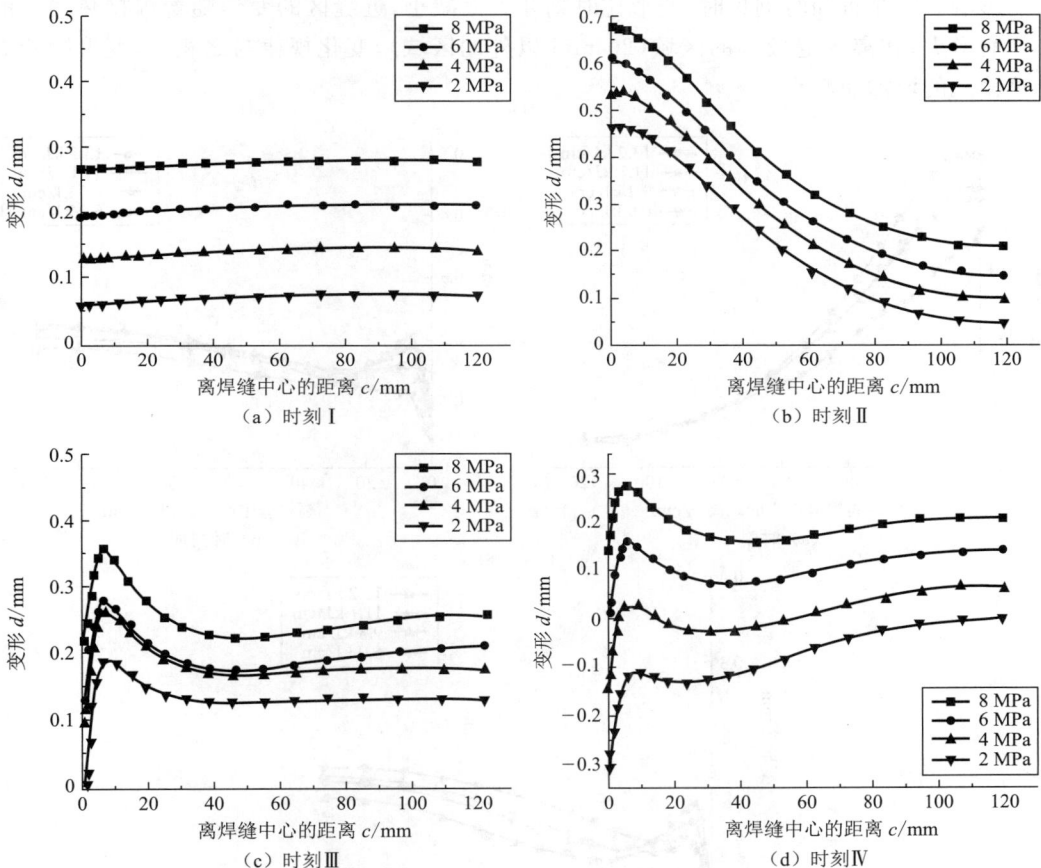

图 5-16　气体压力对在役焊接管道内壁变形量的影响

从图 5-16 中可以看出,时刻Ⅰ时,当气体压力在 2～8 MPa 之间等间距增大时,变形随之等量增大。时刻Ⅱ和时刻Ⅲ时,变形随着气体压力的增加而增大,离焊缝中心越近压力对变形的影响越明显。时刻Ⅳ时,压力较小(2 MPa)时的残余变形为内凹变形,其数值随着离焊缝中心距离的增大而先减小后略有增大,然后继续减小并保持稳定;4 MPa 时管道内壁各点的变形比较复杂,离焊缝中心较近的区域为内凹变形,随着与焊缝中心距离的增大逐渐过渡为外凸变形,变形较小;6 MPa 和 8 MPa 时,管道内壁各点的变形均为外凸变形,其数值均随着离焊缝中心距离的增大而先增大后减小,然后继续增大并保持稳定。气体压力为 2 MPa 和 4 MPa 时近缝区产生了内凹残余变形,显然是由于压力较小、不足以弥补焊接区原本应该产生的内凹变形而产生的,当压力增大,内凹变形逐渐得到弥补而呈现外凸变形。

5.6.3   焊接热输入对在役焊接接头变形的影响

在管道结构因素(壁厚 8 mm、外径 ϕ508 mm)、气体压力(6 MPa)和气体流速(8 m/s)相同的情况下,分别按表 2-4 中 4 组焊接工艺计算管道径向变形沿管道内壁的分布,并进行比较,结果如图 5-17 所示。从图中可以看出,时刻Ⅱ时,各种热输入下的径向变形均为外凸变形,近缝区变形随着焊接热输入的增大而增大,远离焊缝中心区域的变形不受热输入的影响。时刻Ⅲ和时刻Ⅳ时,变形比时刻Ⅱ大大减小,近缝区的变形随着焊接热输入的增加而增大;在离焊缝较远的区域(20 mm 以外的区域),变化规律与之相反,变形随着焊接热输入的增加而减小。

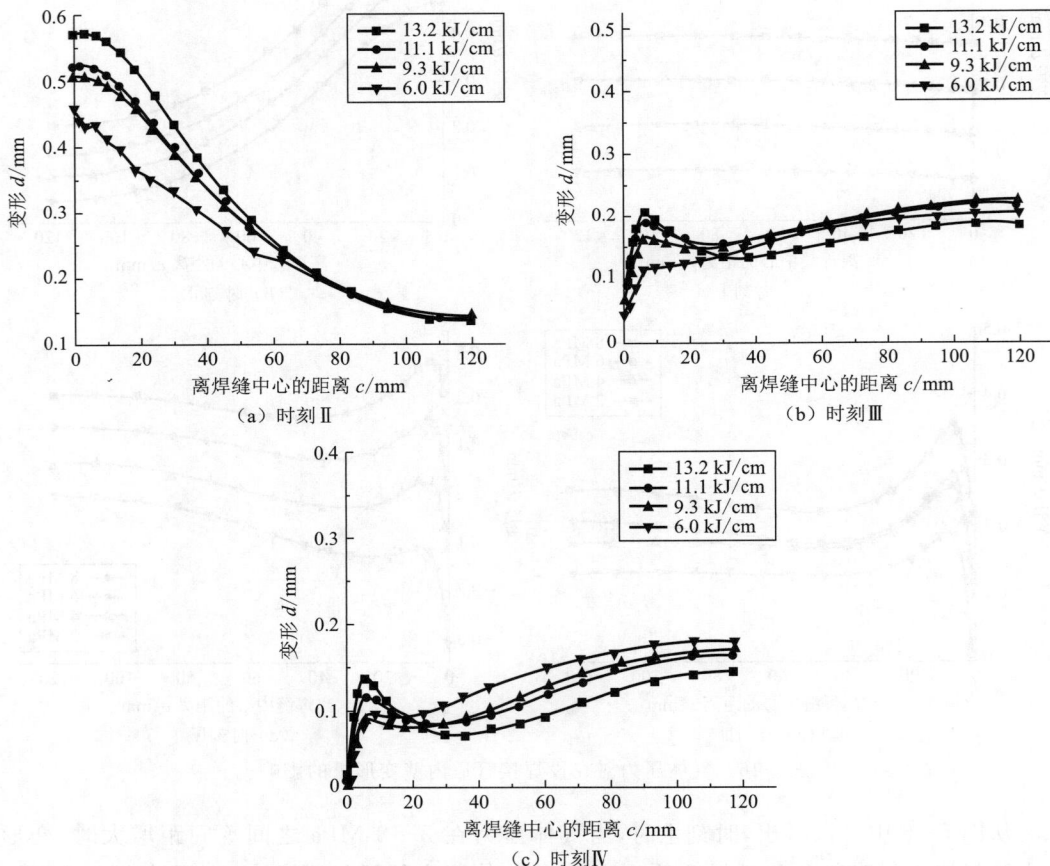

(a) 时刻Ⅱ

(b) 时刻Ⅲ

(c) 时刻Ⅳ

图 5-17   焊接热输入对在役焊接管道内壁变形量的影响

第6章 在役焊接烧穿失稳压力研究

6.1 在役焊接失稳时的径向变形试验研究

通过试验发现,烧穿失稳时焊接接头将产生变形。在常规空冷、不带压的静态水冷焊接时,焊接区域主要受到电弧力、重力等的作用,随后冷却,在残余应力的作用下,焊接接头最终形成的是内凹残余变形。对于在役焊接,由于管内介质对焊接接头的作用,以及焊接接头的快速冷却作用,焊接过程的瞬态变形和残余变形与常规焊接时完全不同,在役焊接接头的变形如图 6-1 所示。

(a) 失稳接头横截面(×20)

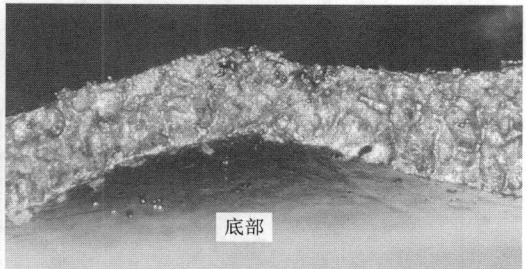

(b) A区变形放大图(×200)

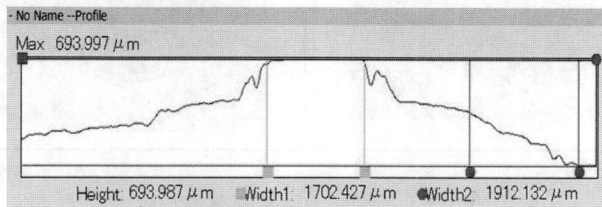

(c) A区变形量测量

图 6-1 在役焊接接头变形

由图 6-1(a)和(b)可知,在役焊接接头的局部径向变形为外凸变形。在役焊接过程中,焊接接头沿径向变形的大小预示着烧穿失稳发生可能性的大小,因而可以将管道内壁沿径向变形作为预测烧穿发生的判据[93]。对内壁变形进行测量,其结果如图 6-1(c)所示,最大变形量为 693.997 μm,试板的厚度为 5.6 mm,变形量和试板厚度的比值为 0.12,超过安全上限比值(即变形量和试板厚度的比值为 0.1),预测的结果是有可能发生烧穿失稳,这和试验结果是相符的。当变形量和试板厚度的比值大于 0.1 时,管道剩余有效壁厚不足以承受其所受的应力作用,管壁就会在内部介质压力的作用下发生过量变形而被破坏,造成管壁穿孔。

将试验过程中发生烧穿的试样沿着焊缝方向用线切割切开,观察测量烧穿部位形貌和烧穿部位剩余板厚变形情况,得到介质压力 0.5 MPa,1.0 MPa,2.5 MPa,2.8 MPa 试样烧穿变形形貌如图 6-2 所示。

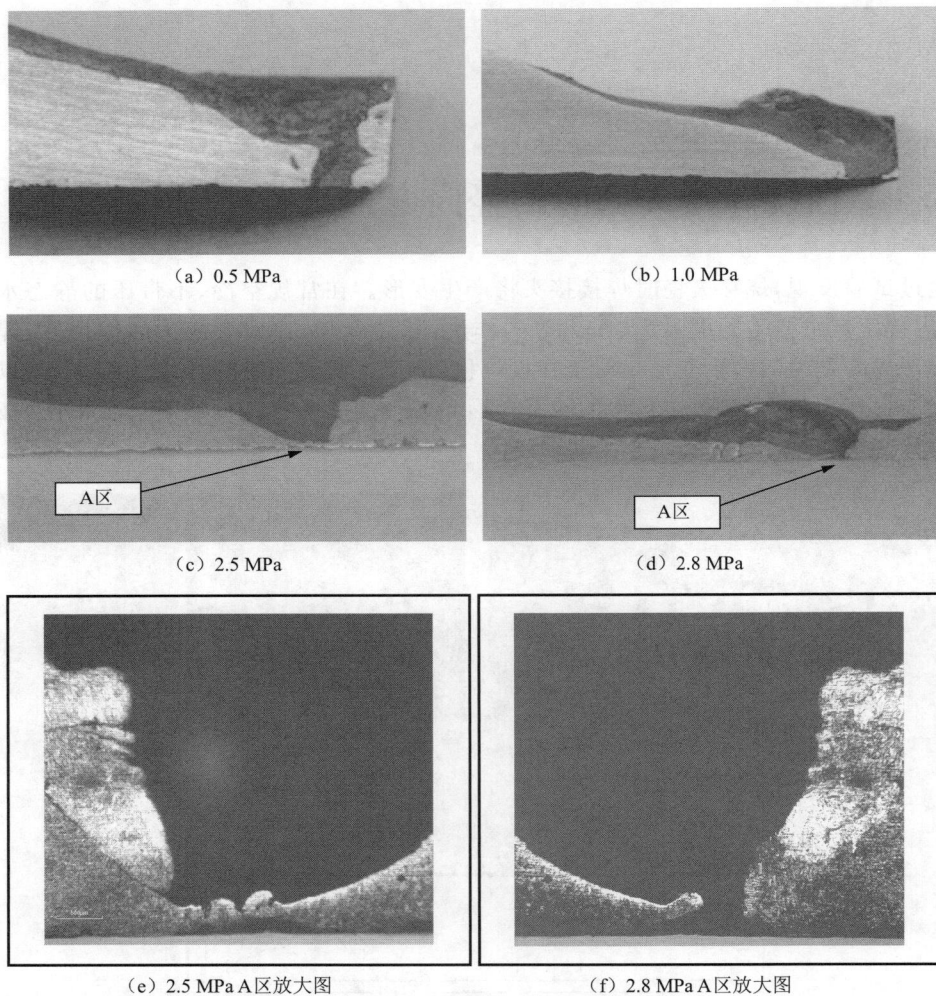

（a）0.5 MPa　　　　　（b）1.0 MPa

（c）2.5 MPa　　　　　（d）2.8 MPa

（e）2.5 MPa A区放大图　　　　　（f）2.8 MPa A区放大图

图 6-2　不同压力下烧穿变形形貌

采用 CAD 网格捕捉,并利用 Origin 作图绘制压力为 2.5 MPa,2.8 MPa 情况下烧穿处的变形曲线,如图 6-3 所示。

（a）2.5 MPa

（b）2.8 MPa

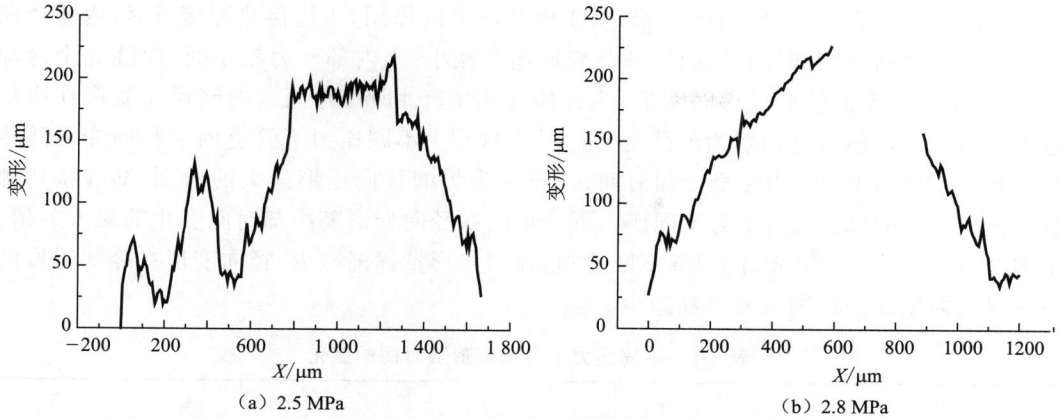

图 6-3   烧穿剩余壁厚变形曲线

6.2   在役焊接失稳的径向变形数值模拟研究

图 6-4 为径向变形随时间的变化曲线。由图 6-4 可知，随焊接热源的不断接近，该点径向变形不断增大；当焊接热源到达该点时，材料丧失强度最多，此时径向变形最大；随焊接热源的远离，焊缝逐渐冷却，在焊接应力和管内介质压力的共同作用下，径向变形逐渐减小。

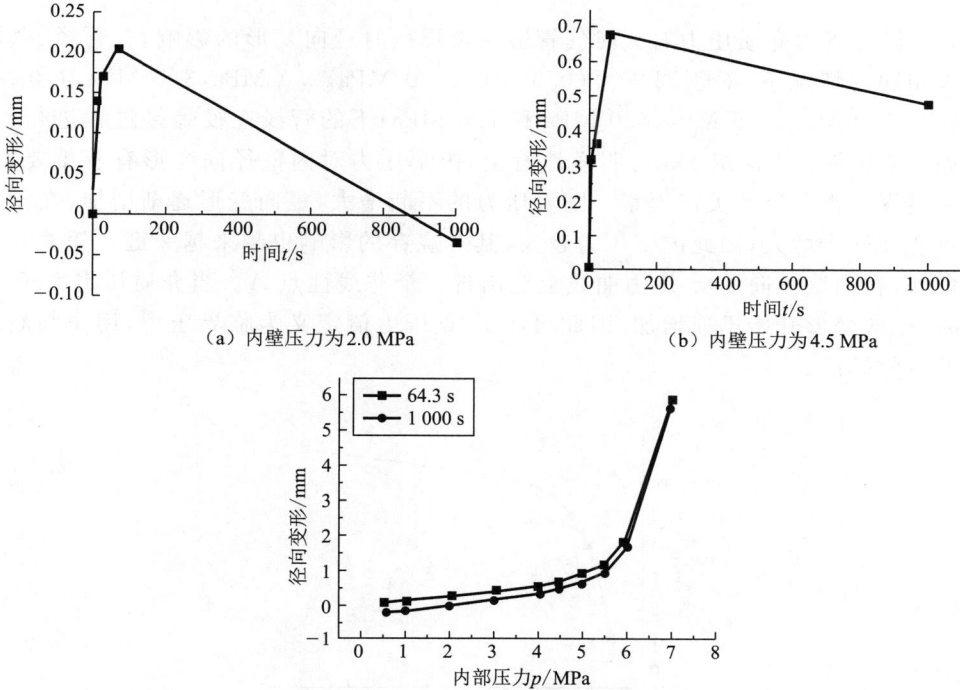

（a）内壁压力为2.0 MPa

（b）内壁压力为4.5 MPa

（c）不同压力下径向变形随时间的变化

图 6-4   内壁中心点径向变形

由图 6-4(a)和(b)可以清晰看出,由于内部压力的作用,当焊接热源接近时,内壁径向变形方向为外凸;随着时间的延长,外凸变形逐渐减小;当内部压力较小时,焊缝完全冷却后,内壁由外凸变形转变成内凹变形;当介质压力大于临界压力后,内壁径向变形在冷却过程中虽有回落但最终仍然为外凸变形。图 6-4(c)为不同压力下管道内壁径向变形随冷却时间的变化,1 000 s 为完全冷却时间;64.3 s 为焊缝径向变形最大的时刻,即焊接热源到达模拟点的时刻。表 6-1 为不同压力下管道内壁径向变形随冷却时间变化的最大差值。由图 6-4(c)和表 6-1 可知,随焊缝不断冷却,径向变形量逐渐减少;径向变形在冷却阶段的减少量随内壁压力的增大而不断减少。

表 6-1   不同压力下径向变形随时间的变化

压力/MPa	0.1	1	2	3	4	4.5	5
径向变形差值/mm	0.264	0.253	0.237	0.224	0.21	0.203	0.198

由以上分析可知,管内介质压力对管道内壁径向变形影响很大。虽然在焊缝冷却时管道内壁逐渐内凹,但是由于介质压力会在管壁产生应力,在焊接应力的共同作用下,内壁变形逐渐由内凹向外凸转变。介质压力作用下的外凸变形与焊缝冷却收缩引起的内凹变形相互抵消,形成了最终的内壁径向变形。另外,利用内壁径向变形判断在役焊接是否发生烧穿时,应以焊接热源到达模拟点时的径向变形为判据,而不是依据焊缝冷却后的最终变形量。因为焊接热源到达模拟点时的内壁径向变形最大。

6.2.1   内部压力的影响

为了研究管内介质压力对天然气管道在役焊接时径向变形的影响,在管径、壁厚和热输入相同的情况下,对不同压力(0.5 MPa,1.0 MPa,2.0 MPa,3.0 MPa,4.0 MPa,4.5 MPa,5.0 MPa,5.5 MPa,6.0 MPa 和 7.0 MPa)下的管线在役焊接过程进行模拟,结果如图 6-5 所示。由图 6-5 可明显地看出,内部压力对内壁径向变形有着重要影响,是影响烧穿能否发生的关键因素。随着压力的不断增大,径向变形逐渐增加,在役焊接烧穿可能性逐步增大,因此内壁压力越大,其对烧穿的影响也越来越关键。随着介质压力的增加,在内壁径向变形-压力曲线上会出现一个非线性点 A。当介质压力大于 A 点压力时,径向变形开始迅速增加,因此可将 A 点压力值定义为临界压力,用作判断烧穿是否发生的标准。

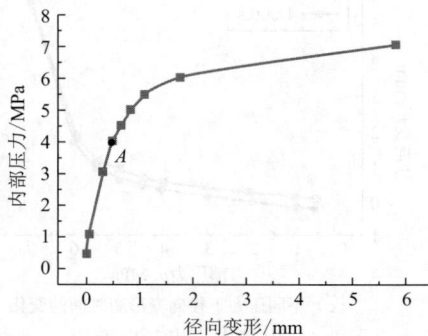

图 6-5   内部压力对管道内壁径向变形的影响

6.2.2　时间效应的影响

对在役焊接修复的实际过程进行模拟,得到 0～6 MPa 压力工况下 150 s 时间段内的变形场,然后运用软件自带的后处理模块得到各时刻最大瞬时径向变形量 Ur_{max},再进行数据处理,得到图 6-6 所示的计算结果。由图 6-6 可见,在焊接修复前 50 s 内,在 0～4 MPa 压力范围内,Ur_{max} 总体上是随着压力的增加而增大;在 4～6 MPa 范围内,Ur_{max} 随着压力的增大而出现了减小的趋势。

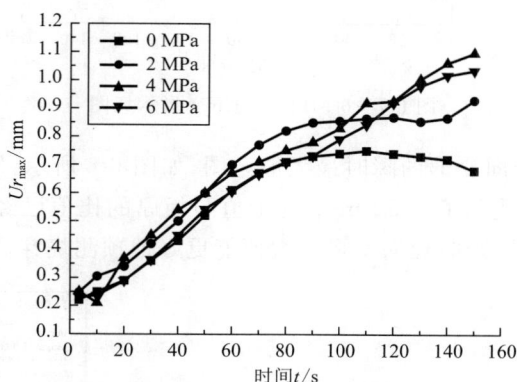

图 6-6　压力对径向变形量的影响

通过研究各压力下的换热系数可知,压力的增大使得管道内天然气的密度也增大,此外,也使得管道内部气体流速增大,这些因素使得天然气的换热能力增强,但是在常压到 4 MPa 范围内,换热系数的增大未能抵消压力增大对径向变形增大的影响,这就是常压到 4 MPa 内随着压力的增大,径向变形量也随之增大的原因;4 MPa 是一个转折点,在此压力下,换热能力与压力作用对径向变形的作用达到平衡;而在 4～6 MPa 内,换热系数以及天然气流速的增大带来的换热能力的增大,可以削弱压力对径向变形的影响。

以 6 MPa 压力下的变形情况为例,在内压 6 MPa 下,随着焊接时间的延长,径向变形量也逐渐变大。这是由于随着热作用时间的增加,被焊管道性能下降的程度越来越大,承压能力逐渐降低。

从试验中发现,给定焊接参数条件下,焊接前段一般不会发生烧穿,这是由于刚开始焊接时,管道温度较低所致。随着焊接进程的进行,焊接热量的累积效应使发生烧穿的可能性增加;在焊道较短情况下认为安全的焊接参数不一定对长焊道是安全的,实际焊接修复中,为了降低烧穿的概率,可限制连续焊接的焊道长度。

管道内壁点的径向变形量随时间的变化情况如图 6-7 所示。由图 6-7 可见,在焊接起始阶段,变形为内凹;随着焊接过程的进行,在第 10 s 时内凹变形达到最大值;之后随着焊接的进行,在第 15 s 时,径向变形开始转变为外凸变形。与之前的研究成果相符,并随着热源逐渐接近该点,径向变形量也逐渐增大,并在焊接热源到达其正上方时达到最大,约为 0.44 mm,而焊接板厚 B 为 4.5 mm,Ur/B 小于 0.1,并未达到烧穿的临界值,而实际过程中却产生了烧穿,显然使用内部点径向变形值与实际有一定差距。

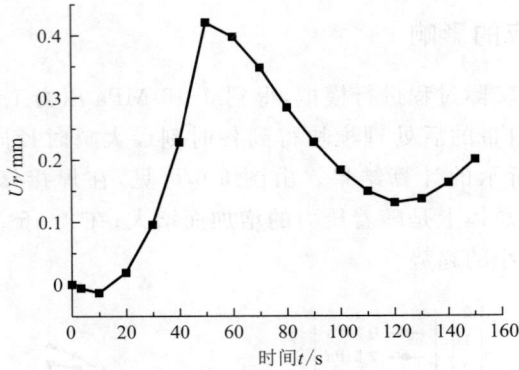

图 6-7   6 MPa 压力下变形示意图

考察 50 s 时焊接径向变形的瞬时最大值云图,如图 6-8 所示,发现中心区域表示的径向瞬时最大变形量已经达到了 0.52 mm,这个值与板厚的比值已经大于了 0.1,结论为烧穿,符合实际情况。可见,瞬时径向变形最大值能更好地预测烧穿。

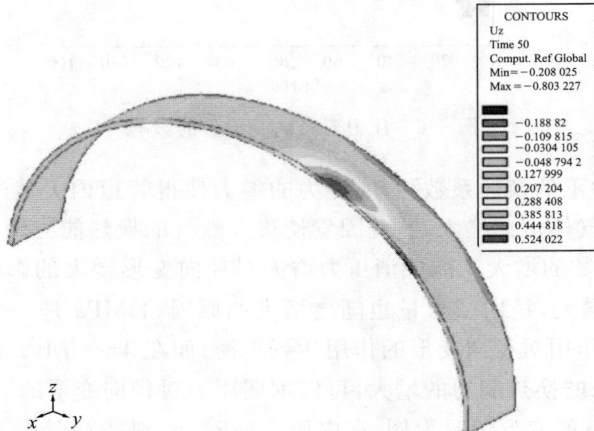

图 6-8   6 MPa 下 50 s NODE50 径向变形场

此外,在按照给定的焊接参数在 3 mm/s 下进行焊接修复,焊接进行到 50 s 时,焊缝长度约为 150 mm。所以在给定的焊接参数、焊接速度以及给定压力条件下进行焊接修复时,焊接进行到 150 mm 时为烧穿危险点,即在此工况下应控制焊缝长度小于 150 mm。

6.2.3   壁厚的影响

经过计算得到管径不变而壁厚改变对径向变形的影响数据,数据处理后,得到计算结果的曲线如图 6-9 所示。在图 6-9 中,无论何种壁厚以及何种管径,发生临界径向变形量都是需要一定时间的,表现出一定的时间效应。

图 6-9(a)中,管径为 254 mm,壁厚 4.5 mm 的管道在焊接进行到 38 s 时,变形超过 0.45 mm;壁厚 6.0 mm 的管道达到 0.6 mm 的变形量发生在焊接修复进行到 47 s 时;壁厚 7.5 mm 的管道发生 0.75 mm 的径向变形量发生在焊接修复进行到 70 s 时。

图 6-9(b)是管径为 508 时 3 种壁厚的管道焊接变形情况,壁厚为 4.5 mm 时,临界变

形量 0.45 mm 发生在 42 s 以后；壁厚为 6.0 mm 时，临界变形量发生在 58 s；壁厚为 7.5 mm 时，临界变形量发生在 85 s 以后。比照图 6-9(a)可知，同种壁厚时，管径 508 mm 的管道比管径 254 mm 的管道发生临界变形量的时间要延后。

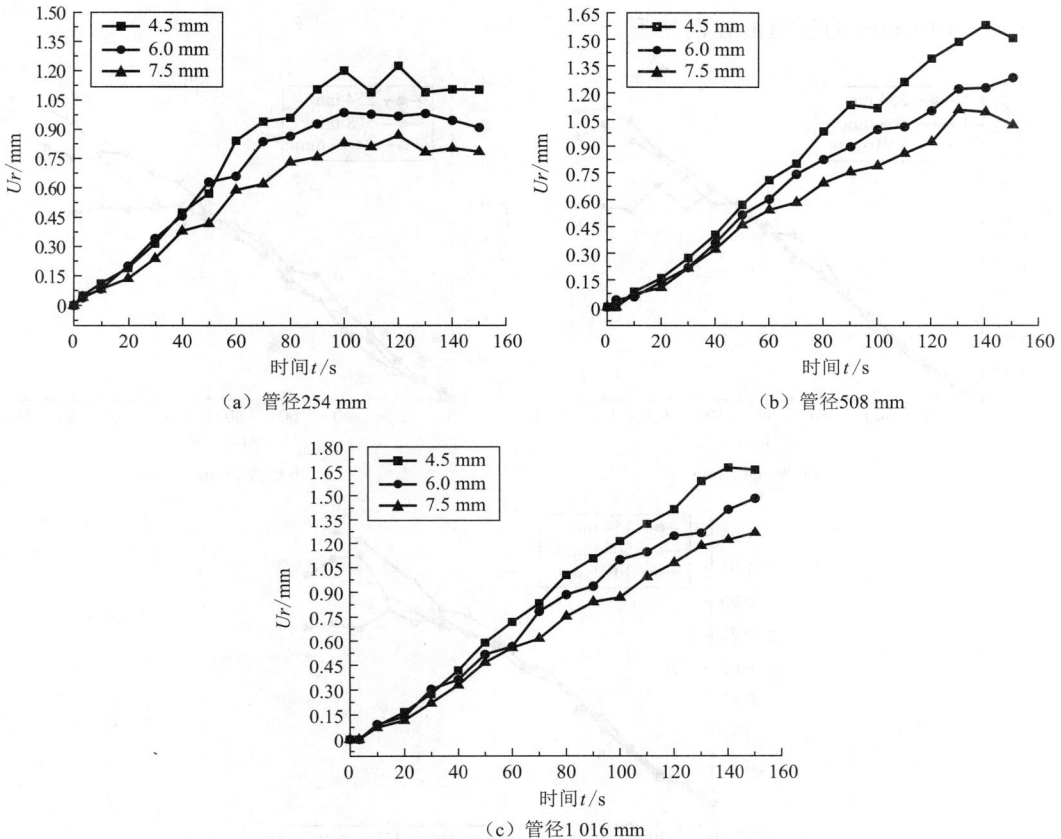

（a）管径254 mm

（b）管径508 mm

（c）管径1 016 mm

图 6-9　不同壁厚径向瞬时最大变形

图 6-9(c)中计算结果显示，当管径为 1 016 mm 时，壁厚 4.5 mm 的管道临界烧穿变形发生在 42 s 以后；壁厚为 6 mm 时，临界变形发生在 62 s 以后；7.5 mm 时，临界变形发生在 81 s 以后。发生时间和管径为 508 的管道时间相差很小，所以可使用管径 508 的模型代替管径 1016 的模型来考察壁厚对径向变形的影响。

可见，随着壁厚的增大，相同管径下，需要达到相应壁厚的临界径向变形量的时间越来越长，在限定的时间内，发生烧穿的可能性越小，可以安全施焊的时间逐渐增加。

此外，在同管径不同壁厚时，壁厚越小，焊接同时刻的径向变形量越大，并且随着焊接时间的延长，差异性越来越大，呈现出明显的时间效应，但在具体情形中又呈现出不同点。在图 6-9(a)中，壁厚 4.5 mm 以及 6.0 mm 的管道在焊接开始一直到 40 s 之间，径向变形量几乎相同，而壁厚 7.5 mm 的管道变形量明显较小。

随着管径的增大，在相同壁厚时径向变形量也有增大的趋势，所以在下面的讨论中，将考察管径对变形的影响。

6.2.4 管径的影响

使用相同壁厚不同管径的有限元模型分别计算、考察管径对径向变形的影响,得到如图 6-10 所示的计算结果。在下面的分析中用 Ur_{254},Ur_{508},Ur_{1016} 表示管径为 254 mm,508 mm 及 1 016 mm 的管道的径向变形。

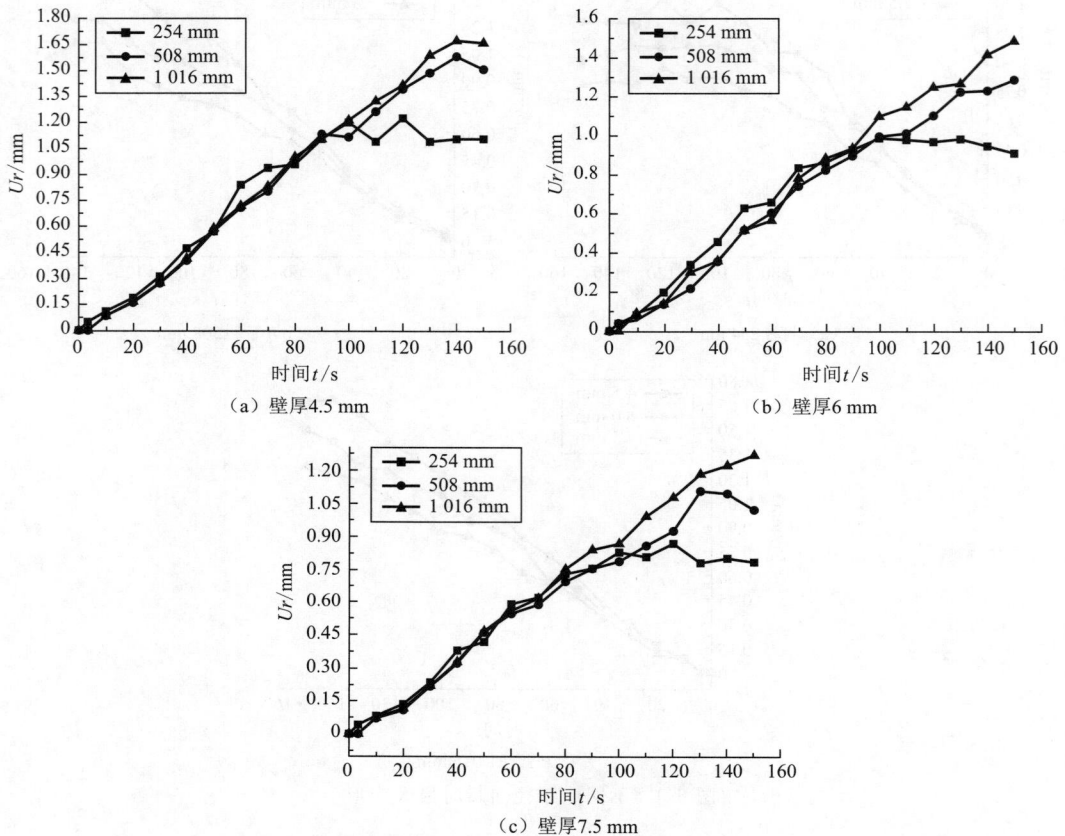

（a）壁厚4.5 mm

（b）壁厚6 mm

（c）壁厚7.5 mm

图 6-10　不同管径径向变形

在壁厚 4.5 mm 时,在焊接修复开始直到 50 s 期间,3 种管径的径向变形量差别很小。从第 50 s 开始,管径 254 mm 的管道变形量有一个变化率的突变,但是在 90 s 直到 150 s 期间总体变形变化率是减小的,而管径 508 mm 以及管径为 1016 mm 的管道在焊接修复起始一直到 120 s 期间,总体上的变形量是几乎相同的,而在 150 s 时的径向变形量上,Ur_{1016} 最大,Ur_{508} 次之,Ur_{254} 最小。

壁厚为 6 mm 时,在 80 s 之前,Ur_{254} 大于 Ur_{508} 以及 Ur_{1016},而在 90 s 后,Ur_{254} 的变化缓慢且有减小的趋势,而 Ur_{508} 以及 Ur_{1016} 呈增大的趋势。

在壁厚为 7.5 mm 的管道模型计算结果中,3 种管径在前 80 s 的径向变形量差异很小,在 80 s 之后,逐渐表现出变化率的不同,其中 Ur_{508} 以及 Ur_{1016} 迅速增大。

分析 3 种壁厚不同模型的计算结果可知,随着管径的增大,径向变形量在相同壁厚的情形下是不断增加的;随着管道壁厚的增大,同时刻径向变形量减小,在图 6-10(a)所示的最大值 1.75 mm 减少到图 6-10(c)的 1.35 mm,可见壁厚的增大能显著减小烧穿发生的概率。

管径的大小在前期并不会显著地改变变形量的增加趋势,并且管径较小的管道在焊接修复前期变形量较大,而随着焊接修复的进行,在 80 s 或者 90 s 之后不同管径的管道会呈现不同的变化。在 90 s 之后,变形量随着管径的增大而增加,呈现出一定的时间效应。

管径为 508 mm 时,壁厚对管道内壁一点的径向变形影响如图 6-11 所示。分析图 6-11 中的计算数据可知,壁厚 6 mm 和壁厚 7.5 mm 的管道,内壁点的径向变形不论是在趋势以及量上基本一致。壁厚因素在焊接修复的前期对内壁径向变形的影响差别并不是很大,但是随着焊接修复时间的增大,热源逐渐靠近,壁厚 4.5 mm 的管道变形量的增大率迅速增大。当壁厚增加到 6 mm 时,壁厚的增加对于内壁点的径向变形量影响不再显著。

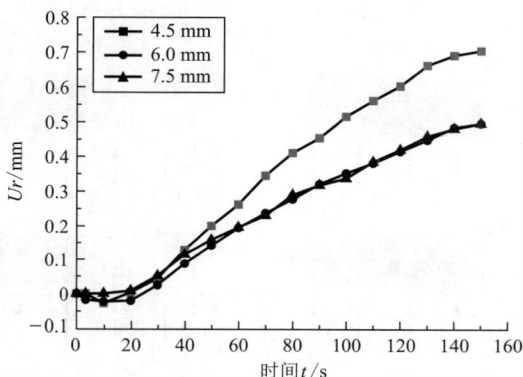

图 6-11　不同壁厚内壁径向变形图

6.3　在役焊接失稳机制

管线钢在役焊接过程中,管壁的部分金属被电弧加热到高温(这里所说的高温是指材料中的原子扩散足够快,其扩散过程对塑性变形和断裂起重要作用的温度,一般是指 $T > T_m/2$,T_m 为金属熔点的绝对温度),由于高温下原子扩散能力的增大、材料中空位数量的增多以及晶界滑移系的改变使得材料的塑性变形与断裂行为与常温下有很大的不同。在高温条件下材料的变形机制增多,易发生塑性变形,表现为强度降低,形变强化现象减弱,塑性变形增加,材料在高温下还将发生蠕变变形。图 6-12 为烧穿过程的示意图。

管道修复之前,管道的环向应力为:

$$\sigma_h = \frac{pD}{2t} \tag{6-1}$$

式中　σ_h——环向应力,MPa;

　　　p——待修复管道运行压力,MPa;

　　　D——管径,mm;

　　　t——管壁厚,mm。

当 $\sigma_h < \sigma_s$ 时,管壁将发生弹性变形;反之则会产生塑性变形。在这个阶段,由于管壁温度的降低,管线钢的屈服强度比较高,一般管壁的变形都比较小,如图 6-12(a)所示。进

行在役焊接时,电弧热使管壁局部金属温度升高,强度极限随着温度的升高明显降低,焊接接头瞬态承载强度下降,其抗形变能力亦降低,所以管壁的变形增加(图 6-12b)。当焊接热输入进一步增加时,管壁上形成的熔池尺寸增加、管壁的温度继续升高,材料的强度极限急剧降低,焊接接头产生了较大的膨胀变形(图 6-12c);同时,晶界强度与晶粒强度随温度增加而下降的趋势不同,在等强温度以上,材料晶界强度小于晶粒强度;管内介质压力和焊接应力共同作用使晶界空洞发生形核、长大和合并,最后连接成裂纹导致局部晶界分离,裂纹相互作用并连接而最终断裂,如图 6-12(d)所示。

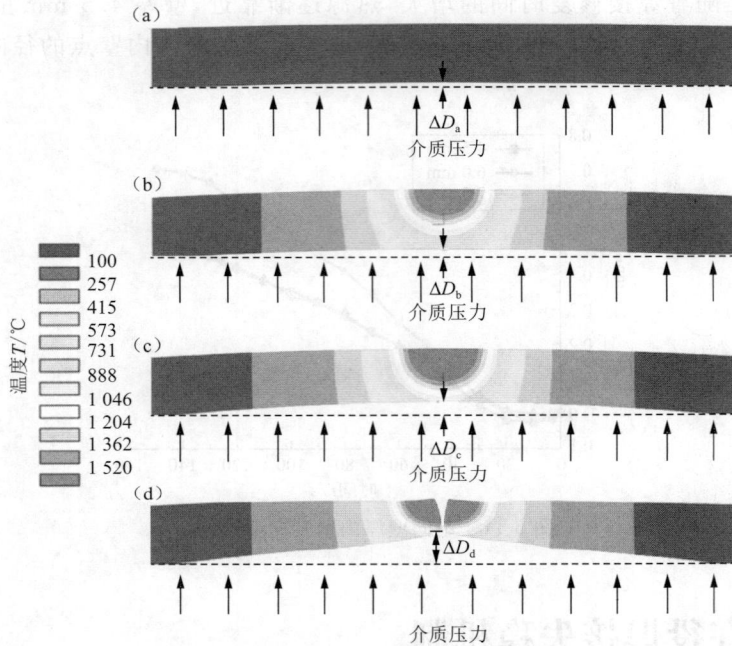

图 6-12   在役焊接烧穿失稳过程示意图
(径向变形:$\Delta D_a < \Delta D_b < \Delta D_c < \Delta D_d$)

综合上述分析可知,在役焊接烧穿的机制是,当壁厚较薄时,较大的焊接电弧热使材料的屈服强度降低,在内部介质压力作用下,材料逐渐发生屈服并变形;焊接膨胀变形由焊接温度场引起的热应力、内部介质的压力作用在管壁上的应力和管道材质自身的临界失稳应力共同决定,当前两者共同作用的应力超过材料临界失稳应力时,就会产生膨胀变形。随着焊接热输入的增加或者内部介质压力的增加,当管壁剩余强度不足以承载内部介质压力时,就会发生烧穿失稳。

6.4   在役焊接可焊压力公式

要避免在役焊接管道失效的发生,就必须在可焊压力范围内进行施焊。不同的情况下施焊许用压力也不同。施焊许用压力受到焊接热输入、介质流速、管壁厚度和熔池尺寸等因素的影响。

6.4.1　管壁厚度的影响

研究表明焊接热输入使得管道内表面温度达到 982 ℃以上,易发生烧穿,而当壁厚超过 6.4 mm,采用低氢焊条进行正常焊接时,这一温度很难达到,不会发生烧穿。对于壁厚超过 12.8 mm 的管道,烧穿不是主要问题。而管道的壁厚又对可焊压力产生影响,不同的管壁厚度,对应的施焊许用压力也各不相同。

6.4.2　介质流速的影响

与传统的焊接工艺相比,在役焊接管道内输送介质不停止传输。管线运行时,管内介质有流速、温度、压力等特性,会对在役焊接产生影响。而介质流速不同,施焊的许用压力也不同。这是由于管内介质流动的过程中,不易保证预热温度以及层间焊接温度,流动的介质会带走焊接时的热量,造成热量的大量损失,而介质压力作用于由于局部高温导致的有效壁厚减薄区域时可能使管线失效。因此,在计算施焊许用压力时,必须充分考虑管内介质对在役焊接安全性的影响。

有研究表明,随着流速的增大,焊缝位置处外壁上的峰值温度无明显变化,而内壁上的峰值温度会随之下降;在役焊接管道的剩余强度因子及所能承受的极限压力呈上升趋势,且在一定范围内增大明显。在役焊接的施焊许用压力是随着流速的增大而增大的(见表 6-2),故在役焊接时应充分利用流速变化范围的特点,以确定最佳施工条件。

表 6-2　一定极限压力下避免发生烧穿的壁厚与介质流速的关系[182]

极限压力 p/kPa	介质流速/(ft・s^{-1}或 m・s^{-1})			
	0	5(1.5)	10(3.0)	20(6.1)
15(100)	0.320 in(8.13 mm)	…	…	…
500(3 450)	0.300 in(7.62 mm)	0.270 in(6.86 mm)	0.240 in(6.10 mm)	0.205 in(5.21 mm)
900(6 200)	0.280 in(7.11 mm)	0.235 in(5.97 mm)	0.190 in(4.83 mm)	0.150 in(3.81 mm)

除了管道内介质的流速会对在役焊接产生影响外,管道内介质的种类也会影响其安全性,所以易燃易爆气体介质管线需要在役焊接时,应先了解气体成分,确认是否处在爆炸范围内。如管线介质接近或在易燃易爆极限范围内的,或者焊接的灼热可能导致气体混合物达到易燃极限范围的,均不宜进行在役焊接。

6.4.3　熔池尺寸的影响

在役焊接过程中,在役焊接管道的熔池尺寸不同,管道的强度减弱程度也就不同。管道承载内部介质压力的能力不同就会造成相应的施焊许用压力不同。有研究表明[183],对于低碳钢而言,当压力小于 6.4 MPa 时,焊接熔深控制在管道壁厚的 1/2 以内时不会发生烧穿,而焊接熔深不小于壁厚的 1/3 才能保证角焊缝的结构强度,所以焊缝熔深宜控制在管壁厚的 1/3~1/2。但对于薄壁管线而言,该熔深范围是很不保守的(第 7 章将对此进行深入探讨)。

6.4.4　焊接热输入的影响

在役焊接的热输入不同,在役焊接管道的强度就会发生不同程度的减弱,从而使在役焊接的可焊压力不同。一般来说,在役焊接时管道的施焊许用压力随着焊接热输入的增大而降低,当热输入增大到一定程度时,在役焊接的可焊压力变化趋于平缓。

所以,在计算在役焊接的可焊压力时,必须充分考虑管壁厚度、介质流速、熔池尺寸、焊接热输入等因素对其产生的影响。综合实际情况以及各个因素的影响得出符合要求的施焊许用压力,保证在役焊接过程的安全进行。

Q/SY 64.1—2007《油气管道动火管理规范》指出,正常情况下,在带压天然气管道上焊接时,应提前降低管道内的气体压力,即焊接处管内压力应小于此处管道允许工作压力的 0.4 倍。但是,未考虑管道本体实际腐蚀的情况。

根据 SY/T 6150.1—2011《钢制管道封堵技术规程》给出公式(6-2),确定管道允许带压施焊压力为:

$$p = \frac{2\sigma_s(\delta - 2.4)}{D}F \tag{6-2}$$

式中　p——管道允许带压施焊的压力,MPa;

　　　σ_s——管材的最小屈服极限,MPa;

　　　δ——焊接处管道实际壁厚,mm;

　　　D——管道外径,mm;

　　　F——安全系数(原油、成品油管道取 0.6,天然气、煤气管道取 0.5)。

SY/T 6150.1—2011《钢质管道封堵技术规程》考虑到焊接造成材料强度损失,将壁厚减薄设为一个定值(2.4 mm),推荐安全系数与介质种类有关,介质为原油、成品油时,冷却效果好,安全系数相对较大,为 0.6;介质为天然气、煤气时,安全系数相对较小,为 0.5。式(6-2)将安全系数与介质种类联系起来,但并未考虑管道壁厚、介质流速的影响。SY/T 6150 标准中规定了介质最大流速,因此此公式只适用于封堵管件焊接或管内液体流速不大于 5 m/s、气体流速不大于 10 m/s 的情况。

GB/T 26055—2011《钢质管道带压封堵技术规范》中,管道允许带压施焊的压力公式与 SY/T 6150.1—2011《钢质管道封堵技术规程》中的规定基本一致,但是存在一个壁厚修正量 c。c 与焊条直径有关:焊条直径小,热输入小,引起壁厚损失小,壁厚修正量小。

$$p = \frac{2\sigma_s(\delta - c)}{D}F \tag{6-3}$$

推荐安全系数与实际壁厚有关,随着壁厚的减小而增大。该公式将焊接引起的壁厚损失用壁厚修正系数及安全系数进行修正,壁厚修正系数如表 6-3 所示,安全系数如表 6-4 所示。但公式(6-3)未考虑介质流速对可焊压力的影响,即认为流速对可焊允许压力是无影响的。但是,流速越大带走焊接高温区的热量越多,发生烧穿的可能性就越小。

表 6-3　推荐壁厚修正系数

焊条直径/mm	<2.0	2.5	3.2	4.0
c/mm	1.4	1.6	2.0	2.8

表 6-4　推荐安全系数

δ/mm	$\delta \geqslant 12.7$	$8.7 \leqslant \delta < 12.7$	$6.4 \leqslant \delta < 8.7$	$\delta < 6.4$
F	0.72	0.68	0.55	0.4

ASME B31.8—2007《气体传输和配油管道系统》及壳牌 DEP31.38.60.10-GEN《管道及管道设备带压打孔》中可焊管道的压力计算公式如下：

$$p = \frac{2S\delta}{D}FET_t \tag{6-4}$$

式中　p——管道允许带压施焊的压力；

　　　S——管材的最小屈服极限；

　　　δ——焊接处管道名义壁厚；

　　　D——管道外径；

　　　F——推荐设计安全系数，如表 6-5 所示；

　　　T_t——推荐温降系数，如表 6-6 和表 6-7 所示，对于瞬时温降系数可以用插值法计算；

　　　E——推荐纵向焊缝系数，如表 6-8 所示。

表 6-5　推荐设计安全系数

地区等级	设计系数 F
1 级地区 1 类	0.80
1 级地区 2 类	0.72
2 级地区	0.60
3 级地区	0.50
4 级地区	0.40

表 6-6　ASME B31.8 推荐温降系数表

温度/℃	推荐温降系数 T_t
≤250	1.000
300	0.967
350	0.933
400	0.900
450	0.867

表 6-7　壳牌 DEP31.38.60.10-GEN 推荐温降系数表

焊接预测管道最高温度		温降系数
℃	℉	
大于 675	大于 1 245	0.00
675	1 245	0.20
600	1 110	0.35
500	930	0.57
400	750	0.65
300	570	0.75
200	390	0.85

续表

焊接预测管道最高温度		温降系数
℃	℉	
120	250	0.91
小于 120	小于 250	1.00

表 6-8　推荐纵向焊缝系数表

材料标准	管子种类	焊缝系数 E
ASTM A53	无缝	1.00
	电阻焊	1.00
	炉热对焊,连续焊缝	0.60
ASTM A106	无缝	1.00
ASTM A134	电熔焊	0.80
ASTM A135	电阻焊	1.00
ASTM A139	电熔焊	0.80
ASTM A333	无缝	1.00
	电阻焊	1.00
ASTM A381	埋弧焊	1.00
ASTM A671	电熔焊	
	13,23,33,43,53 级	0.80
	12,22,32,42,52 级	1.00
ASTM A672	电熔焊	
	13,23,33,43,53 级	0.80
	12,22,32,42,52 级	1.00
ASTM A691	电熔焊	
	13,23,33,43,53 级	0.80
	12,22,32,42,52 级	1.00
ASTM A984	电阻焊	1.00
ASTM A1005	双面埋弧焊	1.00
ASTM A1006	激光束焊接	1.00
API 5L	电阻焊	1.00
	无缝	1.00
	埋弧焊(直缝或螺旋焊缝)	1.00
	炉热对焊—连续焊缝	0.60

在实际过程中,公式(6-4)中的 $\delta = \delta_a - u$,其中 δ 是指管道的最小实际壁厚; u 是指焊接时穿透的深度,可以通过焊接时的熔深与焊接热输入及管壁厚度之间的关系获得。根

据热输入计算结果,查图 6-13 就可以得到焊接时的穿透深度 u(管壁初始温度为 25 ℃)。

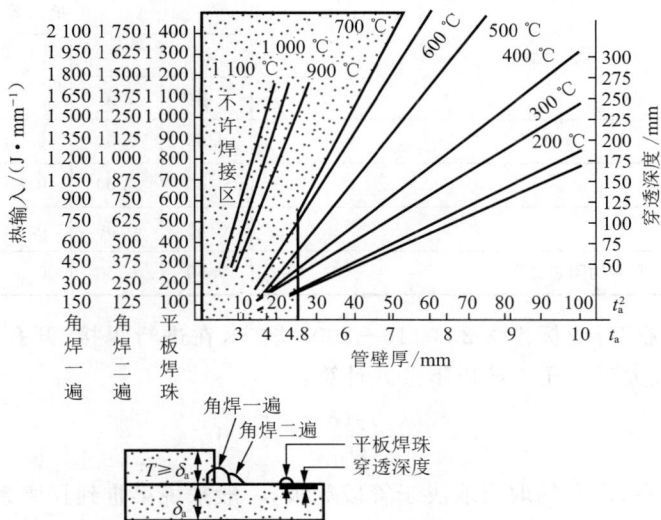

图 6-13　管道内壁最高估算温度[184]

根据 ASME B31.8—2007《气体传输和配油管道系统》,可焊压力除了与管径、壁厚及屈服强度有关外,还与管道结构设计安全系数(见表 6-9)、纵向焊缝系数及温降系数有关。特别是温降系数,是其他可焊压力预测公式没有考虑的。温降系数与温度有关,而温度与壁厚、介质流速及介质种类等因素有关。该公式较好地考虑了温度对可焊压力的影响,应用较为广泛。

表 6-9　管道结构设计系数

设　施	地区等级				
	1		2	3	4
	1类	2类			
干线、集管及支线	0.80	0.72	0.60	0.50	0.40
无套管穿越道路、铁路:					
(a) 私人道路	0.80	0.72	0.60	0.50	0.40
(b) 没有坚实路面的公共道路	0.60	0.60	0.60	0.50	0.40
(c) 有硬路面的道路、公路或公共街道和铁路	0.60	0.60	0.50	0.50	0.40
有套管穿越道路、铁路:					
(a) 私人道路	0.80	0.72	0.60	0.50	0.40
(b) 没有坚实路面的公共道路	0.72	0.72	0.60	0.50	0.40
(c) 有硬路面的道路、公路或公共街道和铁路	0.72	0.72	0.60	0.50	0.40
沿道路和铁路敷设的干线和集管:					
(a) 私人道路	0.80	0.72	0.60	0.50	0.40
(b) 没有坚实路面的公共道路	0.80	0.72	0.60	0.50	0.40
(c) 有硬路面的道路、公路或公共街道和铁路	0.60	0.60	0.60	0.50	0.40

设　施	地区等级				
	1		2	3	4
	1类	2类			
预制组装件	0.60	0.60	0.60	0.50	0.40
桥梁上的干线	0.60	0.60	0.60	0.50	0.40
压缩机站管道	0.50	0.50	0.50	0.50	0.40
1级和2级地区内人群聚集的附近地带	0.50	0.50	0.50	0.50	0.40

"俄天然气工业"行业标准 2-2.3-116—2007 规定,在进行焊接、开孔和管腔覆盖时气体管道段允许的最大工作压力按以下公式计算:

$$p = \frac{2kk_1\sigma_\text{T}(\delta - c)}{D_\text{H}} \times 10^2 \qquad (6\text{-}5)$$

式中　k——表示系数,它的取值取决于管段等级,一般来说第Ⅲ到Ⅳ级系数值取 0.72,第Ⅰ到Ⅱ级取 0.6,B级则为 0.5;

　　　k_1——焊缝系数,取值为:直缝电弧焊和无缝管为1,而螺旋焊缝管为0.8;

　　　σ_T——气管道金属的屈服极限,按管子技术规程取值,kgf/mm^2;

　　　δ——焊接处管道壁的实际厚度(根据测量结果),mm;

　　　c——校正厚度,考虑到焊接处管道壁因加热导致金属强度降低,大小为 2.4 mm;

　　　D_H——焊接处管道外径(按测量结果),mm。

在制定具体方案时,设计部门确定计划开孔点的工作压力值,这个值不应该超过公式 (6-5) 计算中允许的最大值。

6.5　在役焊接可焊压力公式的分析比较

从有关文献、标准及试验来看,当壁厚超过 6.4 mm 后烧穿不再是在役焊接考虑的问题,因此本节内容探讨薄壁管道(壁厚<6.4 mm)在役焊接时的可焊压力情况。

根据油气管道参数统计,厚度为 3~6 mm 的薄壁管主要采用的钢材为 20♯,L245,Q235B,X42,管径范围为 76~168 mm。为此,本书试验管道选择壁厚为 3,4,5,6 mm,管材 20♯,Q235B,L245,X42,管径为 76,108,114,168 mm。考虑到材料主要通过屈服强度来影响管道可焊压力,而 20♯ 与 L245 的最低屈服强度均为 245 MPa,所以理论计算只对 Q235B,L245,X42 三种不同材料进行分析。

对于各个公式不同参数情况下的压力分析,公式(6-2)取油管进行分析,如果油管是安全的,则公式(6-2)认为相同管道参数情况下气管也是安全的。同时,结合实际的焊接工艺,薄壁管主要采取直径为 2.5 mm 的焊条进行焊接。所以对于薄壁管,公式(6-3)中 c 取 1.6 mm;对于公式(6-4),根据薄壁管焊接工艺及壳牌标准中管道热输入与在役焊接管道熔深、壁厚、内壁最高温度的关系,取 $c = 1.6$ mm,温降系数在壁厚为 5 mm 时取 0.35,在壁厚为 6 mm 时取 0.6。公式(6-5)则取管道焊缝系数为1,管段等级为Ⅲ到Ⅳ级($k = 0.72$)进行分析。此时可焊压力最大,如果在此条件下管道可焊,则在其他情况下管道焊接也是安全的。

6.5.1 不同公式可焊压力随壁厚的变化规律

表 6-10 为不同壁厚时各个公式的可焊压力值,从表中看出,对于管径 108 mm 的 L245 管道,随着壁厚的增大,管道可承受的总应力增大,四个公式计算的可焊压力均逐渐增大。公式(6-2)考虑了管道内介质种类对可焊压力的影响,认为油管的可焊压力要比气管可焊压力大,并且从表中可以看出对于薄壁管来说,在壁厚小于等于 5 mm 时,公式(6-3)计算的气管的可焊压力在 4 个公式中最小,在壁厚达到 6 mm 时其可焊压力才超过公式(6-3);公式(6-3)则考虑了焊条直径即焊接热输入对可焊压力的影响,比较发现壁厚为 3 mm 时公式(6-3)的可焊压力在 4 个公式中最大,但随着壁厚的增大,其可焊压力的增大程度相对于其他的公式要小得多,其可焊压力逐渐变为最小;对于公式(6-4)来说,当管道的壁厚为 3~4 mm 时,计算得到的可焊压力为 0,管道不允许施焊,这是因为公式(6-4)不适合管道壁厚小于 4.8 mm 的可焊压力计算;公式(6-5)除了管道壁厚较小时可焊压力小于公式(6-3),其他情况下其可焊压力在 4 个公式中均最大。

表 6-10　不同壁厚时各公式的可焊压力值(ϕ108,L245)

δ/mm	公式(6-2)的 p/MPa		公式(6-3)的 p/MPa	公式(6-4)的 p/MPa	公式(6-5)的 p/MPa
	气管	油管			
3	1.361	1.633	2.541	0.000	1.960
4	3.630	4.356	4.356	0.000	5.227
5	5.898	7.078	6.170	4.319	8.493
6	8.167	9.800	7.985	9.582	11.760

根据不同壁厚情况下各个公式计算的可焊压力值大小,绘制不同可焊压力公式下可焊压力值随壁厚变化的曲线,如图 6-14 所示。从图中可以看出,随着壁厚的增大,各个公式所得的可焊压力逐渐增大。公式(6-2)、公式(6-3)、公式(6-5)可焊压力与壁厚均呈线性关系,但公式(6-4)可焊压力随壁厚的变化曲线与其他公式明显不同。这是由于公式(6-4)考虑了管道在役焊接过程中温降系数对可焊压力的影响。当壁厚小于 4.8 mm 时,内壁温度达到了 675 ℃,温降系数为 0,不可施焊;而当壁厚大于 4.8 mm 时,在相同的焊接热输入情况下,壁厚不同,管道所能达到的内壁最高温度不同,其温降系数也不同。一般来说,相同焊接参数情况下,壁厚越大,管道的内壁温度越高,其温降系数越大,所以公式(6-4)可焊压力随壁厚变化曲线为折线图,并且图 6-14 只是表示出了公式(6-4)可焊压力随管道壁厚的变化规律,并没有精确地表示出管道的实际可焊压力大小。

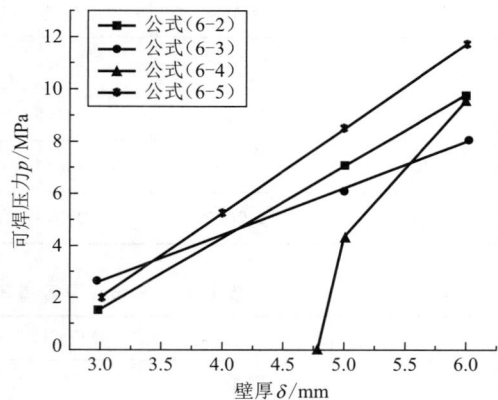

图 6-14　薄壁管可焊压力随壁厚变化曲线

通过比较可以看出,壁厚较小的时候,公式(6-3)的可焊压力最大,随着壁厚的增大,公式(6-3)的可焊压力较其他的公式逐渐变小。当壁厚超过 5.5 mm 时,公式(6-3)的可焊压力在 4 个公式中变成最小。公式(6-5)的可焊压力则在壁厚达到 3.4 mm 以后成为 4 个公式中最大的。公式(6-4)在壁厚小于 4.8 mm 时可焊压力为 0,认为不允许带压施焊;当壁厚超过 4.8 mm 时可焊压力迅速增大;在壁厚达到 5.5 mm 时可焊压力超过公式(6-3),与公式(6-2)相差越来越小。

6.5.2　不同公式可焊压力随管径的变化规律

表 6-11 至表 6-14 为 X42 管线钢不同壁厚、不同管径下各个公式的可焊压力值。可以看出,所有公式的可焊压力值都随着壁厚的增大而增大,但都随着管径的增大而减小。同时通过对比发现,除了壁厚为 3 mm 的情况下,公式(6-3)焊条直径为 4 mm 时可焊压力值最大,其余情况下均是公式(6-5)的可焊压力值最大,而公式(6-3)可焊压力值逐渐变为最保守。

表 6-11　3 mm 厚管道不同管径时各公式的可焊压力值

D/mm	公式(6-2)的 p/MPa		公式(6-3)的 p/MPa	公式(6-4)的 p/MPa	公式(6-5)的 p/MPa
	油管	气管			
76	2.289	2.747	4.274	0.000	3.297
108	1.611	1.933	3.007	0.000	2.320
114	1.526	1.832	2.849	0.000	2.198
168	1.036	1.243	1.933	0.000	1.491

表 6-12　4 mm 厚管道不同管径时各公式的可焊压力值

D/mm	公式(6-2)的 p/MPa		公式(6-3)的 p/MPa	公式(6-4)的 p/MPa	公式(6-5)的 p/MPa
	油管	气管			
76	6.105	7.326	7.326	0.000	8.792
108	4.296	5.156	5.156	0.000	6.187
114	4.070	4.884	4.884	0.000	5.861
168	2.762	3.314	3.314	0.000	3.977

表 6-13　5 mm 厚管道不同管径时各公式的可焊压力值

D/mm	公式(6-2)的 p/MPa		公式(6-3)的 p/MPa	公式(6-4)的 p/MPa	公式(6-5)的 p/MPa
	油管	气管			
76	9.921	11.905	10.379	7.265	14.286
108	6.981	8.378	7.304	5.113	10.053
114	6.614	7.937	6.919	4.844	9.524
168	4.488	5.386	4.695	3.287	6.463

表 6-14　6 mm 厚管道不同管径时各公式的可焊压力值

D/mm	公式(6-2)的 p/MPa		公式(6-3)的 p /MPa	公式(6-4)的 p /MPa	公式(6-5)的 p /MPa
	油管	气管			
76	13.737	16.484	13.432	16.118	19.781
108	9.667	11.600	9.452	11.342	13.920
114	9.158	10.989	8.954	10.745	13.187
168	6.214	7.457	6.076	7.291	8.949

　　根据表 6-11～表 6-14 绘制如图 6-15～图 6-18 所示的不同壁厚管道各个公式的可焊压力值随管径的变化曲线。由图可知,壁厚不同情况下,管道的可焊压力随着管径的增大而逐渐减小,并且变化趋势逐渐减缓。但是,随着壁厚的增大,可焊压力随管径变化曲线上移,相同公式可焊压力随管径变化曲线的斜率增大,即壁厚越大,可焊压力受管径的影响越大。同时,壁厚的不同对各个公式可焊压力随管径变化曲线的相对大小也会产生影响。壁厚较小时,公式(6-4)的可焊压力为 0,公式(6-3)的可焊压力相对最大。随着壁厚的增大,公式(6-3)可焊压力变化曲线下移,计算值逐渐变得保守,而公式(6-4)逐渐成为 4 个公式中可焊压力最大的。

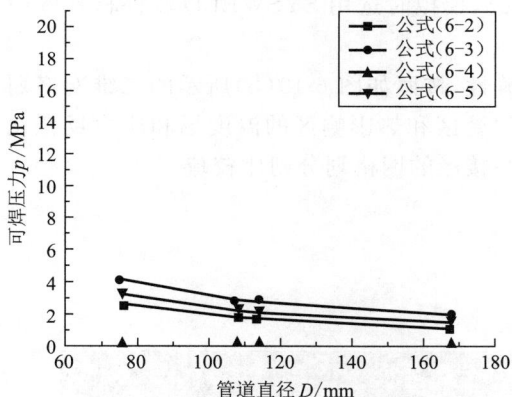

图 6-15　3 mm 厚管道可焊压力随管径的变化

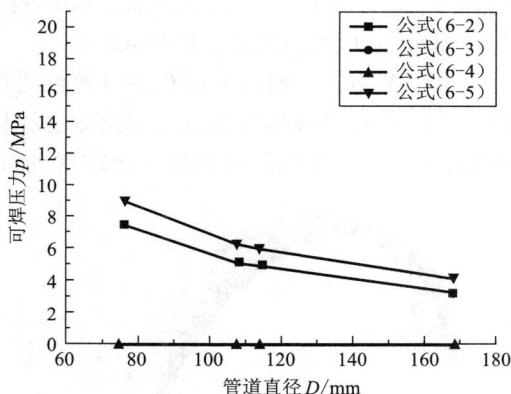

图 6-16　4 mm 厚管道可焊压力随管径的变化

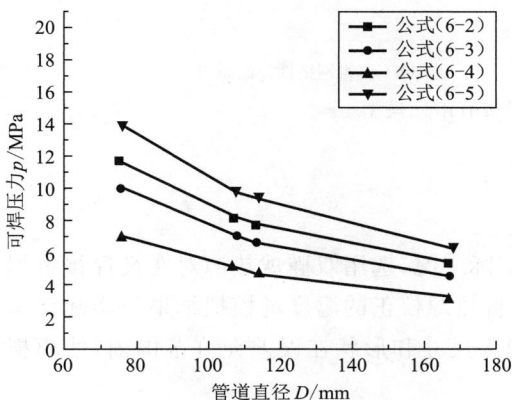

图 6-17　5 mm 厚管道可焊压力随管径的变化

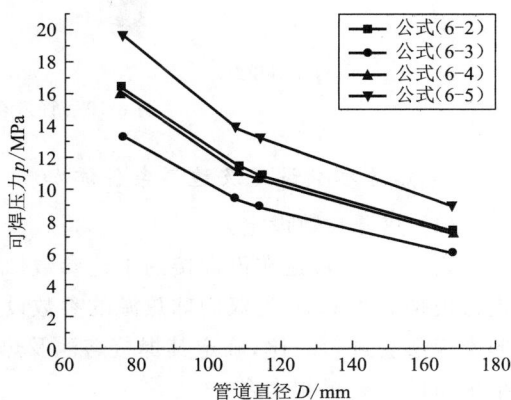

图 6-18　6 mm 厚管道可焊压力随管径的变化

6.6　在役焊接可焊压力的数值模拟分析

针对不同管道各个公式可焊压力的计算结果，对管道在役焊接过程进行数值模拟。将数值模拟结果与理论计算分析结果进行比较，确定不同公式可焊压力计算结果与数值模拟结果的偏差程度，确定符合实际管道在役焊接的可焊压力计算公式。根据以往数值模拟结果可以发现，管道在役焊接过程中会产生径向变形，随着压力的增大，径向变形逐渐增大，当增大到一定程度时径向变形加剧，管道压力变化曲线出现拐点。这是由于在温度和内部压力的共同作用下，管道发生塑性变形出现屈服现象，进而发生烧穿，所以此点就是管道在役焊接的最大可焊压力点。

6.6.1　8.7 mm 管道可焊压力的数值模拟

1）管道在役焊接几何模型的建立

图 2-9 为在役焊接修复的焊接顺序示意图及实际接头的宏观形貌。由图 2-9 可以看出，第一道焊缝对管道在役焊接的影响最大，如果第一道焊缝不发生烧穿，则认为管道不发生烧穿。同时考虑到管道的轴对称性，建立如图 6-19（a）所示的 1/2 管道模型。管道长度 80 mm、管径 610 mm、壁厚 8.7 mm，材料 X65，模拟时选用 SYSWELD 软件材料库中与其屈服强度相近的管材 16MnCr5。

为了节省计算时间同时保证计算结果的准确性，按照如图 6-19（b）所示的二维网格划分截面图对在役焊接管道进行网格划分。因为焊缝区和热影响区的温度场和应力场变化剧烈，所以这两部分的网格划分比较密，而远离焊接区的网格划分则比较疏。

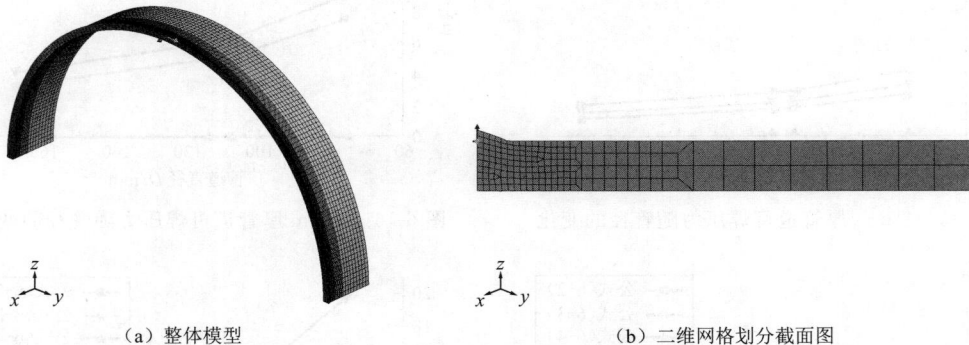

（a）整体模型　　　　　　　　（b）二维网格划分截面图

图 6-19　管道在役焊接有限元模型

2）热源参数设定及边界条件添加

（1）热源参数设定。

表 6-15 为管道在役焊接的工艺参数，结合实际工况，选用双椭球热源对在役焊接过程进行模拟。表 6-16 为双椭球热源的参数设置。将热源校正的温度场模拟结果与实际接头的宏观形貌进行对比，确定其焊接熔池及热影响区尺寸和形状在误差允许范围内，使模拟结果与试验结果相吻合。

表 6-15 壁厚 8.7 mm 直径 610 mm 管道在役焊接工艺参数

电流/A	电压/V	焊接时间/s	焊缝长度/mm	焊接速度/(mm · s^{-1})	热输入/(kJ · mm^{-1})	焊条直径/mm
90～102	22～25	39	140	3.6	0.55～0.71	3.2

表 6-16 双椭球热源参数设置

前轴 a_f/mm	后轴 a_r/mm	宽度 H/mm	深度 S/mm	热输入/(kJ · mm^{-1})
3	4	8	1.3	0.56

（2）边界条件添加。

在役焊接管道的外表面与空气接触，焊接过程中为热辐射换热和空气的自然对流换热，其换热系数为：

$$\alpha_{外} = 0.8 \times 5.67 \times 10^{-8} \left[(273.15 + T_0) + (273.15 + T) \right] \cdot \left[(273.15 + T_0)^2 + (273.15 + T)^2 \right] + 25 \tag{6-6}$$

式中 T_0——环境温度，取 20 ℃；

T——焊接接头与空气表面的接触温度，℃。

在役焊接内表面与管道内的天然气介质相接触，所以其换热为热辐射换热和强迫对流换热，其中强迫对流换热系数为：

$$\alpha_1 = 0.027 \frac{\lambda}{D} Re^{0.8} Pr^{1/3} \left(\frac{\mu}{\mu_w} \right)^{0.14} \tag{6-7}$$

$$\mu_w = \mu_0 \left(\frac{273.15 + T}{273.15} \right)^{0.76} \tag{6-8}$$

式中 λ, Re, Pr, μ——分别表示天然气的导热系数、雷诺系数、普朗特数及动力黏度；

D——表示在役焊接管道的内径。

在役焊接管道内表面的热辐射换热系数与外表面相同，所以天然气管道在役焊接的内表面换热系数为：

$$\alpha_{内} = 0.8 \times 5.67 \times 10^{-8} \left[(273.15 + T_0) + (273.15 + T) \right] \cdot \left[(273.15 + T)^2 \right] + 0.027 \frac{\lambda}{D} Re_f^{0.8} Pr_f^{1/3} \left(\frac{1.8165 \mu_f^{0.14}}{\mu_0^{0.14} (273.15 + T)^{0.1064}} \right)^{0.14} \tag{6-9}$$

除了边界换热条件之外，还需要考虑在役焊接过程的力学约束情况。结合管道焊接时的实际受力情况，按照图 6-20 所示对 1/2 管道分别添加 XY 面的 Z 向刚性约束和 ZY 面的 X 向刚性约束。

同时在役焊接与常规焊接相比存在明显的不同，在役焊接是在不停输的情况下完成管道的修复，其管道内部存在介质压力。所以要对在役焊接过程进行精确的模拟，就必须在管道内表面添加介质压力，如图 6-21 所示，并且介质压力必须逐步添加，一直达到模拟所需的压力。

3）在役焊接管道数值模拟结果分析

根据在役焊接管道施加的边界条件及介质压力，对在役焊接过程进行模拟，得到管道在役焊接温度场及应力场随时间及内部压力的变化情况。如图 6-22 所示为某一时刻在役焊接管道的温度场分布云图和径向变形分布云图。从图可以看出，焊接热源到达之处其径向变形最大,并且最大径向变形出现在焊缝的熔池附近。这是由于距离焊接热源越近其温度越高,管道强度随着温度的提高而急剧降低;管道承载应力的能力越小,焊接变形越大;远离焊缝区域则焊接变形比较小。所以可以通过分析熔池附近在役焊接管道的径向变形来预测烧穿,并分析管道在役焊接可焊压力。

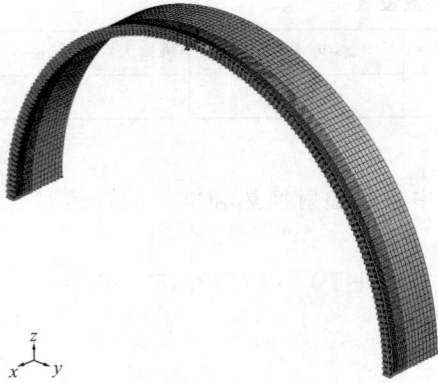

图 6-20　管道在役焊接模型力学约束示意图　　　图 6-21　管道在役焊接模型内部压力添加示意图

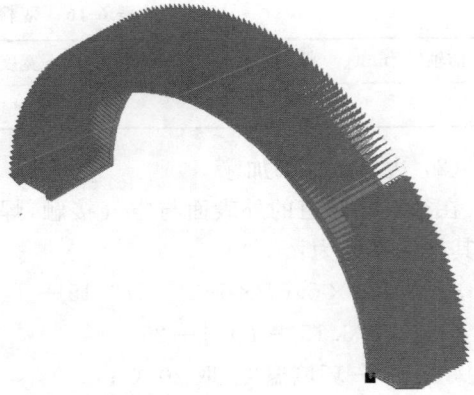

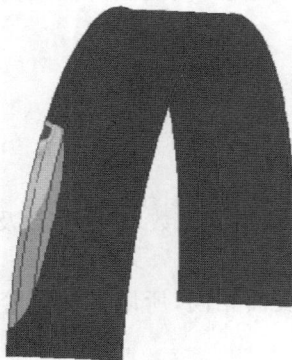

（a）温度场示意图　　　　　　　　（b）径向变形云图

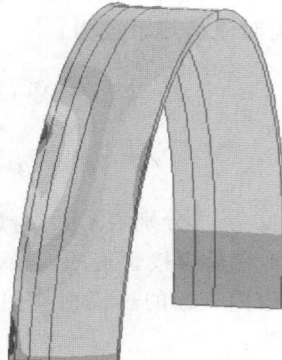

图 6-22　在役焊接管道某一时刻的数值模拟结果

　　图 6-23、图 6-24 分别为在役焊接管道某一点的热循环曲线和管道径向变形随时间的变化曲线。由图可以看出,当该点的温度达到最高点之后,其径向变形随之达到最大,所以可以通过分析该点的最大径向变形随压力的变化趋势,以确定在役焊接管道的最大可焊压力。

　　为了确定焊接熔池附近的最大径向变形的位置,如图 6-25 所示,对焊接熔池附近进行取点,比较当焊接热源到达此点时各个点径向变形的大小,找出径向变形的最大点,然后分别对该点不同压力下的径向变形进行分析,确定径向变形随管道内部压力变化曲线的拐点,预测管线在役焊接可焊压力。

　　结合数值模拟结果,找出径向变形的最大位置点,绘制此点径向变形随管道内部介质压力的变化曲线,如图 6-26 所示。由图可以看出,随着压力的增大,管道的径向变形逐渐增大。当管道内的介质压力较小时,压力与径向变形几乎呈线性关系,但当介质压力增大到一定程度时,径向变形迅速增大,压力与径向变形变化曲线出现拐点。这是由于内部介质压力增大,管道所承受的径向力增大,当内部介质压力增大到一定程度时,在役焊接管道的剩余强度不足以支撑管道所受的应力,管道出现屈服,径向变形急剧增大,管道发生烧穿。此拐点为在役焊接管道的临界压力点,超过此临界点的管道不允许施焊。由图 6-26 可以看出,管径 610 mm、壁厚 8.7 mm 的管道,允许施焊的最大介质压力为 7 MPa 左右。

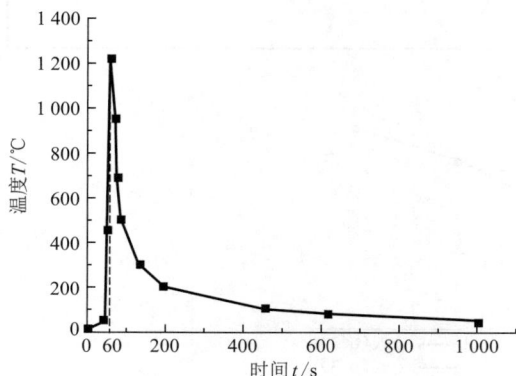

图 6-23　某一点的热循环曲线

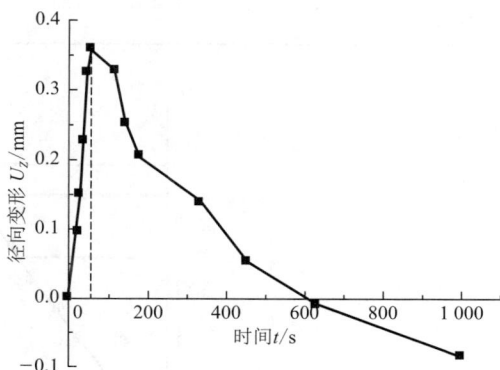

图 6-24　某一点径向变形随时间变化曲线

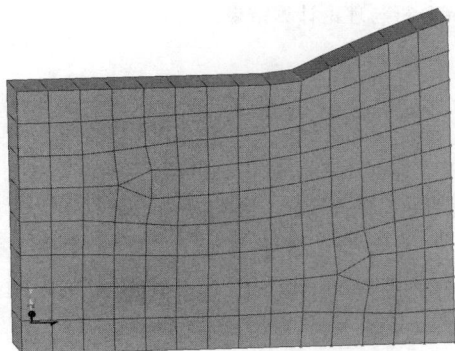

图 6-25　径向变形分析取点示意图

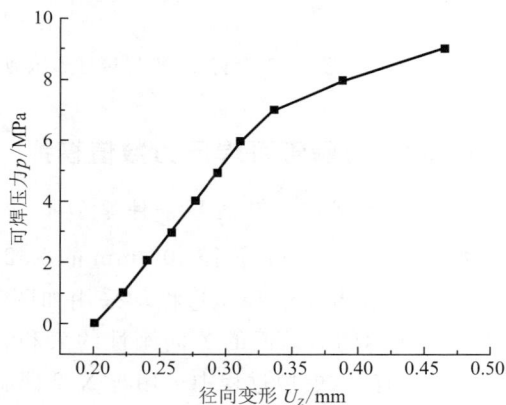

图 6-26　在役焊接管道压力与径向变形曲线

4) 数值模拟结果与理论计算分析结果的比较

表 6-17 为壁厚 8.7 mm、管径 610 mm 的在役焊接管道采用各个公式计算所得最大可焊压力。由表中可以看出,公式(6-4)计算的可焊压力最大,公式(6-2)则相对比较保守,公式(6-3)与公式(6-5)可焊压力计算结果相差不大。将各个公式可焊压力的理论计算结果与有限元分析结果相比较,绘制如图 6-27 所示的变化曲线。由图 6-27 可以看出,对于管径 610 mm、壁厚 8.7 mm 的管道,通过数值模拟得到其在役焊接可焊压力在 7 MPa 左右。与各个公式可焊压力计算结果比较发现,公式(6-3)和(6-5)与数值模拟结果最相近,公式(6-2)、公式(6-4)与在役焊接数值模拟结果相差较大,通过数值模拟所得的最大施焊压力大于公式(6-2)而小于公式(6-4)的计算结果。所以,对于管径 610 mm、壁厚 8.7 mm 的管道来说,公式(6-3)和(6-5)与数值模拟结果更贴近,更适合其可焊压力的预估。

表 6-17　不同公式计算的在役焊接可焊压力

可焊压力公式	公式(6-2)：SY/T 6150.1—2011 $p = \dfrac{2\sigma_s(t-2.4)}{D}F$	公式(6-3)：GB/T 28055—2011 $p = \dfrac{2\sigma_s(t-c)}{D}F$	公式(6-4)：壳牌 $p = \dfrac{2\sigma_s(t-1.6)}{D}FET$	公式(6-5)：俄罗斯标准 $p = \dfrac{2\sigma_s(\delta-2.4)}{D}KK_1$
压力 p /MPa	4.648	6.722	7.686	6.692

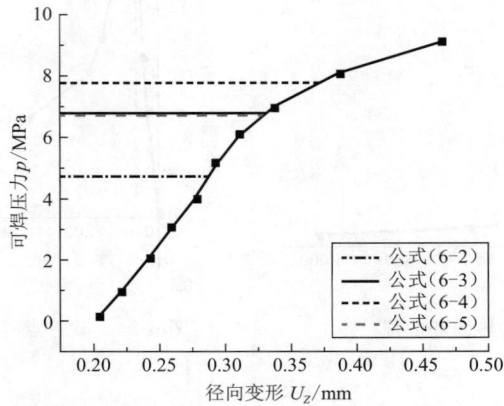

图 6-27　管道在役焊接可焊压力有限元分析与理论计算结果比较

6.6.2　薄壁管可焊压力数值模拟

1) 管道模型建立及边界条件添加

对于壁厚 5.2 mm、管径 406 mm 的 X52 薄壁管，其模型建立与约束添加过程与壁厚 8.7 mm 的管道相似。模拟过程均采用如图 6-28 所示的 1/2 管道模型，并且对管道施加如图 6-29 所示的 XY 面的 Z 向刚性约束和 ZY 面的 X 向刚性约束。考虑到 SYSWELD 中材料数据有限，模拟过程中采用与 X52 屈服强度相近的 S355J2G3 进行模拟。

图 6-28　5.2 mm 薄壁管几何模型　　　图 6-29　管道约束添加示意图

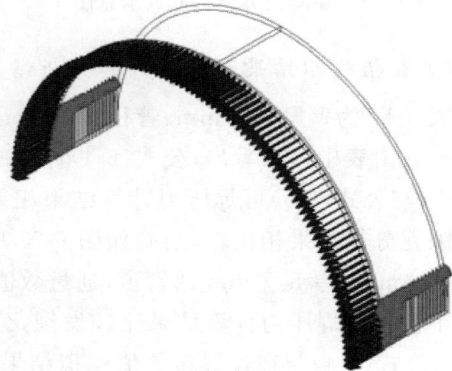

结合薄壁管的实际焊接过程，得到如表 6-18 所示的壁厚 5.2 mm，管径 406 mm 管道

在役焊接过程中第一道焊缝的焊接工艺参数。根据薄壁管的焊接工艺参数,对数值模拟过程中的双椭球焊接热源进行校核,即得如表 6-16 所示的热源参数。

表 6-18   壁厚 5.2 mm 管道在役焊接工艺参数

电流/A	电压/V	介质流速/(m·s⁻¹)	焊接速度/(mm·s⁻¹)	焊条直径/mm
78～80	22～28	3.6	3.3	2.5

结合管道的实际焊接过程,管道上表面为对流换热和辐射换热,下表面为强迫对流换热和辐射换热。应用如表 6-19 所示的焊接热源,对管道内表面依次施加不同的压力,根据可焊压力与管道径向变形的关系曲线,找出曲线的拐点,判断管道在役焊接的可焊压力。

表 6-19   双椭球热源参数设置

前轴 a_f/mm	后轴 a_r/mm	宽度 H/mm	深度 S/mm	热输入/(kJ·mm⁻¹)
3	5	12	1.6	0.55

2)薄壁管数值模拟结果分析

图 6-30 为壁厚 5.2 mm、管径 406 mm 薄壁管在役焊接过程中径向变形随管道内部介质压力的变化曲线。由图可以看出,随着内部介质压力的增大,管道的径向变形逐渐增大,当管道内部介质压力达到 3 MPa 以后,径向变形迅速增加,随内部介质压力变化曲线出现明显拐点。这是由于管道内部介质压力达到 3 MPa 以后,在役焊接过程出现塑性变形,此时管道出现烧穿的可能性急剧增大,所以认为壁厚为 5.2 mm,管径 406 mm,材质为 X52 的天然气管道的可焊压力为 3 MPa。

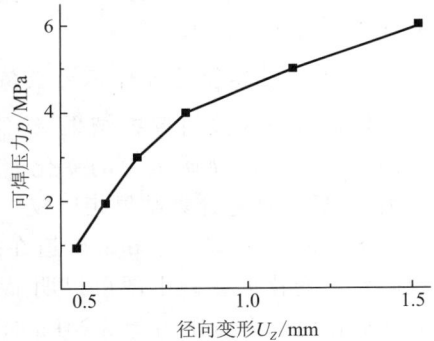

图 6-30   薄壁管在役焊接管道压力与径向变形曲线

如表 6-20 所示为采用 4 个不同公式预测的管道在役焊接可焊压力。从表中可以看出,4 个公式中,公式(6-5)的可焊压力值最大,而公式(6-2)的可焊压力值最保守。根据各个公式的可焊压力值及管道在役焊接数值模拟结果,绘制如图 6-31 所示的可焊压力模拟结果与理论计算结果比较图。由图可以看出对于可焊压力值,公式(6-2)～公式(6-4)理论计算结果均小于数值模拟的结果,公式(6-5)的计算结果则大于模拟结果,而公式(6-4)的计算结果与模拟结果最相近。

表 6-20   不同公式计算的管道在役焊接可焊压力

可焊压力公式	公式(6-2)(SY/T 6150.1—2011):$p = \dfrac{2\sigma_s(t-2.4)}{D}F$	公式(6-3)(GB/T 28055—2011):$p = \dfrac{2\sigma_s(t-c)}{D}F$	公式(6-4)(壳牌标准):$p = \dfrac{2\sigma_s(t-1.6)}{D}FET$	公式(6-5)(俄罗斯标准):$p = \dfrac{2\sigma_s(\delta-2.4)}{D}KK_1$
压力 p/MPa	2.483	2.55	2.796	3.575

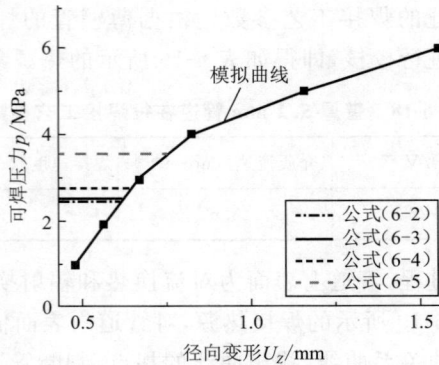

图 6-31　5.2mm 厚管道数值模拟结果与理论分析结果比较

6.6.3　不同壁厚管道可焊压力的数值模拟

为了比较不同壁厚情况下各个公式的可焊压力与数值模拟结果的相对大小,分别建立壁厚为 4.5 mm、6 mm 的天然气在役焊接管道模型。模拟过程中,采用相同的焊接工艺参数与焊接热源,对结果进行分析比较,确定随着壁厚的变化,哪个公式更适合预测管道的在役焊接可焊压力。

1) 2 种壁厚管道可焊压力数值模拟

根据管道的数值模拟结果,绘制不同壁厚管道径向变形随内部介质压力的变化曲线,确定其可焊压力,然后与理论计算结果相比较。

图 6-32 为壁厚 4.5 mm 管道在役焊接过程中的径向变形变化曲线。由图可以明显地看出,焊接径向变形在内部介质压力为 3 MPa 时出现拐点,所以其最大可焊压力为 3 MPa。将 4.5 mm 管道在役焊接可焊压力与理论计算结果(表 6-21)相比较,如图 6-33 所示。由于公式(6-4)认为壁厚小于 4.8 mm 时管道不允许施焊,所以不考虑公式(6-4)。由图可以看出,壁厚 4.5 mm 的管道仍然与公式(6-3)的计算结果最贴近。

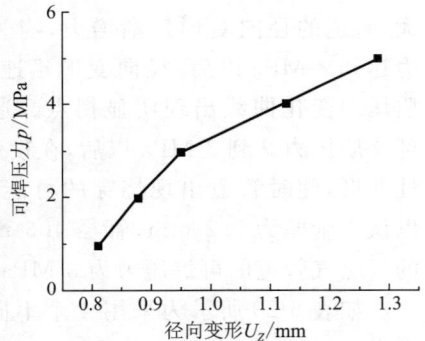

图 6-32　4.5 mm 厚管道焊接径向变形变化曲线

表 6-21　壁厚 4.5 mm 管不同公式可焊压力的理论计算结果

可焊压力公式	公式(6-2)(SY/T 6150.1—2011): $p=\dfrac{2\sigma_s(t-2.4)}{D}F$	公式(6-3)(GB/T 28055—2011): $p=\dfrac{2\sigma_s(t-c)}{D}F$	公式(6-4)(壳牌标准): $p=\dfrac{2\sigma_s(t-1.6)}{D}FET$	公式(6-5)(俄罗斯标准): $p=\dfrac{2\sigma_s(\delta-2.4)}{D}KK_1$
压力 p /MPa	1.862	2.057	—	2.681

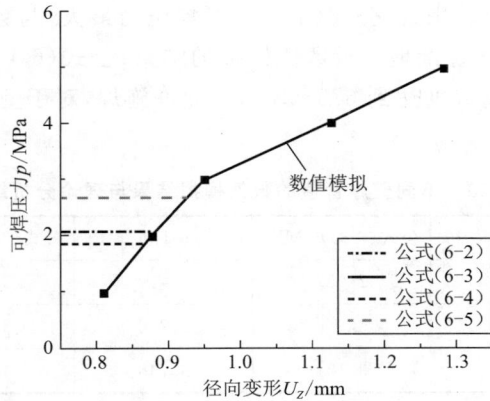

图 6-33　4.5 mm 厚管道数值模拟结果与理论计算结果比较

　　表 6-22 为壁厚 6 mm 管道可焊压力的理论计算结果,从表中可以看出,对于壁厚为 6 mm 的管道,公式(6-3)的计算结果最保守,而公式(6-4)的可焊压力最大。将理论分析结果与数值模拟结果进行比较,如图 6-34 所示。从图可以看出,通过数值模拟得到的管道可焊压力为 5 MPa,与理论计算结果相比较,公式(6-4)和公式(6-5)与数值模拟结果比较接近,而公式(6-2)和公式(6-3)与模拟结果差距较大。

表 6-22　6 mm 厚管道各个公式可焊压力计算结果

可焊压力公式	公式(6-2) (SY/T 6150.1—2011): $p=\dfrac{2\sigma_s(t-2.4)}{D}F$	公式(6-3) (GB/T 28055—2011): $p=\dfrac{2\sigma_s(t-c)}{D}F$	公式(6-4)(壳牌标准): $p=\dfrac{2\sigma_s(t-1.6)}{D}FET$	公式(6-5)(俄罗斯标准): $p=\dfrac{2\sigma_s(\delta-2.4)}{D}KK_1$
压力 p/MPa	3.192	3.121	3.746	4.597

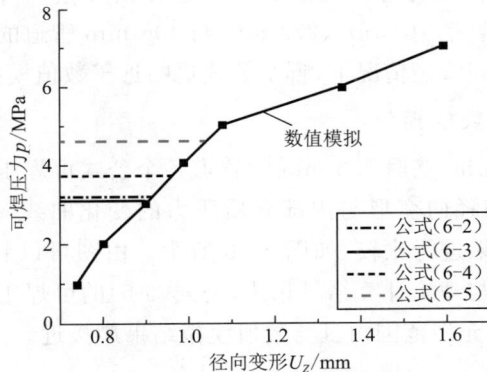

图 6-34　6 mm 管道数值模拟结果与理论结果比较

　　2) 不同壁厚可焊压力数值模拟结果与理论分析结果比较

　　表 6-23 所示为不同壁厚情况下各个公式的理论计算和数值模拟结果。根据表 6-23 绘制如图 6-35 所示的理论分析结果与数值模拟结果比较图。由图可以看出,对于管径 406 mm 的 X52 薄壁管来说,数值模拟的结果总是大于理论分析的结果,也就是 4 个可焊

压力公式均是可行的。比较来说,公式(6-5)的可焊压力最大,与数值模拟结果最接近;公式(6-4)则随着壁厚的增大逐渐地接近数值模拟的结果;公式(6-4)认为壁厚小于 4.5 mm 的管道在役焊接内壁最高温度达到 675 ℃时,不允许施焊,对于壁厚较小的管道其结果相对其他公式较保守。

表 6-23   不同壁厚管道的数值模拟结果与理论分析结果

壁厚 δ/mm	公式(6-2) p/MPa	公式(6-3) p/MPa	公式(6-4) p/MPa	公式(6-5) p/MPa	数值模拟 p/MPa
4.5	1.862	2.057	/	2.681	3
5.2	2.483	2.55	2.796	3.575	4
6	3.192	3.121	3.746	4.597	5

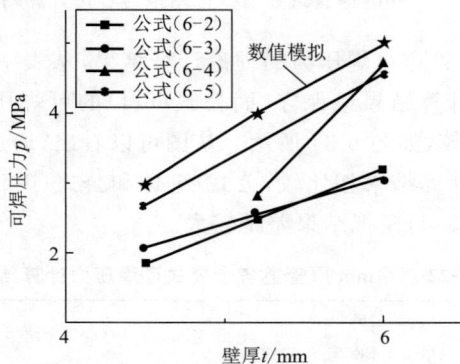

图 6-35   壁厚不同管道理论计算与数值模拟结果比较

6.6.4   不同管径管道可焊压力的数值模拟

除了管道壁厚之外,管道的管径也是影响管道在役焊接可焊压力的一个重要因素。将其他参数固定,分别将管径 108 mm、273 mm 与 406 mm 管道的数值模拟结果与理论分析结果进行比较,确定不同管径情况下,哪个公式更贴近于数值模拟的结果。

1) 不同管径管道的数值模拟

表 6-24 为管径 273 mm、壁厚 5.2 mm 的管道各个公式可焊压力的理论分析结果。根据数值模拟结果得到管道径向变形与内部介质压力的变化曲线,确定管道的在役焊接可焊压力,并与理论分析结果进行比较,如图 6-36 所示。由图可以看出,此管道径向变形曲线的拐点出现在 5 MPa,与理论计算结果相比,公式(6-5)的可焊压力要比数值模拟结果稍大,公式(6-4)在可焊压力允许范围内且与数值模拟结果最接近。

表 6-24   管径 273 mm 管道各个公式的可焊压力计算结果

可焊压力公式	公式(6-2) (SY/T 6150.1—2011): $p = \dfrac{2\sigma_s(t-2.4)}{D}F$	公式(6-3) (GB/T 28055—2011): $p = \dfrac{2\sigma_s(t-c)}{D}F$	公式(6-4)(壳牌标准): $p = \dfrac{2\sigma_s(t-1.6)}{D}FET$	公式(6-5)(俄罗斯标准): $p = \dfrac{2\sigma_s(\delta-2.4)}{D}KK_1$
压力 p/MPa	3.692	3.798	3.327	5.317

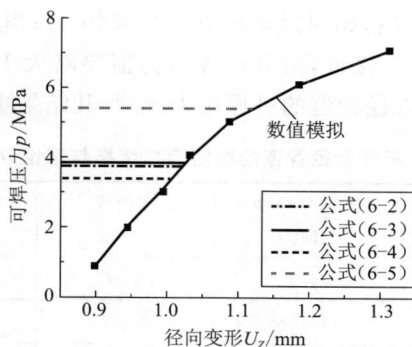

图 6-36　管径 273 mm 管道数值模拟结果与理论结果比较

　　表 6-25 为管径 108 mm 的管道用各个公式计算可焊压力的结果,将其与数值模拟结果进行比较,如图 6-37 所示。由图可以看出管径 108 mm 管道可焊压力为 10 MPa,与理论结果相比,公式(6-2)和公式(6-3)的结果与数值模拟结果比较接近,公式(6-5)的结果要大于数值模拟结果,而公式(6-4)的结果则偏于保守。所以安全起见,认为公式(6-3)更适合于管径 108 mm 的管道可焊压力的预测。

表 6-25　管径 108 mm 的管道各个公式的可焊压力计算结果

可焊压力公式	公式(6-2)(SY/T 6150.1—2011): $p=\dfrac{2\sigma_s(t-2.4)}{D}F$	公式(6-3)(GB/T 28055—2011): $p=\dfrac{2\sigma_s(t-c)}{D}F$	公式(6-4)(壳牌标准): $p=\dfrac{2\sigma_s(t-1.6)}{D}FET$	公式(6-5)(俄罗斯标准): $p=\dfrac{2\sigma_s(\delta-2.4)}{D}KK_1$
压力 p /MPa	9.33	9.6	8.410	13.44

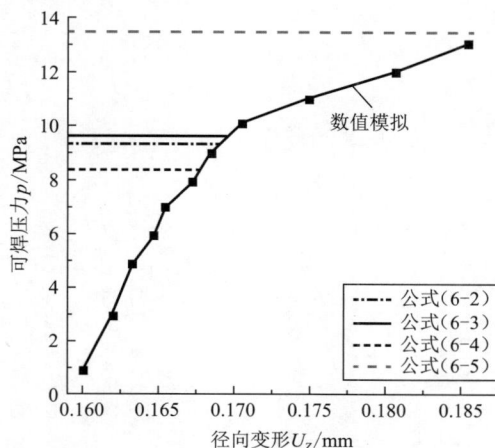

图 6-37　管径 108 mm 管道数值模拟与理论结果比较

　　2）不同管径管道数值模拟结果与理论分析结果比较

　　表 6-26 为不同管径管道的数值模拟与理论分析所得到的可焊压力值,根据结果绘制不同管径管道可焊压力数值模拟结果与理论分析结果比较曲线,如图 6-38 所示。通过比较发现,在保证在役焊接过程安全运行的条件下,管径较大时,数值模拟结果与公式(6-5)

较接近;随着管径减小,数值模拟结果逐渐地靠近公式(6-4);当管径减小到一定程度时,公式(6-4)仍与数值模拟结果比较接近,但其可焊压力值要略大于数值模拟的结果。相比较来说,公式(6-3)更适合较小管径管道的可焊压力预测,其结果更能保证安全性。

表6-26　不同管径管道的数值模拟结果与理论分析结果

管径 D /mm	公式(6-2)p /MPa	公式(6-3)p /MPa	公式(6-4)p /MPa	公式(6-5)p /MPa	数值模拟 p /MPa
108	9.33	9.6	10.512	13.44	10
273	3.692	3.798	3.327	5.317	5
406	2.483	2.55	2.796	3.575	4

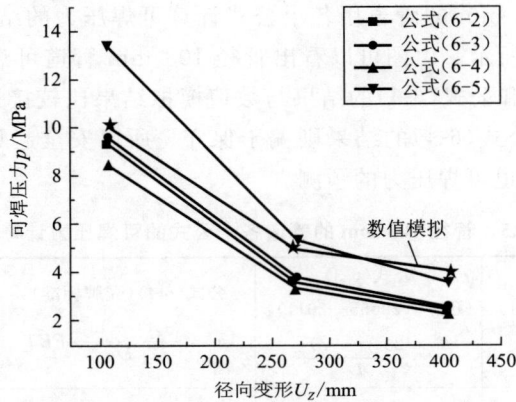

图6-38　不同管径管道的数值模拟结果与理论分析结果比较

第7章　在役焊接熔池尺寸效应

焊接熔池的大小与各种焊接参数有密切的关系,可以说熔池是各种焊接参数的集中体现,但在以往的焊接烧穿影响因素研究中鲜有提及,而焊接过程中温度场的分布、熔池附近金属受力的大小以及被焊接金属的剩余强度的大小等均与此有关[164,165],因此有必要对其进行相应的研究,考察其对在役焊接烧穿的影响。

7.1　在役焊接熔池尺寸效应的提出

图 7-1 所示为烧穿熔池形貌,从图中可以看到,同是烧穿,熔池的大小有很大不同,在烧穿熔池a的正面以及背面形貌中,发生烧穿部位的尺寸都非常小,而在熔池b和c中,烧

（a）烧穿熔池a正面

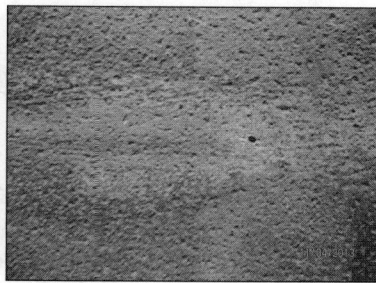
（b）烧穿熔池a背面

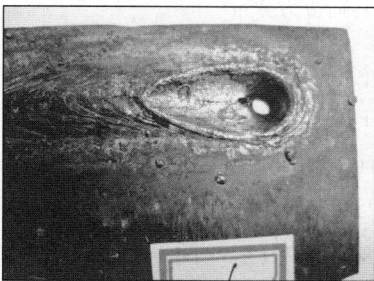
（c）熔池b

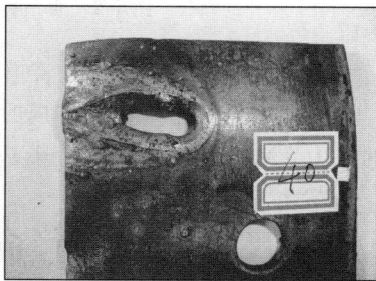
（d）熔池c

图 7-1　烧穿熔池形貌

穿熔池的尺寸很大,虽然熔池 b 和 c 的长度几乎相同,但是烧穿处的形貌显著差异很大。

从这些试验结果来看,尽管熔池尺寸很小,但是也有发生烧穿的可能。熔池的尺寸包括熔池的长度、深度以及宽度。在发生烧穿的过程中,哪些尺寸是决定因素,它们如何对烧穿的发生产生影响,需要人们对此进行探讨与研究。

本章从熔池尺寸的大小对管道焊接径向变形的影响出发阐述熔池的尺寸效应,并试图揭示其对在役焊接烧穿的影响。

熔池的形状、尺寸、温度分布等对焊接过程具有很大的影响,而熔池的形状尺寸取决于母材金属的种类以及所采用的焊接工艺条件[166],并且随着焊接热源的移动而变化。通常,一定热输入条件下,电流增加,熔宽减小,熔深增大;电压增大,熔宽增大,熔深减小;线能量增大,熔长增大[167]。此外熔池的形状还与焊枪的角度以及焊接速度相关。

在役焊接修复时,管道内部流动着有压力的油气等介质,对管道具有冷却作用,在相同焊接参数下,熔池尺寸小于常规焊接[168],但是焊接参数对熔池尺寸的影响趋势跟常规焊接一致,只是程度不同。

在役焊接时,管道失效的方式主要有两种,即膨胀失稳与烧穿失稳。二者的共同点在于均是由焊接温度场的热作用导致被修复金属的强度发生大幅下降,在管道内部的压力作用下发生的失效。两者的不同之处在于,前者管道剩余强度大于后者,也就是强度的下降程度小于后者。总之,前者是后者最终结果的一个前奏,后者是前者强度进一步降低后的结果。两种失效形式的熔池底部均发生了外凸方向的径向变形,这个变形是由于强度下降的被焊接金属在管道内部的压力作用下发生屈服而形成的,而后者发生烧穿时熔池中的熔融金属在管道内部压力作用下喷溅而出,因此形成的表面形貌不同于前者。

天然气管道内部的受力如图 7-2 所示,经过受力分析得到微元在内部压力的作用下受到的应力:

$$\sigma_r = pS \tag{7-1}$$

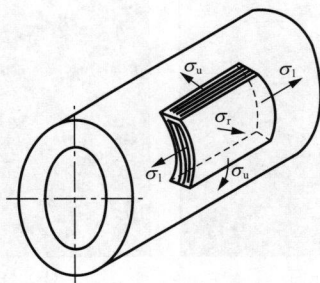

图 7-2　管道内部各向应力分布

分析式(7-1)可知,当内部压力以及管道内径一定时,微元受力面积的大小决定了微元受力的大小。当微元换做是熔池附近金属时,在内部压力的作用下,熔池附近金属由于内部压力产生的应力大小与熔池的尺寸大小是成正比的。

7.2　熔池尺寸效应对径向变形的影响

在役焊接时管道内部存在着压力,对于强度下降的被焊管道来说,由于熔池尺寸效应对被焊接修复管道的剩余强度以及承载能力均会产生影响,势必会带来径向尺寸的变化,所以有必要对此进行研究,考察熔池的尺寸效应对径向变形的影响。采用 SYSWELD 软件进行了相关数值模拟,使用瞬时最大径向变形量是否超过临界变形量作为烧穿发生与否的判据。

7.2.1　径向变形数值模型

使用 Visual-Mesh 模块进行建模。管径为 508 mm,壁厚为 4.5 mm,在管道内部进行压力加载,为了排除压力的影响,统一使用 6 MPa 的内部压力,换热条件与上述剩余强度的模型加载条件相同,取一点 NODE50(即焊接进行到 50 s 时的一点),考察其径向变形量的变化,在远离起始点以及焊接终止点的区域选取分析截面 A-A。在模型的侧面、对称面以及内表面进行约束,并对内表面进行压力载荷的施加,选取内外表面进行换热系数的设置,模型如图 7-3 所示。

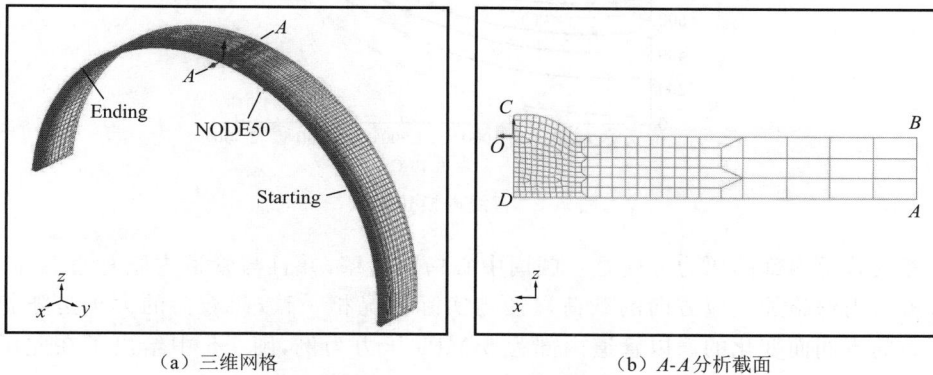

（a）三维网格　　　　　　　　　　　（b）A-A 分析截面

图 7-3　径向变形计算模型

使用表 7-1 中的参数进行数值模拟,对温度场及变形场数据进行处理,结果如表 7-2 所示。

表 7-1　焊接参数

熔池	I/A	U/V	v/(mm·s^{-1})	热输入 E/(kJ·cm^{-1})
A	140	24	3	11.2
B	125	24	3	10.0
C	110	24	3	8.8

表 7-2　在役焊接变形场熔池尺寸

熔池	a/mm	$2b$/mm	c/mm	S/mm^2
A	9.69	13.5	3.56	130.8
B	7.27	9.38	1.78	86.9
C	7.62	5.62	1.41	42.8

7.2.2　径向变形计算的边界条件

天然气管线在役焊接径向变形数值模拟计算模型的边界条件中位移条件以及热源的边界条件与平板腔室的条件基本相同,外表面的散热条件与平板腔室的试板条件一致,但是由于天然气换热介质的可压缩性,导致了换热系数的变化,需要根据天然气的压力不同来调整换热系数。图 7-4 中所给的天然气的换热系数是综合考虑管道内部的天然气强迫对流换热系数以及辐射换热系数的结果。

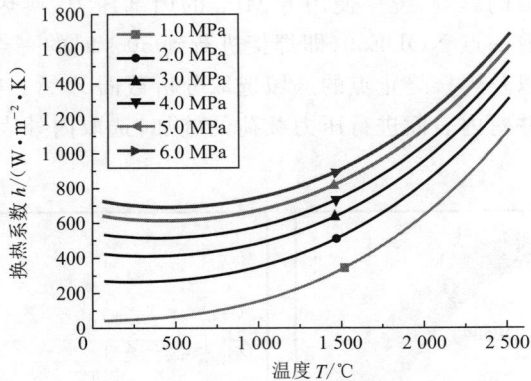

图 7-4　管线内换热系数

天然气管道内部的压力方向是从圆周中心指向管壁,并且与管道内壁垂直分布,这就需要对模型内壁施加相应方向的载荷以便与实际情况相一致,而载荷的大小是随着管道内部压力的不同而变化的。以管道内部为 6 MPa 压力为例,图 7-5 中给出了在此压力条件下载荷的边界条件。

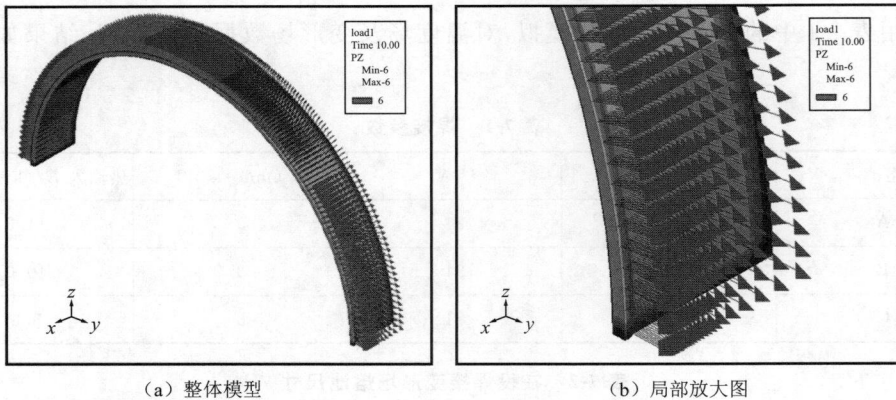

（a）整体模型　　　　　　　　　　　（b）局部放大图

图 7-5　管模型压力分布

7.2.3　不同尺寸熔池的变形场

采用上述已经建立的数值模型以及给定的计算边界条件进行数值计算,得到 3 种尺寸的熔池,各熔池尺寸如表 7-2 所示。3 种熔池下的某一时刻的径向变形场分布如图 7-6 所示。

（a）熔池A

（b）熔池B

（c）熔池C

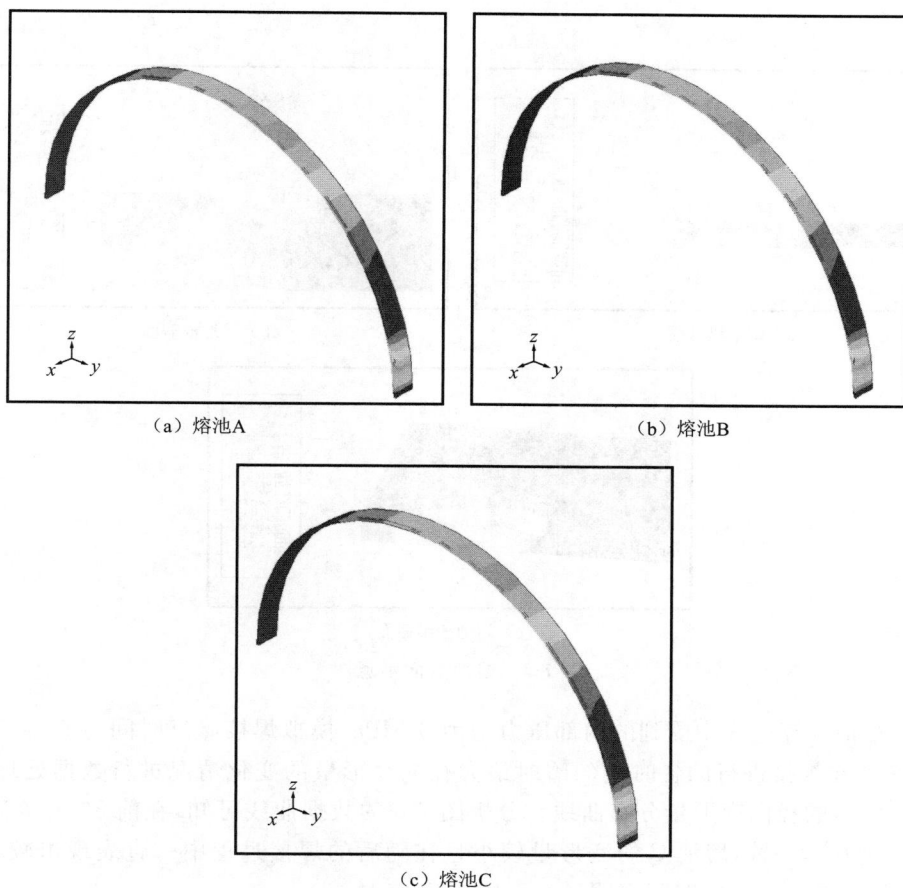

图 7-6 径向变形场

图 7-6 中选取的是各尺寸熔池焊接进行到 40 s 时的变形场分布,变形场给出了此时刻最大瞬时径向变形量,其中熔池 A,B 与 C 的最大瞬时径向变形量分别为 0.410 mm,0.398 mm 和 0.395 mm。

对比分析表 7-2 中 3 种熔池的尺寸以及熔池的投影面积可知,相对于熔池尺寸以及投影面积的差异程度而言,径向变形量的变化程度并不是很明显,与剩余强度(见第 8 章)的变化趋势比起来,变化程度相对缓和。这其中剩余强度的等效过程所遵循的原则是,以温度场中温度高的区域进行等效,相对比较保守,更能体现尺寸效应;径向变形是压力场、温度场及剩余强度的综合体现,计算步骤少,误差也就小,判断烧穿的精确度高于剩余等效强度法。

虽然精确程度可能会有所不同,但是两个方法都反映了熔池尺寸效应对焊接烧穿上的影响。下面的讨论将通过整个焊接过程中径向变形量的变化趋势来展现熔池尺寸效应在径向变形中的作用。

7.2.4 径向变形的尺寸效应

采用表 7-1 中的电流电压参数进行焊接,焊接过程稳定后,得到 3 种不同尺寸熔池的计算温度场,对熔池温度场进行后处理,选取一种熔池在同时刻不同方面的截面,如图 7-7

所示。

（a）熔池纵截面　　　　　　　　　（b）熔池横截面

（c）熔池三维截面

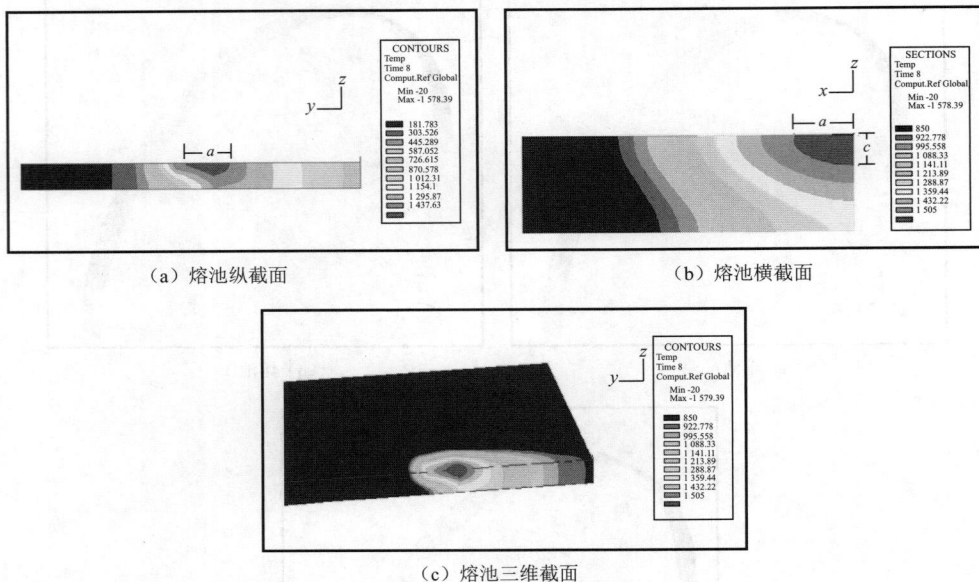

图 7-7　熔池截面示意图

　　3 种熔池计算过程中受到的内部压力均为 6 MPa,模拟焊接修复时间为 90 s,对 3 种尺寸的熔池在焊接进行的各时刻的瞬时最大径向变形量的变化情况进行数据处理,得到如图 7-8 所示的径向变形量分布曲线。分析图 7-8 的数据曲线可知,在前 30 s,熔池 A 与 B 的变形量基本一致,熔池 C 的变形量较小且在随后的焊接过程中一直表现出较小的变形量,达到临界变形量的时间也明显小于熔池 A 与 B。

　　随着焊接修复的进行,从 30 s 开始,熔池 A 的径向变形量开始大于另外 2 个尺寸较小的熔池,表现出明显的熔池尺寸效应,而熔池尺寸较小的修复方案达到较大变形量所需的时间较长,与熔池尺寸成反比,焊速的增加减小了熔宽、熔深,增大了熔长,有利于剩余强度的提高。

　　考察图 7-8 所示的变形量结果可见,熔池尺寸效应的显现也需要一定的时间。这与之前径向变形量的时间效应是吻合的,因为焊接修复过程中,热的传导以及被焊接修复

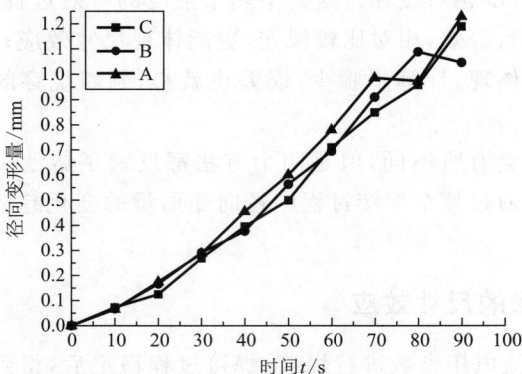

图 7-8　不同尺寸熔池的径向变形

管道的强度随着热作用的下降都需要一段时间来显现,这也是径向变形时间效应的体现。

7.3　熔池尺寸对烧穿的影响

在役焊接修复过程当中,烧穿发生在熔池下方的高温金属区域,因此熔池的大小及形状对在役焊接烧穿过程具有重要的影响。为进一步研究熔池尺寸对在役焊接烧穿的影响,建立图 7-9～图 7-11 的模型。改变熔池模型的尺寸,就可探讨熔池尺寸对烧穿的影响。

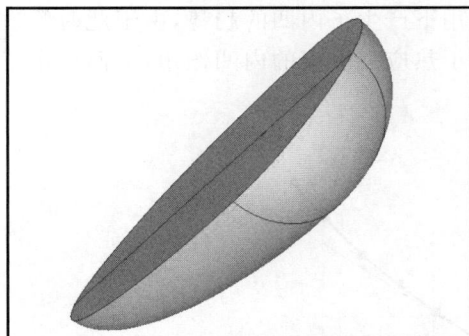

图 7-9　熔池模型

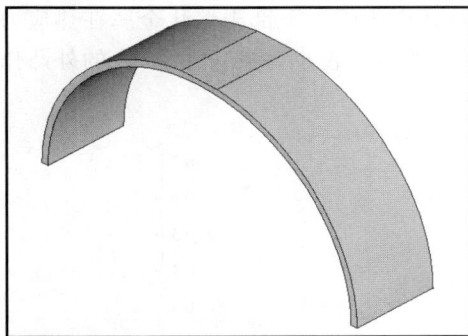

图 7-10　管道模型

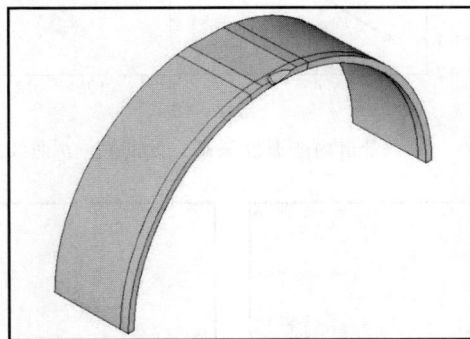

图 7-11　三维模型

7.3.1　模型尺寸

所建模型的管道内径为 150 mm,壁厚为 6 mm,为了研究熔池尺寸对在役焊接烧穿的影响,选取了 5 种熔池尺寸,如表 7-3 所示。

表 7-3　熔池尺寸

	熔池 1	熔池 2	熔池 3	熔池 4	熔池 5
长度/mm	21	14	21	21	14
宽度/mm	12	12	8	12	8
深度/mm	4.5	4.5	4.5	4.3	4.5

通过比较熔池 1,2,3 的失稳压力与失稳温度,在不改变熔池深度的情况下,探究熔池

长度、宽度对在役焊接烧穿的影响。通过比较熔池 4、熔池 5 的失稳时压力大小,综合的探究熔池长度、宽度和深度对在役焊接烧穿的影响。

7.3.2 压力对烧穿的影响

将管道内壁最高温度为 1 200 ℃时的温度场施加到有限元模型进行模拟计算,在管道内部施加压力,观察管道内壁温度最高点处的径向变形,其随压力的变化情况如图 7-12 所示。由图 7-12 可以得出,熔池在管道内壁最高温度为 1 200 ℃温度场下,U_Y(内壁温度最高点的径向位移)随压力的增加逐渐增加。当受到的压力较小时,U_Y 为负值,如图 7-13 所示,这是因为熔池下部未熔化金属在热应力的作用下产生了内凹的趋势,由于此时管道内壁受到的压力较小,内壁压力产生的外凸作用小于热应力引起的内凹作用,从而产生了内凹变形。

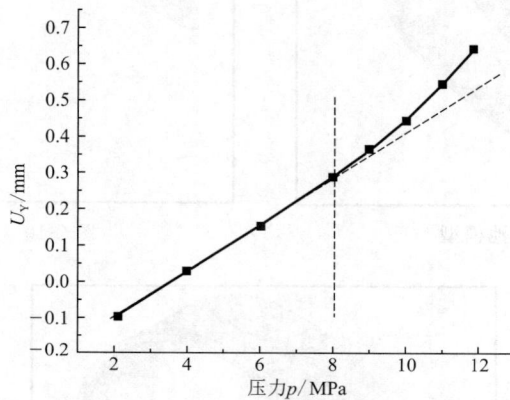

图 7-12   管道内壁温度最高点处的 U_Y-p 曲线

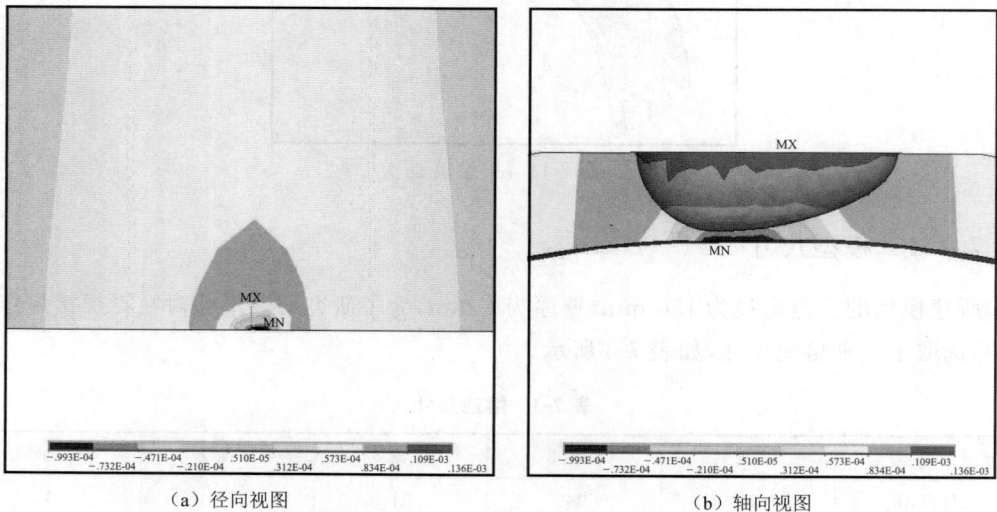

(a)径向视图   (b)轴向视图

图 7-13   径向变形云图(p=2 MPa)

当压力增加到一定值时,其产生的外凸作用强于热应力引起的内凹作用,此时 U_Y 为正值,如图 7-14 所示。但是,当压力继续增大到一定值时,U_Y 不再呈线性增加,而是迅速增大,即外凸变形迅速增加,此时烧穿失稳在实际焊接时很有可能发生,可以把这个压力看作烧穿失稳发生的最小压力,即失稳压力。

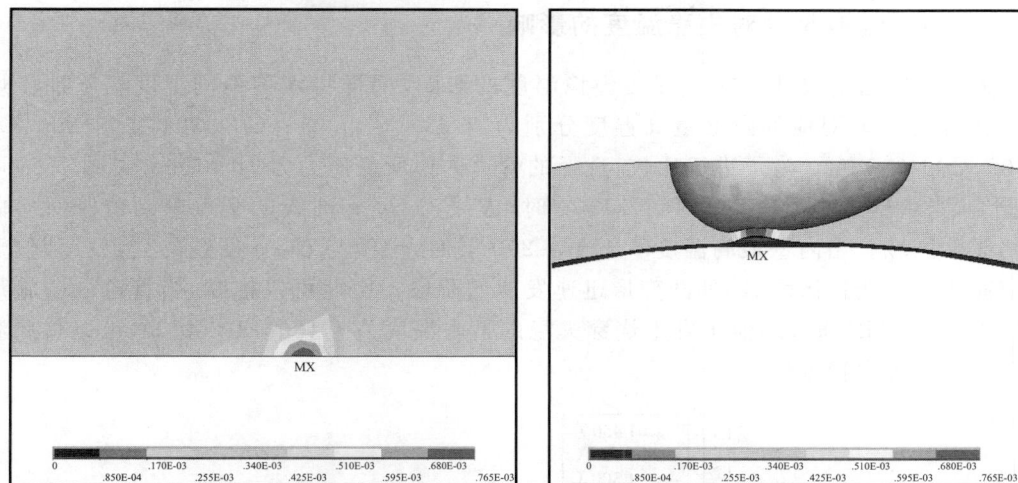

<table>
</table>

(a) 径向视图　　　　　　　　　　(b) 轴向视图

图 7-14　径向变形云图($p=12$ MPa)

7.3.3　温度场对烧穿的影响

对于熔池 1 选取 6 种不同的温度场,其对应的内壁最高温度分别为:1 450 ℃,1 350 ℃,1 300 ℃,1 200 ℃,1 100 ℃,1 000 ℃,分别将其加载到对应的有限元模型上,在管道模型内壁施加压力,观察管道内壁剩余壁厚最小处的径向变形 U_Y。不同温度场下,径向变形随压力的变化情况如图 7-15 所示。

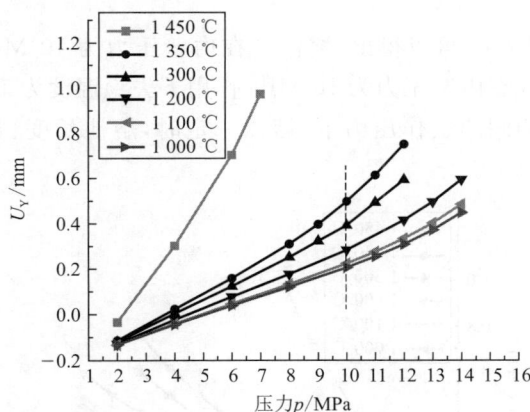

图 7-15　熔池 1 在不同温度场条件下的 U_Y-p 曲线

从图 7-15 可以得出,当内壁温度为 1 450 ℃,1 350 ℃,1 300 ℃,1 200 ℃,1 100 ℃,1 000 ℃时,其失稳压力分别为 4 MPa,8 MPa,9 MPa,10 MPa,11 MPa,12 MPa,由此可以得出随着内壁最高温度的降低,其失稳压力增加。在一定的管道内部压力作用之下,随着管道内壁的峰值温度提高,U_Y 值升高。这是因为随着内壁最高温度的增加,金属的弹性模量、切变模量、屈服强度都降低,导致熔池下方高温金属抵抗管道内壁压力的能力持续降低。

7.3.4　熔池尺寸对失稳温度的影响

为了探究熔池尺寸对在役焊接失稳温度的影响,同样将六种不同温度场施加于熔池 2 和熔池 3,其对应的内壁最高温度分别为:1 450 ℃,1 350 ℃,1 300 ℃,1 200 ℃,1 100 ℃,1 000 ℃。为了进行比较,选择的管道内壁所受压力为 10 MPa。由图 7-16 可以看出,当内壁最高温度不大于 1 100 ℃时,虚线与 U_Y-p 曲线的交点分别位于对应曲线的线性区域。当内壁最高温度不小于 1 200 ℃时,虚线与 U_Y-p 曲线的交点分别位于对应曲线的非线性区域,即外凸变形迅速发展的阶段。由此可以推断,当管道内壁施加的压力为 10 MPa 时,熔池 1 发生烧穿失稳的下限温度为 1 100~1 200 ℃,可以将此温度下限定义为失稳温度。

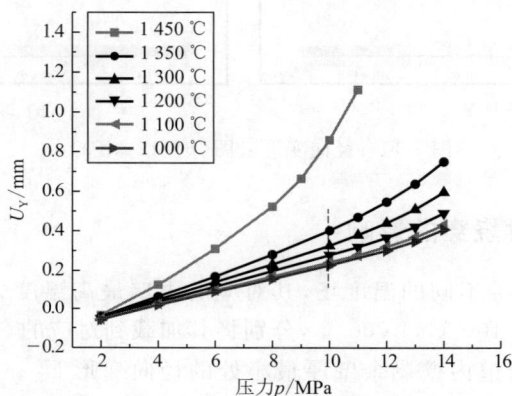

图 7-16　熔池 2 在不同温度场条件下的 U_Y-p 曲线

同理,由图 7-16、图 7-17 可以得出,熔池 2 在内壁压力为 10 MPa 作用下失稳温度为 1 200~1 300 ℃,熔池 3 在内壁压力为 10 MPa 作用下失稳温度为 1 200~1 300 ℃。可以得出,油气输送管道在相同的工作压力下,熔深一定时,熔池长度、宽度越小,其失稳温度越高。

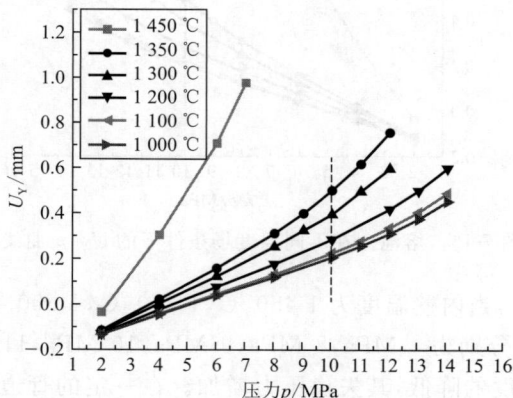

图 7-17　熔池 3 在不同温度场条件下的 U_Y-p 曲线

7.3.5　熔池尺寸对失稳压力的影响

当三种熔池内壁最高温度为 1 350 ℃,1 450 ℃时,内壁温度最高点的径向变形量如图 7-18 所示。由图 7-18(a)可以看出,内壁最高温度均为 1 350 ℃时,熔池 1 的失稳压力为 7 MPa,熔池 2 的失稳压力为 10 MPa,熔池 3 的失稳压力为 8 MPa。由图 7-18(b)可以看出,内壁最高温度均为 1 450 ℃时,熔池 1 的失稳压力为 4 MPa,熔池 2 的失稳压力为 8 MPa,熔池 3 的失稳压力为 6 MPa。可以得出,当剩余壁厚相同时,熔池长度、宽度较小的熔池抵抗内壁压力的能力更强。

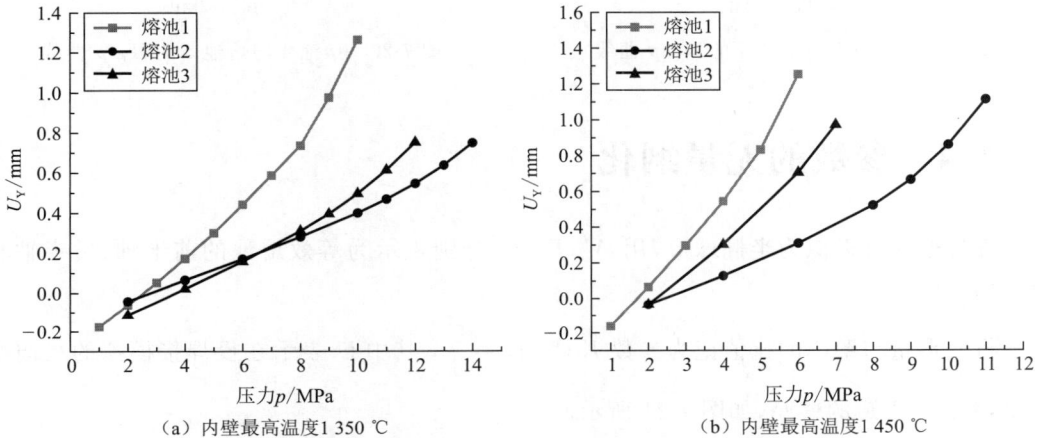

(a) 内壁最高温度 1 350 ℃　　　　　　(b) 内壁最高温度 1 450 ℃

图 7-18　三种熔池内壁最高温度相同时的 U_Y-p 曲线

7.3.6　剩余壁厚对烧穿的影响

一般认为熔池下方剩余管道壁厚越大,其抵抗管道内部压力的能力就越强。通过前面的论述推断,在熔池的长度、宽度保持不变的情况下,剩余壁厚越小,在实际焊接过程中其内壁温度越高,其抵抗管道变形的能力越低。熔池 1(内壁最高温度是 1 450 ℃)、熔池 4(内壁最高温度是 1 400 ℃)的 U_Y-p 曲线,如图 7-19 所示。熔池 4 的宽度、长度、熔深分别为 21 mm,12 mm,4.3 mm;熔池 5 的宽度、长度、熔深分别为 14 mm,8 mm,4.5 mm。在选择施加在两种熔池上的温度场时,熔池 4 的内壁最高温度为 1 400 ℃,熔池 5 的内壁最高温度为 1 450 ℃,1 460 ℃,1 470 ℃,其 U_Y-p 曲线如图 7-19 所示。

由图 7-20 可以看出,在相同的压力条件下,当熔池 5 的内壁最高温度为 1 450 ℃,1 460 ℃时,其 U_Y 值小于熔池 4。熔池 5 在两种温度场下的失稳压力分别为 8 MPa 及 7 MPa,熔池 4 的失稳压力为 6 MPa。由此可以得出,虽然熔池 5 的剩余壁厚小于熔池 4,且内壁的最高温度也较高,但其抵抗管道内部压力的能力强于熔池 4。因此剩余壁厚较小的熔池,其抵抗压力的能力并不一定差。当熔池 5 的内壁最高温度比熔池 4 高大约 70 ℃时,两种熔池抵抗内壁压力的能力相当。由此可见,在役焊接烧穿过程中,熔深是一个关键因素,但熔池的体积效应也不能忽视。

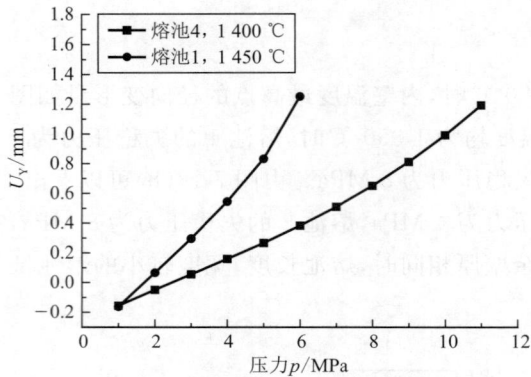

图 7-19　熔池 1 与熔池 4 的 U_Y-p 曲线　　　　图 7-20　熔池 4 与熔池 5 的 U_Y-p 曲线

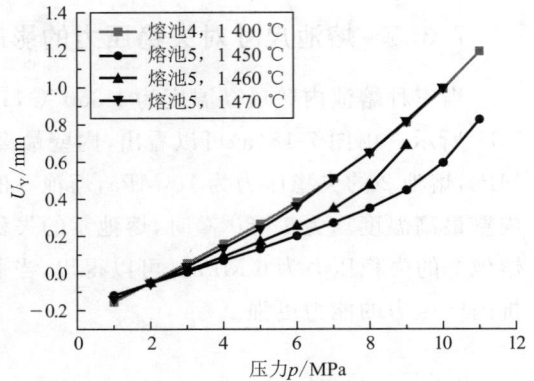

7.4　参数的无量纲化

焊接熔池可近似为半椭球形,用 A',B',C' 分别表示为等效熔池的前半轴、后半轴和熔池的深度。

将变形量与壁厚的比值记为参数 K,则 $K = \dfrac{U}{\delta}$,其中 U 表示在役焊接模拟的径向变形量,δ 表示管道的壁厚,如图 7-21 所示。

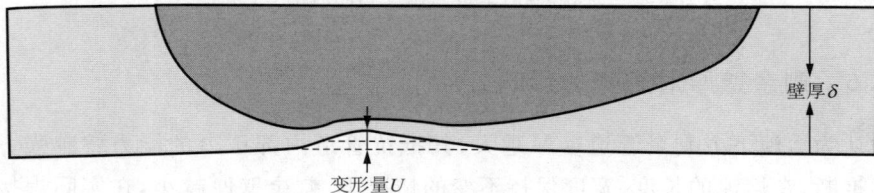

图 7-21　参数 U 和 δ 的示意图

考虑到在役焊接变形量受到多方面因素的影响,但是归结到最后都是作用到熔池的形状和尺寸上。因此,可以对模型进行无量纲化,选择 C'/δ 表征等效熔池的相对深度;用 A'/B' 表征等效熔池的相对长度;C'/B' 表征等效熔池的坡度。根据陈钢[63]等人的经验公式,设无量纲参数 G 为:

$$G = \frac{C'}{\delta} \cdot \frac{A'}{B'} \cdot \frac{B'}{R_m} \cdot \left(\frac{R_m}{\delta}\right)^{\frac{1}{2}} = \frac{C'}{\delta} \cdot \frac{A'}{\sqrt{R_m \delta}} \tag{7-2}$$

式中　G——无量纲参数,表示熔池的形状;

A'——表示等效熔池的长轴;

B'——表示等效熔池的短轴;

C'——表示等效熔池的深度;

δ——表示管道的壁厚;

R_m——表示管道平均半径。

无量纲参数 G 与等效熔池的深度 C' 和长轴 A' 成正比,与管道平均半径 R_m 和壁厚 δ 的 3/2 次方成反比,G 随各参数的变化曲线如图 7-22 所示。通过该图可以得到:无量纲参数 G 随参数 C' 和 A' 的变化曲线重合,所以 C' 和 A' 对 G 产生的影响是相同的;而壁厚 δ 的变化对 G 的影响是最大的;管道平均半径 R_m 对 G 的影响则是最小的;C' 和 A' 对 G 的影响居于两者之间。

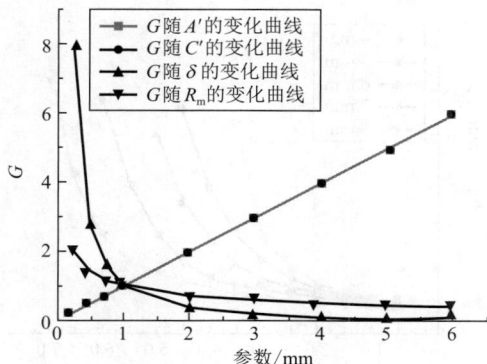

图 7-22　G 随各参数的变化曲线

经过化简之后的式子也有明确的物理意义,其中 C'/δ 反映的是在役焊接过程中作用在容器壁厚方向上的削弱程度,而 $A/\sqrt{R_m\delta}$ 则反映了等效熔池沿着管道表面的横向削弱程度。

据标准 GB/T 9711—2011《石油天然气工业管线输送系统用钢管》和《天然气工程手册》中站场集输及长输管道的壁厚计算的常用公式为:

$$\delta_{min} = \frac{p'D}{2\sigma_s F\varphi K_t} + C_1 \tag{7-3}$$

式中　δ_{min}——管壁最小厚度;

$\quad\quad p'$——管壁最大工作压力;

$\quad\quad D$——管道外径;

$\quad\quad \sigma_s$——管道最低屈服极限;

$\quad\quad F$——设计因数;

$\quad\quad \varphi$——管道纵向焊缝系数;

$\quad\quad K_t$——管道温度减弱系数;

$\quad\quad C_1$——腐蚀裕量。

在役焊接情况下不考虑腐蚀裕量,管道壁厚与所承受的压力是成正比的。将计算所得的临界压力与剩余壁厚所能承受的压力相比,得 $\dfrac{p}{p'} = \theta\dfrac{pD}{\delta_{min}}$,令参数 $\theta = \dfrac{I}{2\sigma_s F\varphi K_t}$,将参数 I 记为 $\dfrac{PD}{\delta_{min}}$ 的数值,则无量纲参数 I 可表示压力对在役焊接的影响。

将变形量的数据总结到一个图形中,建立不同壁厚管道的变形量-压力的曲线,如图 7-

23 所示。实际工程中常用的屈服强度标准主要有比例极限和屈服强度两种,由于在役焊接环境的特殊性,必须保证焊接之后管道内壁不能产生凹陷或者不可恢复的变形。屈服极限则是材料发生微量屈服时的极限变形量,由于塑性变形是不能完全恢复到变形前的状态的,会产生局部的残余变形,在运行管道内部介质的冲刷之下,该区域很容易产生局部腐蚀,进而造成巨大的危害。比例极限为材料发生弹性变形的极限情况,弹性变形是可以恢复的,所以选择比例极限为在役焊接时发生屈服的判定准则。

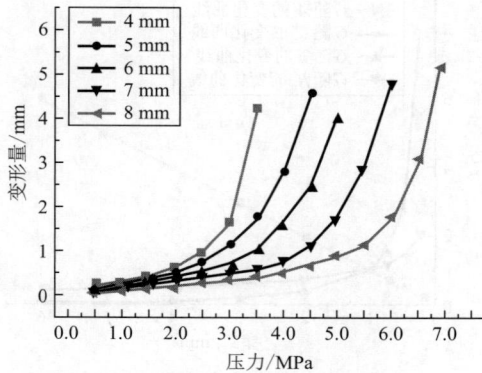

图 7-23   变形量结果

由图 7-23 可以看出:在壁厚相同的情况下,焊接变形量随着压力的增加而增加;在压力相同的情况下,焊接变形量随着壁厚的增加而减小,而且每条壁厚曲线都有一个比较明显的拐点。比如壁厚为 8 mm 时,变形量曲线在压力为 4 MPa 时变化率明显地增加,这说明此时达到了材料的比例极限,管壁发生了屈服,所以把 4 MPa 定为其失效的临界压力。从而得出一个由热源、壁厚、压力所确定的临界变形量,将每一个壁厚所对应的临界情况做统计,把压力数值记为参数 p,见图 7-24。

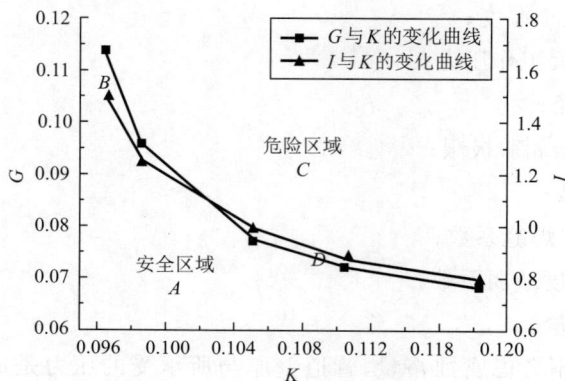

图 7-24 K,G 和 I 之间的关系

由图 7-24 可知,G 与 K 的变化曲线的左下方为熔池形状安全区域;I 与 G 的变化曲线的左下方为压力安全区域。两条曲线将整个区域分为 A,B,C,D 四部分:两者安全区域重合的部分即安全区域 A;危险区域重合的部分即危险区域 C;而 B 部分则是变形量在

安全范围内,但是压力比较大;D 部分正好与 B 相反,后面两个区域的安全问题都应该做进一步的工作来确定。通过图 7-24 可以综合考虑各方面因素对变形量的影响,而在役焊接所需要考虑的主要影响因素基本上都可以综合到参数 G 和 I 的影响上,并反映到图 7-24 上。

7.5　在役焊接变形量的影响因素及验证

为了便于观察压力对焊接时的影响,重新建立焊接网格模型,因为此次模拟考虑的是压力对焊接熔池的影响,要考虑精度和对称等因素,所以将模型简化为 1/4,而且 90°的时候易于观察熔池的形貌,具体的 3D 模型和网格划分如图 7-25 所示。图 7-25(a)为整体模型,图(b)为网格划分的放大图,图(c)为模型的端面。

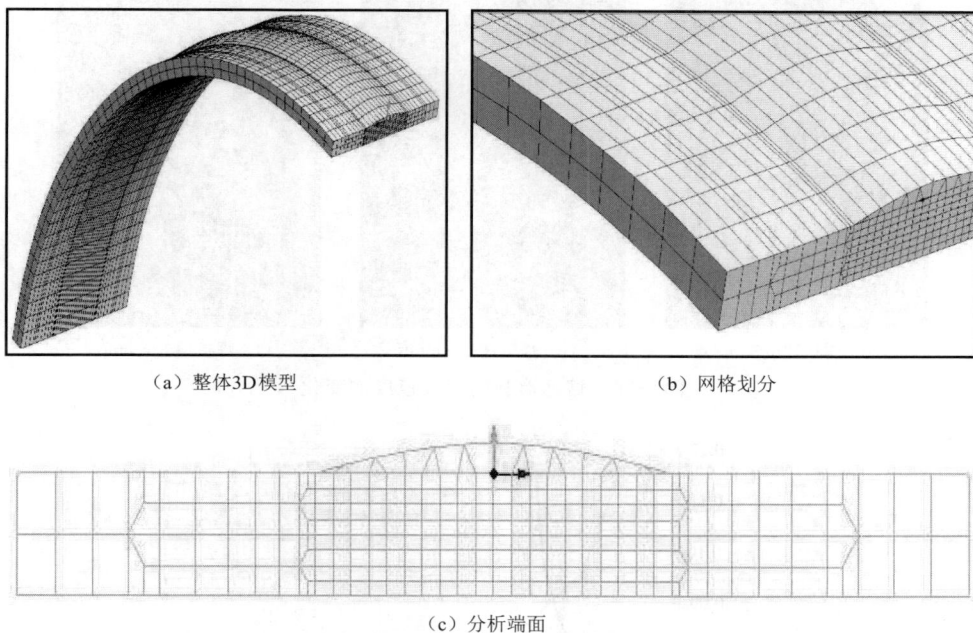

<table>
<tr><td>(a) 整体3D模型</td><td>(b) 网格划分</td></tr>
</table>

（c）分析端面

图 7-25　圆管 3D 模型及网格划分

7.5.1　在役焊接速度对焊接变形量的影响

在役焊接速度对变形量的影响体现在模型中就是焊接速度对焊接热源形状的影响。

首先对此模型进行热源参数的校正,同样选用的是双椭球热源参数,只改变焊接速度,保持双椭球热源参数 $a_f = 3$ mm,$a_r = 4$ mm,$b = 3$ mm,$c = 5$ mm,功率 $E = 2100$ W 不变,焊速由 6 mm/s 逐渐减小到 1 mm/s,得到的熔池形状如图 7-26 所示。随着焊接速度的减小,焊接熔池的熔宽加大、熔深加深。焊接速度对熔池的影响非常显著,随着焊接速度的减小,焊接熔池的形状迅速扩大,在役焊接的相对变形量也在加速增加,而焊接过程的安全性随之逐渐减小,逐步由安全变化到失稳,具体情况如图 7-27 所示。

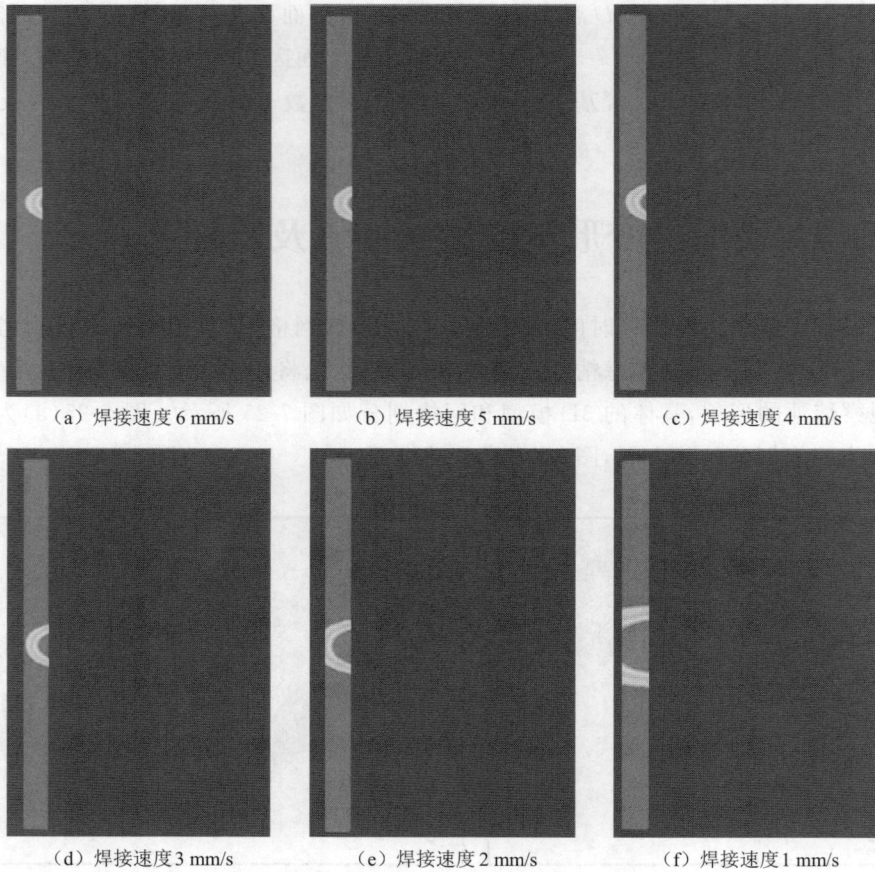

（a）焊接速度 6 mm/s　　　（b）焊接速度 5 mm/s　　　（c）焊接速度 4 mm/s

（d）焊接速度 3 mm/s　　　（e）焊接速度 2 mm/s　　　（f）焊接速度 1 mm/s

图 7-26　熔池形状随焊接速度的变化

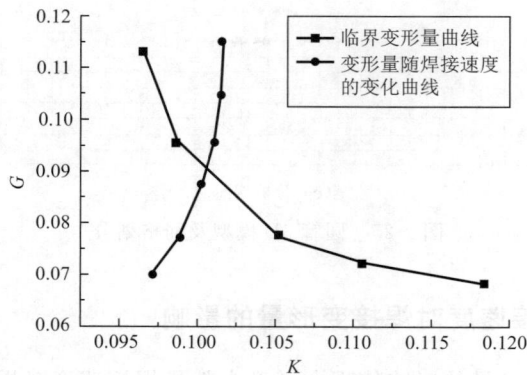

图 7-27　不同焊接速度下的 K-G 关系曲线

7.5.2　在役焊接熔池对焊接变形量的影响

　　首先对此模型进行热源参数的校正,同样选用双椭球热源参数。校核两个热源参数的步骤为在不改变其他参数的情况下,只改变熔池形状参数,据此确定两个热源的参数,熔池 1:$E=2\,100\,\text{J}$,$Q_f=17.045\,7\,\text{W/mm}^3$,$a_f=3\,\text{mm}$,$b=3\,\text{mm}$,$Q_r=12.816\,3\,\text{W/mm}^3$,

$a_r = 4$ mm，$c = 5$ mm，焊接速度 3 mm/s；熔池 2：$E = 2\,100$ J，$Q_f = 47.914\,4$ W/mm^3，$a_f = 2.5$ mm，$b = 5$ mm，$Q_r = 0.540\,4$ W/mm^3，$a_r = 5$ mm，$c = 2.5$ mm，焊接速度 3 mm/s。熔池的形状如图 7-28 所示。

（a）熔池 1 的形状　　　　（b）熔池 2 的形状

图 7-28　两种熔池的形状

将两种热源加载到同样的模型中，对管道模型在 90 ℃时内壁温度最高点的 Z 向变形量进行模拟，经过运算得到的结果如图 7-29 所示。

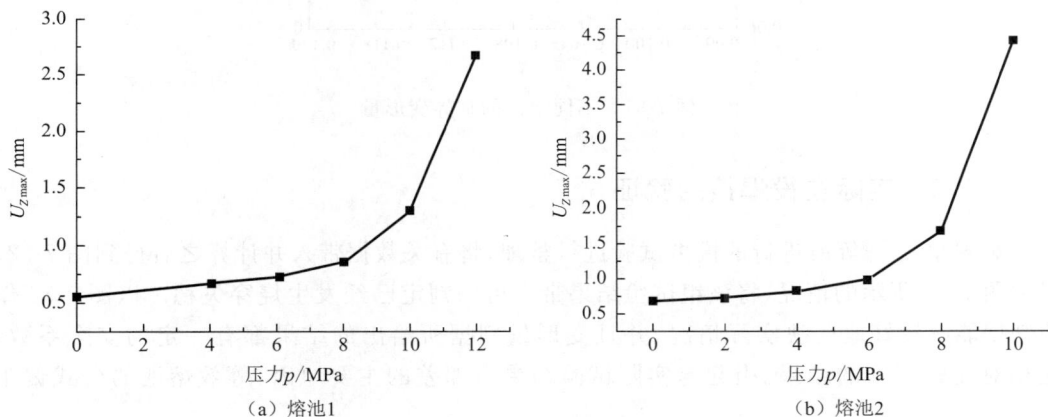

（a）熔池 1　　　　　　　（b）熔池 2

图 7-29　变形量结果

通过图 7-29（a）可以看出熔池 1 在压力为 8 MPa 时 U_Z 的变化率突然增加，则可以认为此时管壁发生了烧穿，所以把 8 MPa 作为熔池 1 烧穿的临界压力；通过图 7-29（b）可以看出熔池 2 在压力为 6 MPa 时 U_Z 的变化率突然增加，认为管壁此时发生了烧穿，把 6 MPa 作为熔池 2 烧穿的临界压力。在不同压力下的径向变形量随时间的变化见图 7-30。

通过两种熔池在不同压力情况下的模拟结果可以看出：熔池 2 的失稳压力小，临界变形量大；而熔池 1 的临界变形量小，失稳压力大。将熔池 1 和熔池 2 对应的模拟数值带入 K-G 曲线中，如图 7-31 所示。可以看出，熔池 1 能承受更大的压力，同等条件下熔池 1 的安全性比熔池 2 更好。

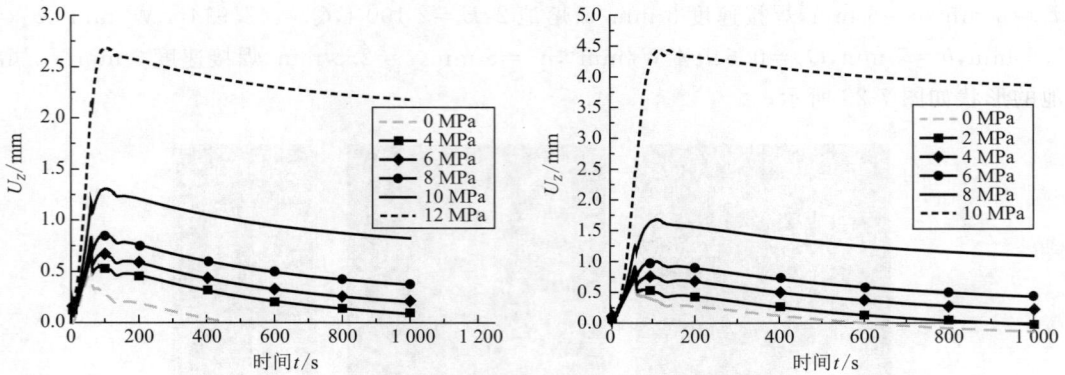

图 7-30　在不同压力下的变形量 U_z

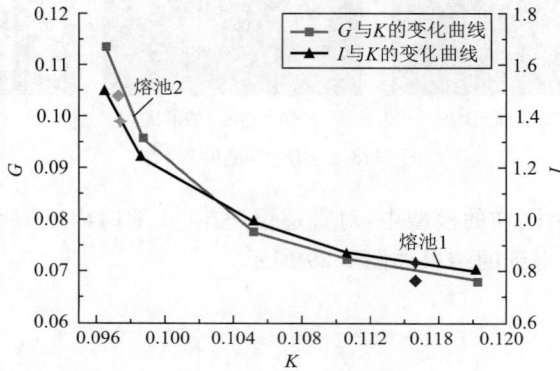

图 7-31　不同熔池的临界变形量

7.5.3　实际在役焊接的验证

对黎超文[57]等所进行的模拟试验进行整理,将有关数据带入并计算之后得到图 7-32。根据图 7-32 所示的情况,将该组试验结果带入可以判定已经发生烧穿失稳。以图 7-32 作为判据能够较好地反映实际情况,并且变形量判据所给出的结果都有一定的安全系数,是相对比较保守的结果。引起与实际试验结果有偏差的主要原因:等效熔池的公式偏于

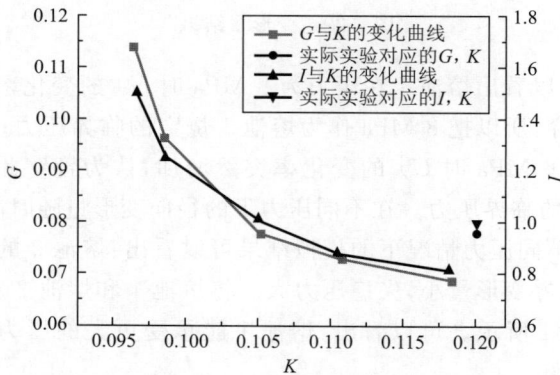

图 7-32　实际模拟试验情况

严格,将熔池的高温部分进行等效的时候对其尺寸等效偏大;变形量随着压力的增加出现拐点时在役焊接发生烧穿失效,这是根据在役焊接的特殊情况设定的,而实际上焊接烧穿最终失效的原因是管壁发生的塑性变形超过了等效壁厚的承载极限。

　　总之,将影响在役焊接的多种因素简化为无量纲参数 G 和 I,这使得判定烧穿与否变得非常直观。将在役焊接的各项影响因素转化为熔池形状和压力大小的改变,并且应用等效理论,把在役焊接过程对材料的热影响转化成熔池的扩大,对熔池进行了合理的简化,最终使得本判据能较好地反映在役焊接烧穿失稳情况,并且给出的是偏于保守的结果,具有一定的可靠性。

第8章 在役焊接剩余强度的评价

采用试验的方法对在役焊接烧穿失稳进行研究,能较直接获得各种参数对在役焊接烧穿的影响规律。但是由于在役焊接烧穿失稳试验研究具有一定的危险性,而且影响在役焊接烧穿失稳的因素很多,因此增加了在役焊接烧穿失稳试验研究的难度。如果采用有限元方法对在役焊接过程进行数值模拟,并辅以一定的试验进行验证,不但能降低在役焊接研究的风险,还能节约研究成本,加快研发周期。选择合适的焊接烧穿失稳预测方法是进行在役焊接烧穿失稳有限元预测的前提。最早提出烧穿失稳预测方法的是美国 Battelle 研究所,它以熔池下方内壁最高温度为依据,规定内壁温度不超过 982 ℃就不会发生烧穿[42,72]。但是,通过前面的平板腔室在役焊接烧穿试验发现,当内部压力为 1 MPa,热电偶测得内壁最高温度达到 1 180 ℃时,并没有发生烧穿;内部压力增加到 5 MPa,内壁最高温度不超过 900 ℃时,却发生了烧穿失稳。由此可见,内部介质压力也是影响烧穿的重要因素。随着管线钢级别的提高,其屈服强度也随之提高。Battelle 判定方法忽略了内部介质压力的影响,使得该判据出现了局限性。Wade[55] 通过试验,提出判定管道发生烧穿失稳的极限管道径向变形为 1 mm,采用此方法需要进行复杂的应力应变场分析,尤其是当前的管道朝着大直径、高压力方向发展的趋势又增加了管道模型的网格和节点,大大增加了计算量。

材料的强度是材料抵抗塑性变形和断裂的能力,其"寿命"是指其在外界因素长期或者反复作用时抵抗失效的能力以及安全、有效运行的时间[169]。在焊接修复管道的过程中,管道材料受到焊接温度场的作用,部分熔化,强度大大降低,可将剩余的固态材料的强度定义为剩余强度[170]。

在役焊接中评价被焊接修复的管道的剩余强度能否承担抵抗材料的损伤和失效,就是天然气管道在役焊接过程中的剩余强度安全评价问题。

首先对比分析含缺陷管道剩余强度的评价方法,将在役焊接接头高温区域强度降低,等效为管壁存在的瞬态"体积型缺陷",通过目前国内外存在的体积型缺陷判定标准推导出符合在役焊接烧穿失稳的方法;然后通过平板腔室带压烧穿试验,对该判定方法的准确性进行验证;最终建立长输管线在役焊接烧穿失稳评定系统,对在役焊接过程的安全性进行预测。

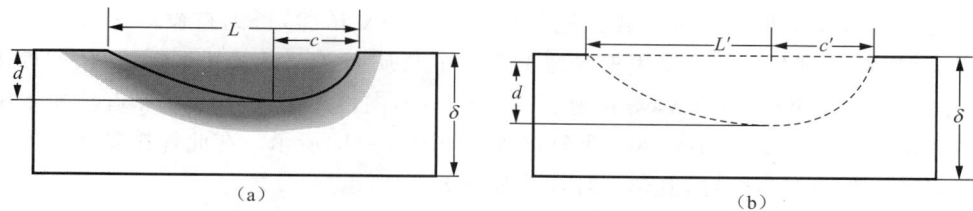

图 8-6　等效缺陷示意图

　　鉴于熔池以及等效缺陷的尺寸不同,会对强度的积分产生影响,这就要求针对熔池尺寸对在役焊接烧穿失效的影响进行相关研究。通过试验发现,易烧穿部位往往发生在靠近焊接热源的熔池前半部分的底部,如图 8-7 所示,熔池周围部分高温金属由于强度损失较大,对压力管道从内部烧穿的情况不会产生影响,所以需要减小强度的等效范围。依照以往的研究成果进行相应的改进,以熔池的边缘为界限将熔池进行更精确的尺寸等效。

图 8-7　在役焊接烧穿形貌图

　　对熔池底部的金属强度进行计算,这部分金属直接承受着管道内部压力的作用,并且根据有限元计算的温度场结果来分析(图 8-11)可知这部分也是金属的薄弱部分,只要这部分能承受管道内部的压力作用,在焊接温度场的作用下发生的径向变形不超过临界值,就不会发生烧穿失稳,所以针对此部分进行强度等效更为精确和有针对性。

　　计算得到在役焊接的温度场后,对熔池进行数据处理,得到熔池的断面图(图 8-8),测量得到数值模拟的熔池尺寸。

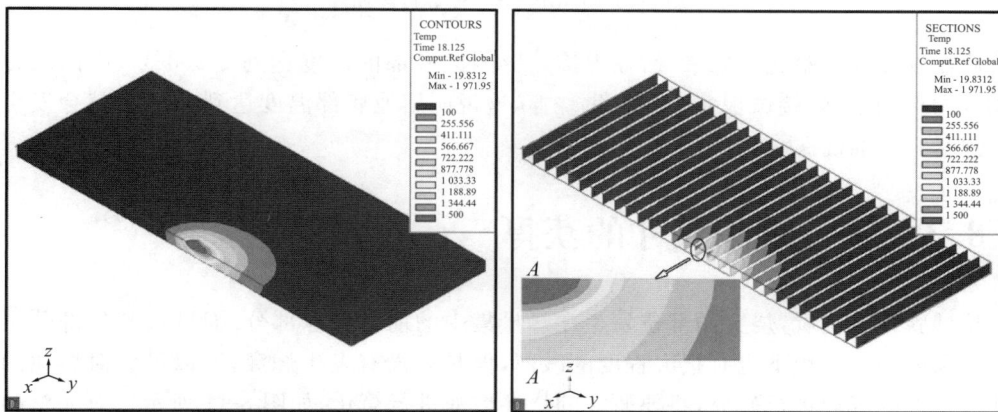

（a）平板温度场　　　　　　　　　　　（b）分析截面及路径

图 8-8　数值模拟熔池截面

采用在役焊接平板腔室试验装置进行在役焊接修复试验,得到在役焊接修复时的熔池形状,并对熔池进行测量。采用板厚为 4.5 mm、材质为 X70 的管线钢板,使用的焊接参数为:电流 140 A,电压 23.2 V,焊接速度 4.5 mm/s,内部压力 1 MPa。焊道从起始位置到结束时的总长度为 118 mm,热电偶分布情况如图 8-9(b)所示。在此焊接参数下进行在役焊接试验并没有产生烧穿,其热循环曲线如图 8-10 所示。

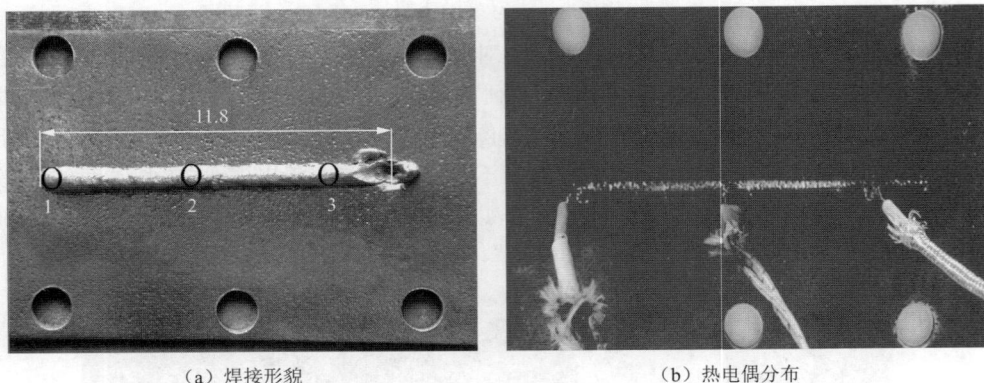

（a）焊接形貌   （b）热电偶分布

图 8-9   焊道形貌及热电偶分布

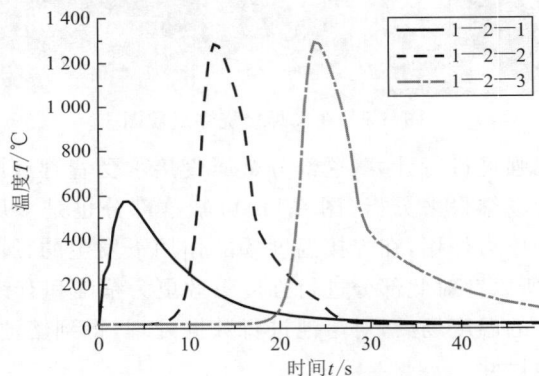

图 8-10   1 MPa 下在役焊接热循环

从在役焊接试验的结果来看,在焊接热影响区底部的温度达到 1 260 ℃、内部压力为 1 MPa 的作用下,焊接试板并没有发生烧穿,这说明熔池底部温度达到 982 ℃就会发生烧穿的判断并不准确。

8.3   等效缺陷尺寸的获得

从试验结果来看,烧穿的部位发生在热量集中的前半椭球部分,而试板其他部分虽然在焊接温度场的作用下也有很大程度的减薄,但是并没有发生烧穿,所以可针对熔池的前半部分附近的区域进行研究,将要研究的烧穿熔池进行简化,如图 8-11 所示。对完整的熔池截面进行处理,得到具体尺寸表征如图 8-11(d)所示。

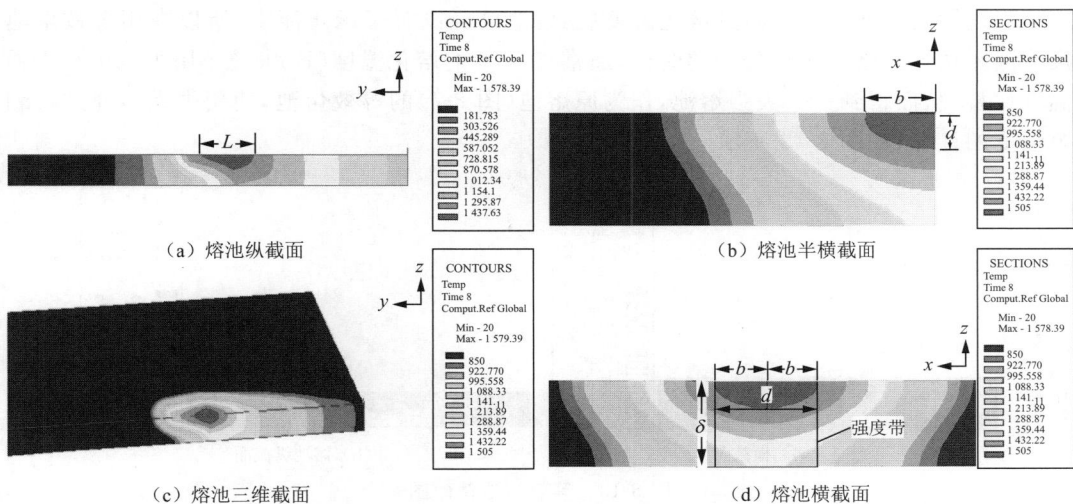

（a）熔池纵截面　　　　　　　　　　　　　　（b）熔池半横截面

（c）熔池三维截面　　　　　　　　　　　　　　（d）熔池横截面

图 8-11　熔池截面示意图

图 8-12 是热源模型的能量分布情况，可见热量主要集中在熔池的前半椭球部分，而温度场的计算结果一致，试验结果也表明了热源模型和计算结果的正确性，如图 8-12 所示。

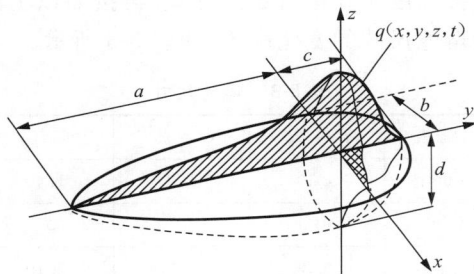

图 8-12　热源模型能量的分布

在焊接温度场的作用下，材料的强度与温度息息相关，此时可将高温区域的微区强度分布进行带化，假设位于同等温度条件下的带状分布区的强度在该微区内是均匀分布的，按照前面高温拉伸试验的结果，将温度的分布转化为强度的分布。

按照 DNV-RP-F101 的相关要求，将这部分截面进行简化，得到一个矩形且平底的区域。这个矩形区域位于熔池底部，并且承受内部压力的作用，其剩余强度的大小直接决定在役焊接管道是否在内部压力的作用下发生超过临界值的变形，进而发生失效。

对图 8-7 中的 $A—A—B—B$ 区域进行熔池等效，等效后的尺寸如图 8-11 所示。对此投影面的两倍面积区域进行强度评价，在实际的熔池上，如图 8-7 所示的 $A—A$ 与 $B—B$ 所形成区域的截面上温度场分布如图 8-11（b）所示。

结合 SYSWELD 有限元的温度场计算结果以及烧穿试验的结果可知，烧穿部位总是位于温度场的前端，在熔池的后半段虽然也会发生试板减薄，但是不会发生烧穿，所以应针对熔池的前半部分进行缺陷等效，并对这个部位的剩余强度进行研究，重点考察此部位剩余强度能否承受管道内部压力。

由图 8-15 可知，X70 管线钢在 1 300 ℃时，强度已经很小，因此可将 1 300 ℃定义为

X70 管线钢的失强温度。超过熔化温度后，熔池已经没有了承压能力，所以在用等效熔池尺寸温度场计算结果进行处理的时候，通常将 X70 的熔化温度（1 505 ℃）用 1 300 ℃失强温度代替，从而得到一个失强熔池，作为原熔池（图 8-7）的等效熔池，使用失强熔池进行剩余强度的计算，如图 8-13 所示。

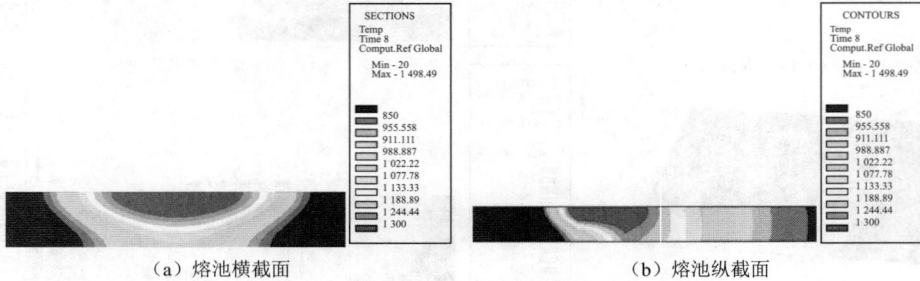

（a）熔池横截面　　　　　　　　　　　　（b）熔池纵截面

图 8-13　等效熔池截面图

在计算以及试验过程中发现，熔池尺寸大小对烧穿有很大的影响，相同的焊接参数下，较小的熔池在焊接过程中发生烧穿的概率低于较大的熔池，这就是在役焊接烧穿的熔池尺寸效应问题。

进行数值模拟得到焊接温度场并进行数据处理，再按照以上的等效方法测量计算，得到熔池的各尺寸参数以及熔池尺寸的变化率等，如表 8-3 所示。

表 8-3　熔池尺寸

1 505 ℃的熔池	L	$B = 2b$	$C = 2c$	d	S_L	S_C
单位：mm	7.90	5.40	5.80	1.40	42.66	31.32
1 300 ℃熔池	L'	B'	C'	d'	S'_L	S'_C
单位：mm	10.10	10.30	6.60	2.10	104.00	68.00
变化率/%	28	91	14	50	144	117

这是按照以往的等效原理进行的熔池尺寸等效，等效后的熔池投影面积不管是采用通常的熔池宽度 B 和长度 L，还是采用等效熔池的投影面积，变化率均大于原来的投影面积的两倍，这就使得等效缺陷过大，在同等的内部压力情况下，考虑尺寸效应的时候，会给计算结果的准确性带来较大影响。

所以在针对熔池的缺陷及强度进行等效的计算中，采用熔池的实际尺寸来表征缺陷的大小，采用失强熔池来计算熔池的剩余强度，就可以在缺陷的表征上如实地反映缺陷的大小。

8.4　X70 管线钢的高温拉伸试验

高温拉伸试验采用恒载加温或恒温加载。恒载加温是恒定受力载荷，然后加热来进行试验；而恒温加载是温度载荷不变，力载荷变化的试验。由于在役焊接修复过程中，管道受到的内部压力基本不变，相当于受到的力学载荷恒定，而随着焊接热源的不断接近以及加热时间的变化，温度载荷是不断增加的，所以适用于恒载加温的试验过程。

8.4.1 试验设备及方法

使用热模拟试验机进行拉伸试验,温度在 700~1 300 ℃之间,在试样标距外点焊两个电极进行加热,升温速率为 10 ℃/s,保温 2 min,应变速率为 10^{-3}/s,在流动性的氩气中进行试验,氩气纯度为 99.99%,流速为 10 L/min,拉断后水冷,使用 SEM 对断口进行观察。

通常高温力学性能测试将从熔点 T_m 至 600 ℃分为三个温度区间进行研究[99],即 Ⅰ区:T_m~1 200 ℃;Ⅱ区:1 200~900 ℃;Ⅲ区:900~600 ℃。Ⅱ区的 X70 钢的力学性能对强度影响较大,试验着重于对 900 ℃,1 000 ℃,1 100 ℃以及 1 200 ℃几个温度点的性能进行测试。

8.4.2 试验材料

试验材料为宝钢生产的 X70 管线钢板,拉伸试件按照 GB/T 4338—2006《金属材料高温拉伸试验方法》的要求进行设计,采用图 8-14 所示的形状与尺寸进行加工。

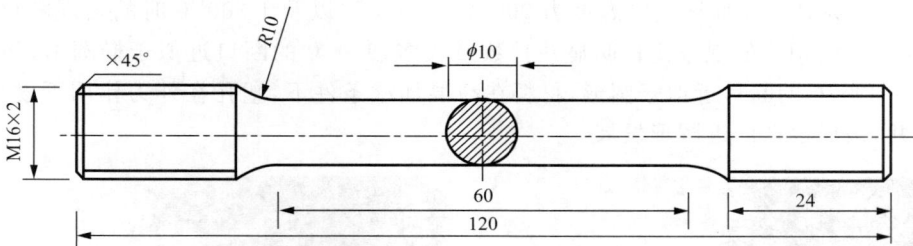

图 8-14 高温拉伸试件(单位:mm)

8.4.3 试验结果及分析

使用上述材料、试验方法及设备进行高温拉伸试验,得到图 8-15 所示的高温拉伸试验曲线图。

由图 8-15 知 X70 钢高温拉伸过程分为三个阶段:(1) 弹性变形,起始段为直线;(2) 均匀变形,由弹性变形过渡到塑性变形,变形均匀,随着变形量的增加出现了少量的变形硬化;(3) 局部变形,从拉伸试样的变形到最大拉应力点直到拉伸试样断裂,变形量逐步增加,受到的载荷逐渐下降,拉伸试样产生不均匀变形,并集中于颈缩处,最终断裂。

不同温度下的拉伸均呈连续屈服,且无明显的屈服平台,材料有较高的延伸率,具有完整的弹性变形、塑性变形及断裂三阶段。

将图 8-15 的数据进行处理,得到如图 8-16 所示的 X70 管线钢在不同温度下的强度分布曲线图。

由图 8-16 可知,在温度为 700 ℃时,X70 管线钢的强度为 250 MPa;在 800 ℃时,急降为 102 MPa;随着温度从 800 ℃升高到 1 300 ℃,强度从 102 MPa 减至 19 MPa,呈非线性的降低状态。

X70 管线钢在温度达到 1 300 ℃时,强度已经很小,并且在高温拉伸试验过程中发现,1 400 ℃已经很难测量出材料的强度,所以可用 1 300 ℃为底限温度来计算剩余强度的大小。当温度高于 1 300 ℃时,强度已经很小,但不会给计算值的准确性带来较大的影响。

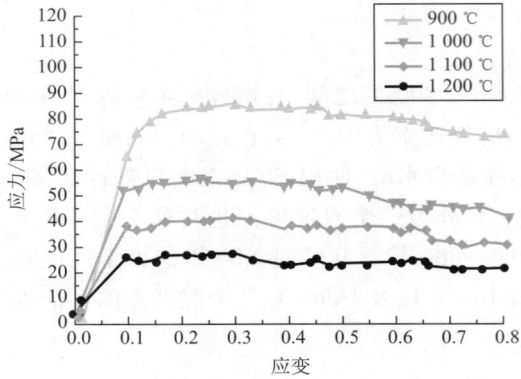

图 8-15　X70 钢高温拉伸应力-应变关系

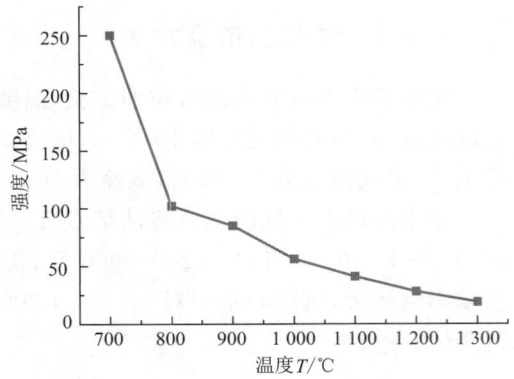

图 8-16　X70 管线钢不同温度的强度

8.4.4　高温拉伸断口

图 8-17 为高温拉伸试验中温度为 900 ℃,1 100 ℃以及 1 300 ℃时的宏观断口,可以看出,前两者的塑孔的现象比较明显并且数量较多,900 ℃的断口近似于椭圆形,而 1 100 ℃以及 1 300 ℃的断口近似于圆形,材料在高温加载条件下,塑孔在外力作用下发生聚合以及吞并,最后逐渐向近圆形发展。

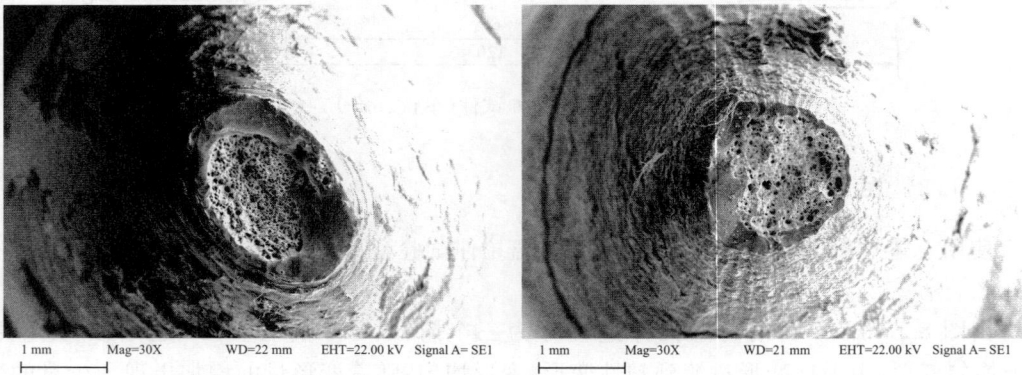

（a）900 ℃拉伸断口形貌

（b）1 100 ℃拉伸断口形貌

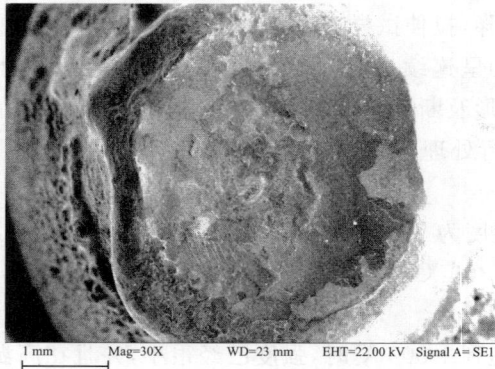

（c）1 300 ℃拉伸断口形貌

图 8-17　X70 钢高温拉伸断口宏观形貌

图 8-18 为 X70 钢管线在不同温度下的拉伸微观断口形貌。从图中可见，X70 钢的高温断口以韧性断裂为主，伴随着高温脆性，并且随着温度的升高，塑孔变大，孔洞变深，在内壁出现了韧窝，在断口边缘出现了沿晶断裂的现象。

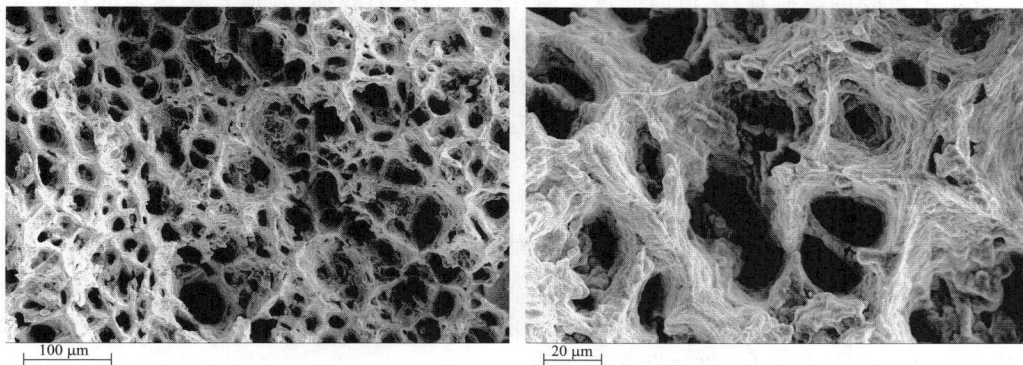

（a）900 ℃拉伸断口

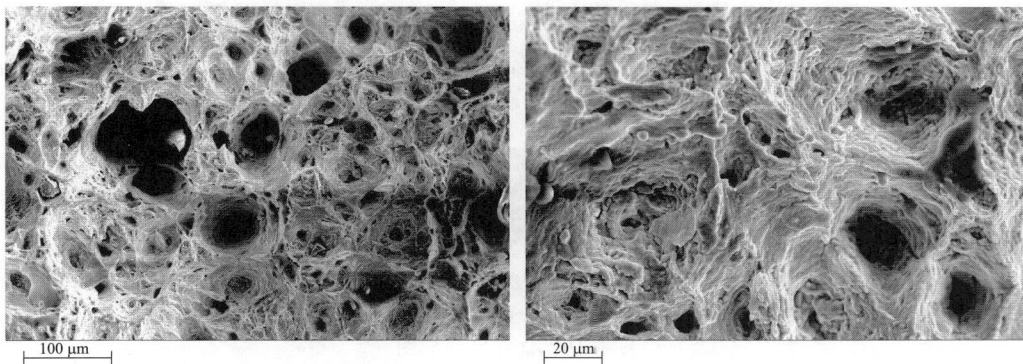

（b）1 100 ℃拉伸断口

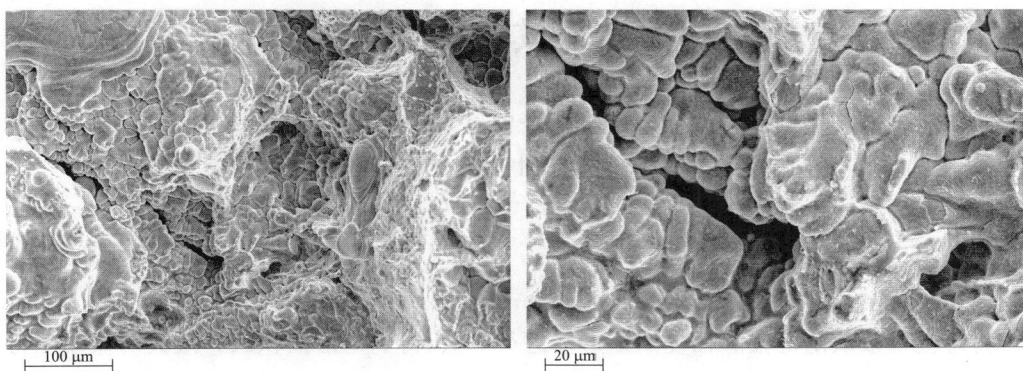

（c）1 300 ℃拉伸断口

图 8-18　X70 钢高温拉伸断口微观形貌

8.5　压力管道强度分析

管道上承受的载荷有:管道内部输送油气产生的压力载荷、管道自重产生的均布载荷以及热载荷等。

在役焊接修复的管道受到热应力、管道内部压力,其中管道由压力载荷产生的应力为一次应力,进行在役焊接修复时,如果这些应力的作用超过了管道的承受能力,将导致压力管道发生径向变形,甚至发生烧穿失稳。

对承受内部压力的管道进行受力分析可知,管道内壁任意一点的应力状态可用三个互相垂直的主应力表示,这就是沿着管壁圆周切线方向的轴向应力,平行于管道轴线的轴向应力,以及沿着管壁径向的径向应力。

用公式(8-1)及公式(8-2)对强度带的剩余强度进行等效,在同一温度微区带内,材料的强度是均匀的,可将温度带转化为强度带。

结合图 8-11(b)可知,烧穿发生时,只是熔池的底部承受不了内部的压力作用,将这部分进行细化,并进行划线标注,如图 8-19 所示。在图 8-13 内部的矩形区域内,按照温度带的分布将对应的温度带划分成不同的强度带,按照公式(8-2)进行等效,计算得到剩余强度为 352 MPa 时的等效剩余壁厚,即 $\delta_{\text{eff}} = 0.542$ mm。

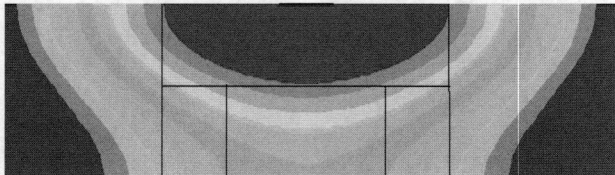

图 8-19　烧穿区局部图

8.6　等效缺陷判定法与其他判定法的比较

采用以上计算得到的剩余强度以及剩余壁厚,按照 DNV-RP-F101 判断条件及表 8-4 所示的焊接参数进行在役焊接承压评价,其中膨胀修复因子如下式所示:

$$M = \sqrt{1 + 0.31 \left(\frac{L'}{\sqrt{D\delta}} \right)^2} \tag{8-3}$$

式中, $L' = C = 2c$, $D = 508$ mm, $\delta = 4.5$ mm,得到 $M = 1.002$。

将熔池等效缺陷的投影面使用矩形面进行等效,得到矩形面积 A。最大的操作压力 p 采用下式进行计算:

$$p = \frac{2s_b\delta}{D - \delta} \left(\frac{1 - \dfrac{d}{\delta}}{1 - \dfrac{d}{\delta}\dfrac{1}{M}} \right) \tag{8-4}$$

式(8-4)中 $s_b = 352$ MPa, $\delta = 4.5$ mm, $D = 508$ mm, $M = 1.002$,计算得到 $p = 6.3$

MPa,这个压力值即为采用表 8-4 所示焊接参数进行在役焊接修复时,管内介质为天然气的最大操作压力,建议操作压力以小于 6 MPa 为宜。

表 8-4　焊接工艺参数

I/A	U/V	$v/(\mathrm{mm \cdot s^{-1}})$	p/MPa
140	23.2	4.5	6

按照剩余强度研究给定的安全操作压力(6 MPa),进行平板及管道的在役焊接数值模拟,将得到的计算结果与评价公式的计算结果进行对比,有限元模型如图 8-20 所示。

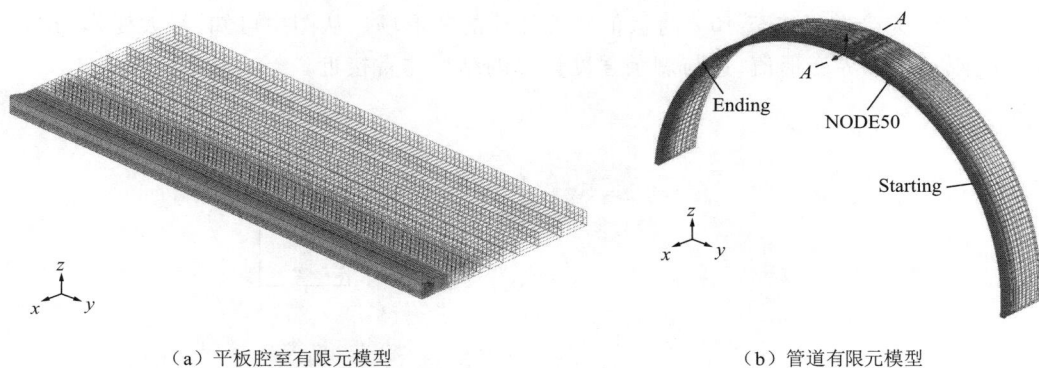

（a）平板腔室有限元模型　　　　　　　（b）管道有限元模型

图 8-20　有限元模型

从平板模型的变形场结果可知,平板腔室进行在役焊接时,最大变形量为 0.23 mm,在此条件下不会发生烧穿。

使用相同的焊接参数进行管道的在役焊接修复时,观察焊接修复的径向变形,看其最大径向变形量是否超过临界值。采用如图 8-20(b)所示的焊接模型进行有限元计算,得到其在焊接进行到 50 s 时的变形场,如图 8-21(b)所示。

从图 8-21(b)的变形场结果可知,在役焊接修复数值模拟进行到 50 s 时,瞬时径向变形的最大值已达 0.80 mm,超过了临界值,发生了烧穿,在试验过程中也证实了数值模拟的结果。

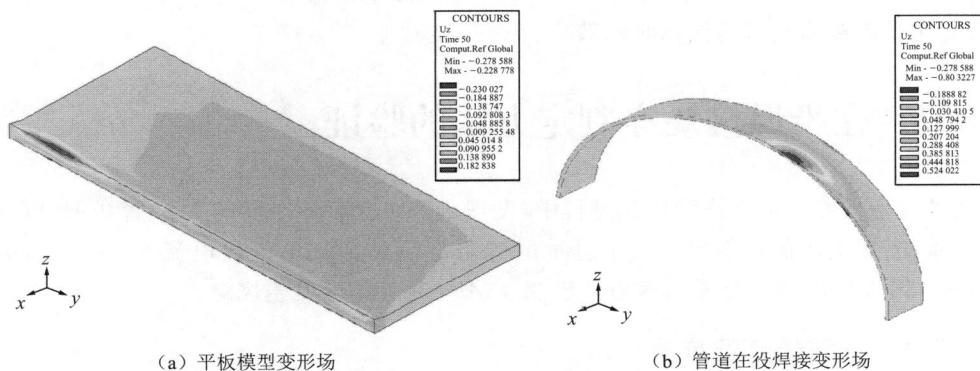

（a）平板模型变形场　　　　　　　（b）管道在役焊接变形场

图 8-21　在役焊接变形场

　　产生这种结果的原因是平板腔室与管道所受的内部压力以及焊接参数尽管相同,但平板腔室进行焊接修复试验时,平板受到螺栓的拘束力很大,而管道受到的拘束力较小,管道径向发生变形更容易实现,并且平板的尺寸远远小于管道的尺寸,此种情形下不能采用平板模型的有限元结果来代替管道模型的计算。但是由于模型的形状并不影响换热,所以也不会影响焊接温度场的分布,在采用平板模型进行计算的时候,温度场的划分较管道模型容易,熔池横截面的数据也可以得到更好的结果,所以在使用有限元计算温度场数据的时候,建议采用平板模型,这为剩余厚度的温度场划分带来了便利。而对于变形场的计算,为了更接近实际情况,建议采用管道模型,这样就发挥了这两个模型的优势,可更好地研究剩余强度以及变形,以更好地判断烧穿的发生。

　　图 8-22 为管道焊接至 40 s 时数值模拟计算的变形场。从图中可知,最大变形为 0.45 mm,刚刚达到临界变形值,这与剩余强度计算的结果非常接近。

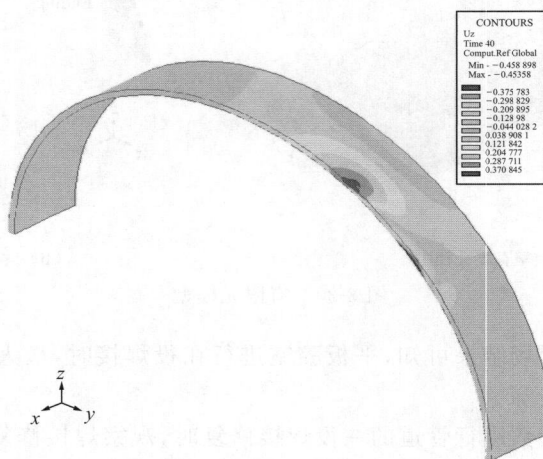

图 8-22　管道焊接至 40 s 时的变形场

　　分析上述计算结果可知,在焊接进行到第 40 s 时,径向变形到达临界值,过了此刻变形就会超过临界值而发生烧穿,所以在役焊接修复时,虽然剩余强度评价或者径向变形评价是有效的,但是超过了适宜的时间,烧穿同样会发生,烧穿的发生与焊接时间也有关,这是因为经焊接温度场长时间作用后,管道材料的性能逐渐降低,以致不能承受内压的作用,因此在役焊接修复时需注意时间效应。

8.7　在役焊接烧穿判定方法的验证

　　在进行平板腔室带压烧穿试验过程中,发现采用 4.5 mm 厚度的 X70 管线钢,以水为冷却介质,当焊接热输入不超过 9.5 kJ/cm(焊条直径 2.5 mm,焊接电流 85～95 A,电弧电压 25～30 V),内部水介质的压力低于 3.5 MPa 时就不会发生烧穿。

8.7.1　内壁最高温度法

　　根据这组试验参数,对平板腔室试板在役焊接的情形进行热弹塑性有限元分析,首先建立物理模型,然后根据实际的焊接参数对热源进行校正,对试板的温度场进行计算。

图 8-23 为通过热弹塑性有限元模拟后获得的平板腔室试板的温度场。由图 8-23(a) 可知,试板由于内部水介质的冷却,熔池和高温区域都较小,将平板模型上温度最高的横截面 A-A(图 8-23b)取出来,做出沿路径 A—A 的温度曲线,如 8-23(c)所示,在该参数下,熔深为 1.2 mm。

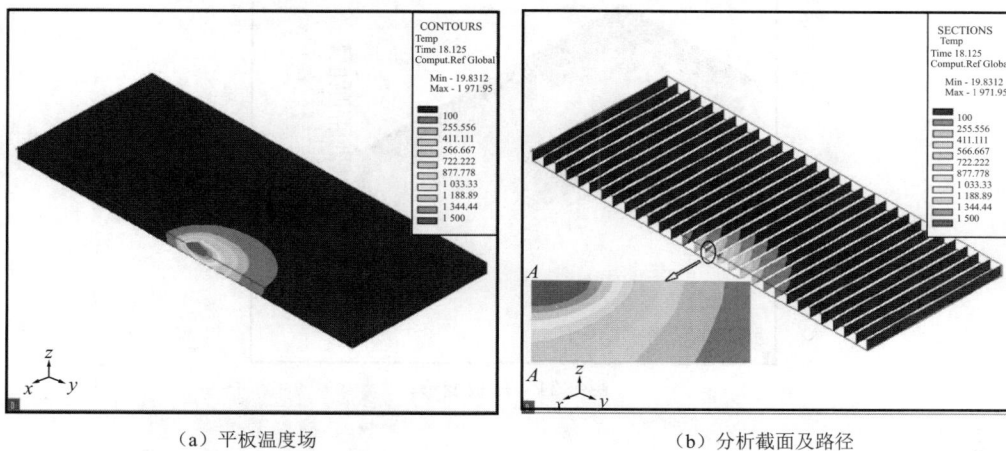

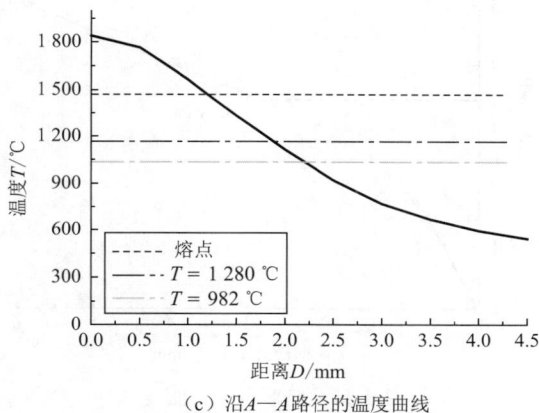

（a）平板温度场

（b）分析截面及路径

（c）沿 A—A 路径的温度曲线

图 8-23　平板温度场及路径 A—A 的温度曲线

根据美国 Battelle 的研究提出内壁最高安全温度不超过 982 ℃的法则,该参数下不发生烧穿的最小壁厚为 2.3 mm。根据前面的试验得出内壁温度不超过 1 180 ℃也不会发生烧穿,这种情形下的安全壁厚可为 1.8 mm。可见这种单纯以内部温度作为判定标准的准则存在一定的误差,尤其是这种温度法则基本没有考虑内部介质压力的影响,当压力提高时,就算内壁温度较低也可能发生烧穿。而且,随着目前管线钢钢级提高,其屈服强度也随之增加,抵抗变形的能力增加,在进行烧穿判定时,应该综合考虑材料的强度随温度的变化、内部介质压力和熔池尺寸等参数。

8.7.2　内壁径向变形

用平板腔室试板计算得到的温度场作为初始温度条件施加到模型上,对试板在水介质压力作用下的变形量进行计算,结果如图 8-24 所示。平板的变形为内凹外凸,在平板对称中心的横截面上变形最大,取出模型上变形最大位置处的变形做出不同介质压力下的压力-变形曲线,如图 8-25 所示,而后根据两倍弹性斜率法获得模型的极限载荷。由图 8-25 可知,该条件下的最大操作压力为 3.45 MPa。

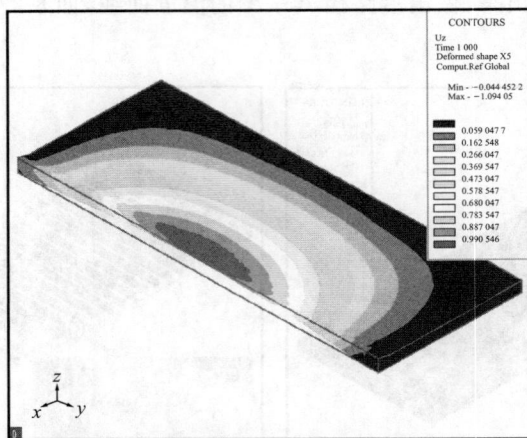

图 8-24　薄板变形

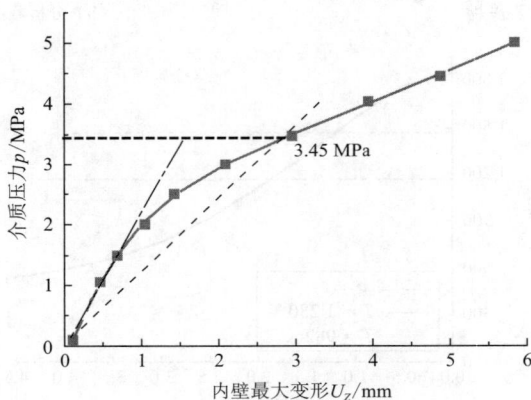

图 8-25　变形与压力曲线

8.7.3　瞬态"体积型缺陷"法

根据公式(8-1)和公式(8-2)计算该参数下的剩余有效壁厚为 2.3 mm,这样等效的"体积型缺陷"深度为 2.2 mm。用相同的等效计算方法得到"等效熔池"的长度为 15 mm。用公式(8-3)计算得到膨胀修复因子为 1.01,最后用公式(8-4)计算得到最大安全操作压力为 3.4 MPa。

8.7.4　分析比较

采用瞬态"体积型缺陷"方法获得的最大安全操作压力低于用试验烧穿法压力和变形法获得的结果,3 种方法获得的最大安全操作压力分别为 3.4 MPa,3.5 MPa 和 3.45 MPa,误差在可接受的范围之内,故采用本方法获得的数据比较安全。造成该差异的主要原因是材料高温性能数据的缺乏,以及在金属损失区域等效过程中将该区域看作体积型缺陷,在获得更精确的材料性能数据以及等效算法后会有更满意的结果。

采用"等效缺陷"的方法来判定在役焊接安全操作的最大压力,只需要计算管道在役焊接的温度场。与采用热弹塑性方法计算应力应变场的方法相比,该方法将大大节省有限元软件的计算时间,提高在役焊接数值模拟的效率。

8.8 长输管线在役焊接烧穿失稳评定系统

影响管线在役焊接烧穿失稳的因素较多,在评定某操作参数是否安全时需要复杂的等效计算和判定,由此建立长输管线在役焊接烧穿失稳评定系统,避免繁杂的数值模拟前处理工作,还可以将某些参数的计算结果以数据库的形式储存,当需要计算的参数和数据库中参数一样时,就可以直接查询数据库,然后将判定结果输出,避免重复进行复杂的数值计算。如果数据库中尚未存储该参数,则调用第三方有限元软件进行数值模拟,SYSWELD 软件进行数值模拟所必需的文件包括模型参数的确定、管内换热系数的确定、热输入参数的确定等。对有限元数值模拟的结果进行等效处理,获得含"缺陷"管道的最大安全操作压力,进而判定烧穿发生的可能性。

8.8.1 系统流程图

长输管线在役焊接安全评定系统的总流程图如图 8-26 所示。由图可以看出,安全评定系统主要包括参数输入、实例匹配、输出判定结果等。参数包括管道结构参数、焊接工艺参数和管内介质参数等。将输入的参数和数据库中建立的实例进行匹配,如果能够匹配,则可以直接将数据库中该实例以及评定结果调用到输出窗口;否则需要调用有限元软件对该参数下的焊接接头温度场进行计算。

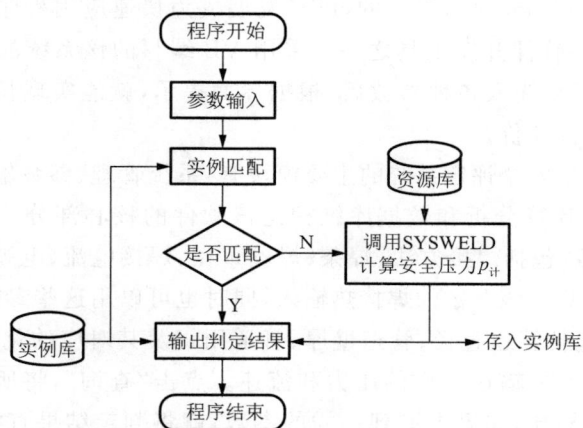

图 8-26 长输管线在役焊接安全评定系统流程图

计算分析模块是系统的核心模块,其流程图如图 8-27 所示。该模块的作用主要是调用有限元软件 SYSWELD 进行温度场计算,然后将计算得到的"等效缺陷"尺寸返回到程序中,通过调用 Matlab 软件对最大安全操作压力进行计算。得到的结果不仅要显示到输出窗口,而且要将这些参数和结果存储到数据库中,以便以后查询与检索。

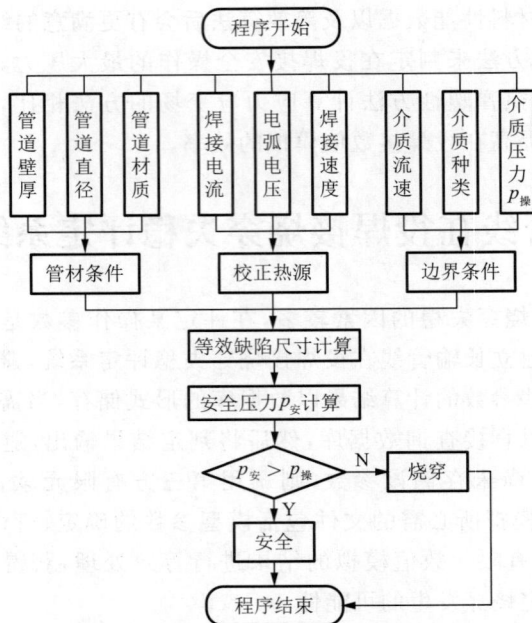

图 8-27　计算分析模块流程图

8.8.2　系统界面设计

长输管线在役焊接安全评定系统软件的主界面程序设计开发工具选用 Visual Basic 6.0(简称 VB)。VB6.0 是由微软公司开发的在 Windows 操作平台上的编程语言,它基于窗体的可视化开发环境提供了各种常用功能,编程简单、易学易用,且其程序集成化程度高,能实现大多数 Windows 的编程目的,已经发展成为快速应用程序开发工具的典型代表,是当今最为流行的软件开发工具之一。采用 VB 编写的该系统的主要功能是参数比对、分析计算。用户只要输入各种参数后,根据界面提示,就能实现长输管线在该参数下进行在役修复的安全性评价。

长输管线在役焊接安全评定系统的主要模块有:系统管理、参数输入、计算分析、数据库维护及帮助。其中计算分析和数据库维护是该软件的核心部分。输入参数包括三部分:(1) 焊接工艺参数,包括焊接方法、焊条/焊丝直径、焊接电流、电弧电压、焊接速度等,根据这些参数可以计算出该参数的焊接热输入,同时也可以用这些参数选择并校正热源;(2) 管道结构参数,包括管道直径、管道壁厚、管道用钢及其对应的化学成分;(3) 管输介质参数,包括介质的种类、输送介质的压力和流速。点击"查询",将所输入的参数和数据库中储存的参数进行对比,如果查询到一样的参数,就将判定结果直接输出,否则就调用 SYSWELD 采用该参数进行温度场计算。

温度场计算出来后,首先需要手动进行"体积型缺陷"等效过程的计算,将"等效缺陷"的深度和长度尺寸计算出来后,根据焊接工况条件设置安全等级系数和缺陷深度系数,再将这些参数输入到最大安全操作压力计算界面,然后按下"计算"按钮,程序将通过接口程序设计直接调用 Matlab 软件对最大安全操作压力进行计算。当设计修复压力小于最大安全操作压力时,管线修复是安全的,否则就会发生焊接失稳。最后将这些结果显示在界面上,可以将这些参数和结果保存到 Word 文档中,也可以更新到数据库中。

8.8.3　算例分析

为验证管线在役焊接烧穿失稳评定系统的可靠性,用文献[65]中研究的案例,使用本方法及程序进行在役焊接烧穿失稳安全判定,其参数由澳大利亚能源机构提供。

管道尺寸为:直径 325 mm,壁厚 4.8 mm,材料为 API 5L X52 管线钢,环境温度为 27 ℃。管内介质为天然气,压力为 4.48 MPa,温度为 15 ℃,流速为 0.2 m/s。焊接电流为 100 A,电弧电压为 30 V,焊接速度为 3.0 mm/s,热效率取 0.63。

将上述参数输入程序中,查询数据库发现尚没有该参数的评定结果,然后调用 SY-SWELD 软件,求解该模型的焊接温度场。根据有限元计算的温度场结果确定在役焊接接头的有效承载厚度和等效缺陷尺寸,将数据返回本程序,获得该天然气管线在役焊接的最高安全操作压力为 5.04 MPa,而管内运行压力为 4.48 MPa,从防止发生烧穿的角度来说,该操作是安全的,这和文献[66]中计算的结果一致,说明本书开发的系统具有一定的可靠性。

参考文献

[1] 郎需庆,赵志勇,宫宏,等.油气管道事故统计分析与安全运行对策[J].安全、健康和环境,2006,6(10):15-17.

[2] 薛振奎,隋永莉.国内外油气管道焊接施工现状与展望[J].焊接技术,2001,30(增刊):16-18.

[3] 张彩军,蔡开科,袁伟霞,等.管线钢的性能要求与炼钢生产特点[J].炼钢,2002,18(5):40-46.

[4] 潘家华.油气管道断裂力学分析[M].北京:石油工业出版社,1989.

[5] 熊庆人,冯耀荣.国外输气管道失效事故调查分析[C]//全国油气储运技术交流研讨会论文集.东营:石油大学出版社,2002:56-62.

[6] 李鹤林.天然气输送钢管研究与应用中的几个热点问题[J].中国机械工程,2001,12(3):349-352.

[7] 吉玲康,冯耀荣,李鹤林.螺旋缝埋弧焊管对比评价[C]//石油管工程应用基础研究论文集.北京:石油工业出版社,2001:107-128.

[8] Li Helin,Zhao Xinwei,Ji Lingkang. Failure analysis and integrity management of oil & gas pipeline[C]// International Oil & Gas Pipeline Technology (Integrity) Conference,Shanghai,China,2005.

[9] 李鹤林.油气管道运行安全与完整性管理[J].石油科技论坛,2007,26(2):18-25.

[10] Sridhar N,Dunn D S,Anderko A. Prediction of conditions leading to stress corrosion cracking of gas transmission lines[C]// Environmentally Assisted Crackig: Predictive Methods for Risk Assessment and Evaluation of Materials,Equipment, and Structures. 2000. West Conshohocken PA USA:American Society for Testing and Materials.

[11] 李光福,杨武.埋地重要管线的腐蚀与防护[J].腐蚀与防护,2009,30(9):620-630,644.

[12] 陈静,贺三,袁宗明,等.管线钢应力腐蚀开裂[J].管道技术与设备,2009(1):45,46,53.

[13] Manfredi C,Otegui J L. Failures by SCC in buried pipelines[J]. Engineering Failure Analysis,2002,9(5):495-509.

[14] 阎钟山,米莹,高建华.天然气长输管道泄漏的抢修与维护[J].天然气与石油,2002,20(2):13-15.

[15] 王可中.长距离输油管道阴极保护死区的腐蚀控制[J].腐蚀与防护,2003,24(4):172-174.

[16] 陈志昕,蔡克,张良,等.在役管道涂层及阴极保护失效模式探讨[J].腐蚀与防护,

2010,31(3):198-201,204.

[17] 王珂,罗金恒,董保胜,等. 我国在役油气老管道运行现状[J]. 焊管,2009,32(12):61-65.

[18] 李鹤林. 油气管道失效控制技术[J]. 油气储运,2011,30(6):401-410.

[19] 赵新伟,李鹤林,罗金恒,等. 油气管道完整性管理技术及其进展[J]. 中国安全科学学报,2006,16(1):129-136.

[20] Wahab M A,Sabapathy P N,Painter M J. The onset of pipewall failure during "in-service" welding of gas pipelines[J]. Journal of Materials Processing Technology,2005,168(3):414-422.

[21] Sabapathy P N,Wahab M A,Painter M J. Numerical methods to predict failure during the in-service welding of gas pipelines[J]. The Journal of Strain Analysis for Engineering Design,2001,36(6):611-619.

[22] Zhang Lianwen,Wan Shiqing. Two restoring pipelines technologies and their application [C]//Papers of 2005 China International Oil & Gas Pipeline Technology (Integrity) Conference,Shanghai,2005:546-548.

[23] 陈艳芳,李国胜,张红兵. 管道修复技术在中原油田的研究与应用[J]. 管道技术与设备,2003(3):28-30.

[24] 张新战,王勇. HDPE管内衬技术在油田旧管线修复中的应用[J]. 石油化工腐蚀与防护,2002,19(5):54-56.

[25] 郑光明,郑建明. 国外旧管道内修复的新技术[J]. 国外油田工程,1994,10(3):64-66.

[26] Christopher P Dorsey. Polyurethane plural-component liquid systems for in situ pipeline rehabilitation[C]//Papers of 2005 China International Oil & Gas Pipeline Technology (Integrity) Conference,Shanghai,2005:469-473.

[27] Shawn Laughlin. Composite repairs—design,properties and new applications[C]//Papers of 2005 China International Oil & Gas Pipeline Technology(Integrity) Conference,Shanghai,2005:449-459.

[28] Lu Minxu,Dong Shaohua,Wang Xiuyun. Review of repairs and reinforcement technologies for pipeline[C]//Papers of 2005 China International Oil & Gas Pipeline Technology(Integrity) Conference,Shanghai,2005:501-507.

[29] Roland Palmer-Jones,David Eyre,Steve Mckenny,et al. Pipeline inspection and rehabilitation[C]//Papers of 2005 China International Oil & Gas Pipeline Technology(Integrity) Conference,Shanghai,2005:258-279.

[30] 蔡星,艾颖,邵应梅. 海上腐蚀管线的复合修复[J]. 国外油田工程,2002,18(9):50.

[31] Bruce W A. Updated pipeline repair manual[R]. Pipeline reseach council international,INC.,2006.

[32] Belanger R J,Patchett B M. The influence of working fluid physical properties on weld qualification for in-service pipelines[J]. Welding Journal,2000,79(8):209-214.

[33] McElligott J A,Delanty J,Delanty B. Use of hot taps for gas pipelines can be expanded[J]. Oil and Gas Journal,1998,96(48):66-76.

[34] 王巨洪,姜世强. 管道缺陷补强修复新技术[J]. 管道技术与设备,2006(5):30-31,44.

[35] 杨康. 城市高压燃气管道在役焊接结构行为研究[D]. 天津:天津大学,2012.

[36] Otegui J L,Rivas A,Manfredi C,et al. Weld failures in sleeve reinforcements of pipelines[J]. Engineering Failure Analysis,2001,8(1):57-73.

[37] Bruce W A. Repair of in-service pipelines by welding[J]. Pipes & Pipelines International,2001,46(5):5-11.

[38] Bruce W A. Overview of in-service welding research at EWI [C]// First International Conference on Welding onto In-service Petroleum Gas and Liquid Pipelines. Wollongong,Australia,2000.

[39] Frank Nippard,Roy J Pick,David Horsley. Strength of a hot tap reinforced tee junction[J]. International Pressure Vessel & Piping,1996(68):169-180.

[40] Kiefner J F,Robert D Fischer. Models aid pipeline-repair welding procedure[J]. Oil & Gas Journal,1988,86(5):41-46.

[41] Herbert W. Mishler,John F Kiefner. Study compares hot-tap welding methods[J]. Oil & Gas Journal,1981,79(6):84-93.

[42] Kiefner J F. Effects of flowing product on line weldability[J]. Oil & Gas Journal,1988,86(6):49-54.

[43] Scott P M,Kiefner J F. Effectiveness of pipeline half-sole repair technique is evaluated[J]. Oil & Gas Journal,1984,82(12):108-112.

[44] Kiefner J F. Repair of line pipe defects by full-encirclement sleeves[J]. Welding Journal,1977(6):26-34.

[45] Kiefner J F. Criteria set for pipeline repair[J]. Oil & Gas Journal,1978,76(8):104-114.

[46] API 1104. Welding of pipelines and related facilities,Appendix B:in-service welding[S]. American Petroleum Institute,1999.

[47] Bruce W A. Qualification of procedures for welding onto in-service pipelines[C]// Proceedings of IPC. Alberta,2002:1-15.

[48] Bruce W A,Beckett A S. Maintenance welding on the trans-Alaska pipeline[J]. Welding Journal,2004(7):48-52.

[49] Bruce W A. Industry standards catch up with in-service welding[J]. Welding Journal,1999(11):43-46

[50] 陈怀宁,林泉洪. 运行管道在役焊接工艺研究(一). 流动介质和结构等因素对 t_{815} 的影响[C]. 第八次全国焊接会议论文摘要集,1997.

[51] 陈怀宁,钱百年,祝时昌,等. 运行管道在役焊接时的氢致开裂与防止方法[J]. 焊接学报,1998,19(1):29-36.

[52] 陈玉华,王勇,董立先,等. 高压油气管线的在役焊接修复技术进展[J]. 压力容器,

2005,22(2):36-40.

[53] Belanger R J,Patchett B M. The influence of working fluid physical properties on weld qualification for in-service pipelines[J]. Welding Journal,2000,(8):209-214.

[54] Bruce W A. Selecting an appropriate procedure for welding onto in-service pipelines[C]. International Conference on Pipeline Repairs. Wollongong,Australia,2001:1-16.

[55] Wade J B. Effect of diameter and thickness on hot tapping practice[J]. Australian Welding Research,1982(12):55-56.

[56] 陈怀宁,林泉洪,钱百年. 运行管道在役焊接工艺研究之评述[J]. 焊管,1997,20(3):1-8.

[57] 黎超文.长输管线在役焊接烧穿失稳机制及安全评价研究[D]. 青岛:中国石油大学(华东),2011.

[58] 靳海成,隋永莉,王志卿.管线在役焊接中烧穿问题的理论研究[J].新技术新工艺,2007(11):49-51.

[59] SY/T 6554—2003,在用设备的焊接或热分接程序[S].

[60] Lin Q,Chen H,Qian B. Investigation on welding procedures for in-service pipelines[J]. China Welding,1998,7(1):7-14.

[61] Bruce W A,Holdren R L,Kiefner J F. Repair of pipelines by direct deposition of weld metal-further studies,PR-185-9515[R]. Edison Welding Institute,1996:1-63.

[62] Cisilino A P,Chapetti M D,Otegui J L. Minimum thickness for circumferential sleeve repair fillet welds in corroded gas pipelines[J]. International Journal of Pressure Vessels and Piping,2002,79(1):67-76.

[63] Fischer R D,Kiefner J F,Whitacre G R. User's manual for model 1 and 2 computer programs for predicting critical cooling rates and temperatures during repair and hot-tap welding on pressurized pipelines[R]. 1981.

[64] Bruce W A,Threadgill P L. Welding onto in-service pipelines[J]. Welding Design and Fabrication,1992,64(2):19-24.

[65] Boring Matthew A,Zhang Wei,Bruce William A. Improved burnthrough prediction model for in-service welding applications[C]. Proceedings of IPC2008,7th International Pipeline Conference. Calgary,Alberta,Canada,2008.

[66] Phelps B,Cassie B A,Evans N H. Welding onto live natural gas pipeline[J]. British Welding Journal,1976,8(8):350-354.

[67] Chapetti M D,Otegui J L,Manfredi C,et al. Full scale experimental analysis of stress states in sleeve repairs of gas pipelines[J]. International Journal of Pressure Vessels and Piping,2001,78(5):379-387.

[68] Goldak J A,Oddy A S,Dorling D V. Finite element analysis of welding on fluid-filled,pressurized pipelines[C]. International Trends in Welding Science and Technology,1992.

[69] 薛小龙,朱加贵,桑芝富. 在役焊接管道设计压力的影响因素[J]. 中国科学(E辑:

信息科学),2006:69-79.

[70]　薛小龙,王志亮,桑芝富,等. 管壁厚度对在役焊接管道承压能力的影响[J]. 压力容器,2006,23(3):15-18,43.

[71]　薛小龙,王志亮,桑芝富,等. 介质流速对在役焊接管道极限压力的影响[J]. 石油机械,2006,34(4):8-13.

[72]　Kiefner J F,Fischer R D,Mishler H W. Development of guidelines for repair and hot tap welding on pressurized pipelines[R]. Phase 1 Final Report,Repair and Hot Tap Welding Group,Battelle Columbus Division,Columbus,OH. 1981.

[73]　Painter M J. In-service welding on gas pipelines[R]. Software Documentation for In-Service,for Cooperative Research Center for Welded Structures (CRC-WS) and Australian Pipeline Industry association(APIA),Commonwealth Scientific and Industrial Research Organization,Adelaide,SA,Austrailia.

[74]　Smith K,Wilson M. Stress analysis of a fillet weld between a pipe and sleeve reinforcement[J]. Gas Council Engineering Research Station,1972(7):597-633.

[75]　Gordon J R,Dong P,Wang Y Y,et al. Fitness-for-purpose assessment procedures for sleeve in pipelines:summary report[R]. J7193 & J7215 to the American Gas Association EWI project Nos. J7185,December,1994.

[76]　Otegui J L,Cisilino A,Rivas A E,et al. Influence of multiple sleeve repairs on the structural integrity of gas pipelines[J]. International Journal of Pressure Vessels and Piping,2002,79(11):759-765.

[77]　Fazzini P G,Otegui J L. Influence of old rectangular repair patches on the burst pressure of a gas pipeline[J]. International Journal of Pressure Vessels and Piping,2006,83(1):27-34.

[78]　Sabapathy P N,Wahab M A,Painter M J. Numerical models of in-service welding of gas pipelines[C]. International Conference on Advances in Materials and Prpcessing Technologies. 1999.

[79]　Sabapathy P N,Wahab M A,Painter M J. Numerical models of in-service welding of gas pipelines[J]. Journal of Materials Processing Technology,2001,118(1-3):14-21.

[80]　Bang I W,Son Y P,Oh K H,et al. Numerical simulation of sleeve repair welding of in-service gas pipelines[J]. Welding Journal,2002,81(12):273-282.

[81]　Oddy A S,McDill J M J. Burnthrough prediction in pipeline welding[J]. International Journal of Fracture,1999,97(1):249-261.

[82]　陈怀宁,胡强,杨成文. 运行管道在役焊接工艺的数值模拟[C]//机械工程学会焊接学会. 第九次全国焊接会议论文集(第二册). 北京:机械工业出版社,1999.

[83]　Xue Xiaolong,Zhu Jiagui,Sang Zhifu. Study on design pressure of in-service welding pipes[J]. Science in China Series E:Technological Science,2006,49(4):434-444.

[84]　Brown S,Song H. Finite element simulation of welding of large structures[J].

Journal of engineering for industry,1992,114(4):441-451.

[85] Kamala V,Goldak J A. Error due to two dimensional approximation in heat transfer analysis of welds[J]. Welding Journal,1993,72(9):440.

[86] 汪建华,戚新海,钟小敏. 压缩机焊接变形的三维数值模拟[J]. 机械工程学报,1996,32(1):85-91.

[87] 鹿安理,史清宇,赵海燕,等. 厚板焊接过程温度场、应力场的三维有限元数值模拟[J]. 中国机械工程,2001,12(2):183-186.

[88] Habib L M,Kleen U.,Otremba F. Numerical simulation of weld residual stresses and countermeasures in austenitic steel piping[C]. International Conference on Nuclear Engineering,Proceedings,ICONE. 1997.

[89] Recommended pipeline maintenance welding practices,API RP 1107[S]. USA,Third Edition,April 1991.

[90] Michaleris P,DeBiccari A. Prediction of welding distortion[J]. Welding Journal,1997,76(4):172.

[91] 陈玉华,王勇,韩彬,等. X70钢在役焊接热循及粗晶区的组织性能研究[J]. 兵器材料科学与工程,2005,28(4):16-19.

[92] 陈玉华,靳海成,董立先,等. 运行管道在役焊接试验研究[J]. 石油大学学报,2004,28(6):72-74.

[93] Sabapathy P N,Wahab M A,Painter M J. The prediction of burn-through during in-service welding of gas pipelines[J]. International Journal of Pressure Vessels And Piping,2000,(77):669-677.

[94] Cisilino A P,Chapetti M D,Otegui J L. Minimum thickness for circumferential sleeve repair fillet welds in corroded gas pipelines[J]. International Journal of Pressure Vessels And Piping,2002(79):67-76.

[95] 任瑛,张弘. 传热学[M]. 东营:石油大学出版社,1988.

[96] 杨世铭. 传热学基础[M]. 北京:高等教育出版社,1991.

[97] 姚光镇. 输油管道设计与管理[M]. 东营:石油大学出版社,1991.

[98] 马庆芳,方荣生,项立成,等. 实用热物理性质手册[M]. 北京:中国农业机械出版社,1986.

[99] 钱滨江,五贻文,常家芳. 简明传热手册[M]. 北京:高等教育出版社,1983.

[100] 薛忠明,杨广臣,张彦华. 焊接温度场与力学场模拟的研究进展[J]. 中国机械工程,2002,13(11):977-980.

[101] Tsirkas S A,Papanikos P,Kermanidis Th. Numerical simulation of the laser welding process in butt-joint specimens[J]. Journal of Material Processing Technology,2003,134(1):59-69.

[102] Deng Dean,Murakawa Hidekazu. Numerical simulation of temperature field and residual stress in multi-pass welds in stainless steel pipe and comparison with experimental measurements[J]. Computational Materials Science,2006,37(3):269-277.

[103]   辛希贤. 管线钢焊接性[M]. 西安：陕西科技出版社，1995.

[104]   余大涛. 高性能管线钢受焊区的脆化规律与组织、性能的理论模拟和预测[D]. 西安：西安石油学院，2002.

[105]   蔡志鹏，赵海燕，鹿安理，等. 串热源模型及其在焊接数值模拟中的应用[J]. 机械工程学报，2001，37(4)：25-28，43.

[106]   王煜，赵海燕，吴甦，等. 高能束焊接双椭球热源模型参数的确定[J]. 焊接学报，2003，24(2)：67-70.

[107]   Tailor G A，Hughes M，Pericleous K. The application of three dimensiond finite volume methods to the modelling of welding phenomena[M]. Modeling of casting，welding and advanced colidification process IX. San Diego. Edited Prter. R. Sahm，2000：852-859.

[108]   武传松. 焊接热过程数值模拟[M]. 哈尔滨：哈尔滨工业大学出版社，1990.

[109]   莫春立，钱百年，国旭明，等. 焊接热源计算模式的研究进展[J]. 焊接学报，2001，22(3)：93-96.

[110]   武传松. 焊接热过程与熔池形态[M]. 北京：机械工业出版社，2008.

[111]   拉达伊 D. 焊接热效应——温度场、残余应力、变形[M]. 北京：机械工业出版社，1997.

[112]   Karaoglu S. Secginb A. Sensitivity analysis of submerged arc welding process parameters[J]. Journal of Materials Processing Technology ，2008，202(1)：500-507.

[113]   Guo W，Dong H，Luc M，et al. The coupled effects of thickness and delamination on cracking resistance of X70 pipeline steel[J]. International Journal of Pressure Vessels and Piping，2002(79)：403-412.

[114]   靳红星，张帆. X70 钢输气管道下向焊接工艺[J]. 制造安装，2001，18(2)：49-51.

[115]   Fairhurst W，Met A，et al. Weldability of low carbon Mo-Nb and Mn-Mo-Nb X70 pipeline steel[C]. 2nd International Conference on Pipe welding，1979.

[116]   陈楚，张月嫦. 焊接热模拟技术[M]. 北京：机械工业出版社，1985.

[117]   Hrivnaki. Mathematical modeling of weld phenomena[C]//The Institute of Materials 1995. London：Carlton House Terrace，1995：163-171.

[118]   田德蔚，钱百年，陈晓风，等. 用图像仪测定 M-A 组元的腐蚀方法的比较研究[J]. 理化检验-物理分册，1994，30(1)：28-30.

[119]   何长红，屈朝霞，田志凌，等. 焊接热循环对 X52 超细晶粒钢组织与性能的影响[J]. 钢铁研究学报，2000，12(6)：11-14.

[120]   屈朝霞，田志凌，杜则裕，等. 超细晶粒钢 HAZ 晶粒长大的规律[J]. 焊接学报，2000，21(4)：9-13.

[121]   李玉衡，包芳涵. 低碳低合金调质钢焊接 HAZ 组织遗传性及其对韧性的影响[J]. 焊接学报，1987，8(4)：181-184

[122]   屈朝霞. 新一代钢铁材料焊接 HAZ 奥氏体晶粒长大规律的研究[D]. 天津：天津大学，2000.

[123]   李鹤林，冯耀荣，霍春勇，等. 低碳、超低碳微合金化管线钢的显微组织[M]//中国

石油实验室. 石油管工程应用基础研究论文集. 北京:石油工业出版社,2001:77-84.

[124]　李鹤林,冯耀荣,霍春勇,等. 高强度微合金管线钢显微组织分析与鉴别图谱[M]. 北京:石油工业出版社,2001.

[125]　余大涛,李岩,高惠临. X65 管线钢二次焊接热循环的局部脆化[J]. 焊管,2001,24 (5):11-17.

[126]　于少飞,钱百年. X70 管线钢的局部脆化[J]. 材料研究学报,2004,18(4):405-411.

[127]　王勇,韩涛,刘敏. X70 管线钢焊接热影响区的局部脆化[J]. 材料工程,1999(10): 14-17.

[128]　高惠临,董玉华,余大涛. 管线钢焊接局部脆化区断裂行为的研究[J]. 机械工程材料,2001,35(7):26-29.

[129]　高惠临,岳振玉. 管线钢韧性参数的一种预测方法[J]. 焊管,2004,27(1):11-15.

[130]　高惠临,董玉华,冯耀荣. 油、气管线钢的焊接局部脆化及其预防[J]. 机械工程学报,2001,37(3):14-19.

[131]　高惠临,董玉华. 油气管线钢焊接局部脆化及断裂机理的研究[J]. 材料工程, 2001,18(3):26-31.

[132]　刘文西,邹美运,马福本. 30CrMnSi 钢的贝氏体形态[J]. 金属学报,1981,17(2): 35.

[133]　方鸿生,王家军,杨志刚,等. 贝氏体相变[M]. 北京:科学出版社,1999.

[134]　魏成富,栾道成. 贝氏体中脊形貌特征研究[J]. 材料热处理学报,2001,22(3):14-18.

[135]　薛小怀. X80 管线钢埋弧焊用焊丝、工艺及焊接性的研究[D]. 沈阳:中国科学院金属研究所,2001.

[136]　荆洪阳,霍立兴,张玉凤. MA 组元对焊接热影响区粗晶区断裂行为的影响[J]. 天津大学学报,1997,30(4):485-488.

[137]　Emin Bayraktar, Dominique Kaplan. Mechanical and metallurgical investigation of martensite-austenite constituents in simulated welding conditions[J]. Materials Processing Technology,2004(153):87-92.

[138]　Bonneviea E,Ferrìerea G,Ikhlefa A,et al. Morphological aspects of martensite-austenite constituents in intercritical and coarse grain heat affected zones of structural steels[J]. Materials Science and Engineering,2004(385):352-358.

[139]　Chunming Wang,Xinfang wu,Jie liu,et al. Study on MA islands in pipeline steel X70[J]. Materials,2005,12(1):43-47.

[140]　荆洪阳,霍立兴,张玉凤,等. 马氏体-奥氏体组元形态对高强钢焊接热影响区韧性的影响[J]. 机械工程学报,1995,31(6):102-106.

[141]　Minami F,Jing H. Stress/strain behavior of material including local hard zone [C]∥Material & Engineering Proceeding of the 11th OMAE,Clagary,1992,New York:ASME,1992:73-80.

[142]　高惠临,董玉华,冯耀荣. 油、气管线钢的焊接局部脆化及其预防[J]. 机械工程学

报,2001,37(3):14-19.

[143] 董玉华,高惠临. 油气管线钢焊接局部脆化及断裂机理的研究[J]. 压力容器,
       2001,18(3):26-31.

[144] Matsuda F. Effect of weld thermal cycles on the HAZ toughness of SQV-2A
       pressure vessel steel[M]. Trends in welding research, Gatlinburg Tennessee,
       1995:541.

[145] Minami F,Obaia M,Toyoda M. Determination of required toughness of material
       considering transferability to fracture performance evaluation for structure com-
       ponents[J]. Journal Society of Naval Architects of Japan,1997,182(2):647-657.

[146] Minami F,Obaia M,Toyoda M. Fracture toughness requirement for fracture per-
       foemance of welded joints based on the local approach[C] // Proc. 15th Conf.
       OMAE Florence. New York:ASME,1996:123-132.

[147] Minami F,Hada S. Analysis of strength mis-matching of welds on fracture per-
       formance of welded joints[C] // IIW Doc. X-1254-92,1992.

[148] Tbsulow C. Paauw A J. Effect of match depth and orientation with respect to
       fracture toughness of the HAZ of structure steel[C] // Proc. 7th Conf. OMAE
       Houston. New York:ASME,1988:275-285.

[149] 高惠临,辛希贤,徐学利,等. 输油管线钢焊接粗晶区韧脆规律的研究[M]. 西安交
       通大学学报,1994,28(7):39-44.

[150] Wang Y, Han T, Zhao W M. Influence of the second thermal cycle on coarse-
       grained zonetoughness of X70 steel[J]. ACTA Metallurgica Sinica,1999,12(5):
       831-835.

[151] 高惠临,董玉华,王荣. 管线钢焊接临界粗晶区局部脆化现象的研究[J]. 材料热处
       理学报,2001,22(2):60-65.

[152] 张文钺. 焊接冶金学[M]. 北京:机械工业出版社,1993.

[153] 高珊,郑磊. 不同微观组织高强度管线钢冲击韧性的研究[J]. 宝钢技术,2003(6):
       26-30.

[154] 田燕. 焊接区断口金相分析[M]. 北京:机械工业出版社,1991.

[155] 杨政,郭万林,董慧茹,等. X70 管线钢冲击韧性实验研究[J]. 金属学报,2003,39
       (2):159-163.

[156] 周曼娜,王静宜,石崇哲,等. 用示波冲击法测定 42CrMo 钢的冲击韧性[J]. 理化
       检验:物理分册,1994,30(1):18-21.

[157] 史巨元. 钢的动态力学性能及其应用[M]. 北京:冶金工业出版社,1993.

[158] Bout V S,Gretskii Yu Ya. 电弧焊在运行管道上的应用[C] // 中国国际管道会议
       组委会. 95' 国际管道技术会议论文集[M]. 北京:石油工业出版社,1996:398-404.

[159] 董俊慧. 管道环焊缝接头焊接应力应变数值模拟[D]. 天津:天津大学,2000.

[160] William A Bruce. 管道腐蚀:检测、评估与修复[C] // 中国国际管道会议组委会.
       95' 国际管道技术会议论文集[M]. 北京:石油工业出版社,1996:420-428.

[161] ASME B31.8. Gas Transmission and Distribution Piping Systems[S]. USA:The

American Society of Mechanical Engineers,2010.

[162] 王召民. 管道带压不停输连头技术及其施工难点分析[J]. 石油工程建设,2003,29
(3):36-38

[163] 秦华. 浅谈带压封堵技术在天然气管道改线中的应用[J]. 石油化工应用,2009,28
(1):58-61

[164] 赵玉珍.焊接熔池的流体动力学行为及凝固组织[D]. 北京:北京工业大学,2004.

[165] 陈桂芳.2A14 铝合金 VPPA 横焊工艺及熔池行为研究[D]. 哈尔滨:哈尔滨工业大
学,2013.

[166] 孙俊华.受控脉冲穿孔 PAW 焊接熔池与小孔瞬时演变行为的数值模拟[D]. 济南:
山东大学,2012.

[167] 陈丙森.计算机辅助焊接技术[M].北京:机械工业出版社,1999.

[168] 宋立新,王勇,韩涛,等. 管线钢在役焊接多道焊的数值模拟[J].压力容器,2007,24
(11):18-21.

[169] 赵金洲,喻西崇,李长俊. 缺陷管道适用性评价技术[M]. 北京:中国石化出版社,
2005.

[170] Kiefner J F,Vieth P H. New method corrects criterion for evaluating corroded
pipe[J]. Oil and Gas Journal,1990,88(32):56-59.

[171] Maxey W A. Ductile fracture initiation,propagation and arrest in cylindrical ves-
sels,fracture toughness[C] // Proceeding of the 1971 Nationa Symposium on
Fracture Mechanics,Part Ⅱ. 1971:ASTM STP 514.

[172] Kiefner J F. Failure stress levels of flaws in pressurized cylinders,ASTM STP
536[C] // American Society for Testing and Materials Philadelphia,1973.

[173] American Society of Mechanical Engineering. ANSI/ASME B31G-1984. Manual
for determining the remaining strength of corroded pipelines[S]. New York:
ASME B31 Committee,1984.

[174] Manual for Determining the Remaining Strength of Corroded Pipelines-A Supple-
ment to ANSI/ASME B31 Code for Pressure Piping[S]. American Society of
Mechanical Engineers,1991.

[175] API 579. Recommended Practice for fitness-for-service[S]. 2000.

[176] F101-1999,Corroded Pipelines[S]. Oslo,DNV,1999.

[177] 华建敏. "十二五"末我长输油气管道总里程超 10 万公里[EB/OL]. http://ener-
gy.people.com.cn/GB/12811459.html,2010-09-25.

[178] 杨绪运,何仁洋,刘长征,等. 腐蚀管道体积型缺陷评价方法[J]. 管道技术与设备,
2009,17(1):47.

[179] 候安贵,任忠明. 宝钢低碳微合金高强度钢连铸坯高温力学性能测试[J].上海金
属,2008,30(3):39-44.

[180] 薛小龙,姚建平,罗晓明,等.压力管道在役焊接烧穿的预测[J].焊接技术,2008,37
(5):55-58.

[181] 薛小龙.压力管道在役焊接技术的研究[D].南京工业大学,南京:2006.

[182]　ASME B31.8. Gas transmission and distribution piping systems[S]. USA: The American Society of Mechanical Engineers,2010.

[183]　王召民. 管道带压不停输连头技术及其施工难点分析。石油工程建设,2003,29 (3):36-38

[184]　DEP 31.38.60.10-GEN. Hot-tapping on pipelines, piping and equipment[S]. SHELL Group of Companies,2011.